딜리셔스

딜리셔스

인류의 진화를 이끈 미식의 과학

롭 던, 모니카 산체스

김수진 옮김

역자 김수진(金秀眞)
이화여자대학교와 한국외국어대학교 통번역대학원을 졸업한 후 공공
기관에서 통번역 활동을 해왔다. 현재 번역 에이전시 엔터스코리아에서
번역가로 활동하고 있다. 옮긴 책으로는 『생체리듬의 과학 : 밤낮이 바뀐
현대인을 위한』, 『네오르네상스가 온다 : 의식혁명』, 『본질에 대하여』, 『완
경기, 그게 뭐가 어때서?』, 『어떻게 미래를 예측할 것인가』, 『쉽게 믿는
자들의 민주주의』, 『밀레니엄 그래픽노블』, 『제텔카스텐 : 글 쓰는 인간
을 위한 두 번째 뇌』, 『나에게 보내는 101통의 러브레터』 등 다수가 있다.

딜리셔스
인류의 진화를 이끈 미식의 과학

저자/롭 던, 모니카 산체스
역자/김수진
발행처/까치글방
발행인/박후영
주소/서울시 용산구 서빙고로 67, 파크타워 103동 1003호
전화/02 · 735 · 8998, 736 · 7768
팩시밀리/02 · 723 · 4591
홈페이지/www.kachibooks.co.kr
전자우편/kachibooks@gmail.com
등록번호/1-528
등록일/1977. 8. 5
초판 1쇄 발행일/2022. 8. 30
    2쇄 발행일/2022. 10. 20

값/뒤표지에 쓰여 있음

ISBN 978-89-7291-778-6 03470

우리는 왜 먹는 것일까?

바로, 삶의 향미를 좇기 위해서이다.

—린샹쥐와 린수이펑[1]

차례

일러두기

장(章)마다 새 번호로 시작하는 본문의 주(1, 2, 3……)는 모두 저자가 단 것이다. 장
구분 없이 대괄호로 묶은 번호 주([1], [2], [3]……)는 저자가 인용한 문헌의 번호이다.

프롤로그

생태-진화론적 미식학

역사적으로 보았을 때, 향미를 갈구하는 인간의 욕망은
지금껏 하나의 원동력으로 인정받지도, 연구 대상이 되지도 못했다.
— 에릭 슐로서, 『패스트푸드의 제국(*Fast Food Nation*)』

수년 전에, 우리 부부가 좋아하는 크로아티아의 섬을 여행했을 때의 일
이다. 섬 꼭대기로 오르는 길에 우리는 버려진 여러 구조물들을 우연히
마주쳤다. 가만 보니 한때 사람들이 양을 가두어두던 돌 우리임이 틀림
없었다. 원형을 이룬 이 거대한 구조물들 가운데에는 한 가족의 생활 터
전이었을 법한 유적도 보였다. 이 유적들은 족히 수천 년은 그 자리에
있었을지도 모른다. 이 섬에는 일리리아 목축민이 오랜 기간 거주했다.
호메로스의 『오디세이아(*Odysseia*)』에 등장하는 외눈박이 거인 키클롭스
가 이들 목축민에게서 영감을 얻어 탄생했다는 주장도 있다. 이들은 돌
집이나 동굴에서 살면서 양의 젖과 고기, 심지어 털에 이르기까지 삶 자
체를 양에 의존했다. 우리가 발견한 유적들은 이 일리리아인들의 것일
수도 있고, 훨씬 나중에 생긴 것일 수도 있다. 이 섬에는 고대의 구조물

그림 1 크로아티아 달마티아 지방의 한 섬에서 마주친 "키클롭스풍의" 가축우리 벽 상층부. 뒤쪽으로는 다른 고대 구조물들이 보인다.

들과 그보다 나중에 등장한 구조물들이 쉽게 구별하기 힘들게 뒤섞여 있다. 그날 이 구조물들을 발견하기 전에 우리는 섬 아래쪽에 있는 동굴을 먼저 방문했다. 약 1만2,000년 전에 수렵-채집인들이 거주했던 곳이다. 그리고 이 섬에 오기 전에는 크로아티아 본토에 있는 동굴도 둘러보았다. 네안데르탈인과 고인류가 한때(꽤 오랜 기간) 동거했던 곳이다. 방문한 곳마다 우리는 우리 두 아이와 함께 잠시 쉬면서 옛날 사람들이 한때 거주한 곳에서 풍경을 감상했다. 그러는 동안 음식도 먹었다. 예를 들면 키클롭스풍의 풍경에서는 신선한 무화과 잼을 바른 빵 한 조각을 먹으며 친구가 직접 담은 플라바츠 말리(크로아티아에서 두 번째로 많이 재배되는 포도 품종/옮긴이) 포도주를 홀짝였다. 그 순간, 옛날 사람들은 지금 우리 눈앞에 펼쳐진 풍경을 바라보며 과연 무슨 생각을 했을지 궁금해졌다. 지금 우리 눈에 아름답게 보이는 것들은 그들 눈에도 아름다웠으리라고 쉽게 짐작된다. 그런데 다른 것도 궁금해지기 시작했다. 입으로 음식을 음미하는 동안, 태고의 사람들은 과연 어떤 향미(flavor)를 음미했을까 하는 호기심이 생기기 시작한 것이다. 가령, 키클롭스의 모형이 된 목축민들은 특별히 좋아하는 치즈가 있었을까? 구석기 시대의 수렵-채집인들에게도 선호하는 열매가 있었을까? 네안데르탈인은 최고로 맛 좋은 먹이를 찾아서 얼마나 멀리까지 사냥을 나갔을까? 재미난 질문들이 마구 떠올랐다. 멋진 탐험으로 가득했던 하루가 저물어갈 시간이 되자, 이런 질문들에 갇혀 길을 잃을 정도였다.

나중에 우리 두 사람은 구석기 시대와 그 이후에 살았던 사람들의 식단이나 쾌락에 관한 자료들을 찾아서 읽기 시작했다. 그러면서 한 가지 사실을 깨달았다. 이 자료들이 옛날 사람들의 식단을 측정하거나 논하는 경우는 많았지만, 오늘날 우리가 음식 이야기를 하듯이 그들의 식단을 다룬 적은 거의 없었다. 좋은 시대를 사는 우리에게 음식은 즐거움의 영역에 속한다. 반면, 옛사람들에게는 당연히 생존의 문제였다. 그래서 과학계를 비롯한 학계에서는 과거의 음식을 다룰 때 쾌락이나 맛있음(deliciousness)은 무시했다.[1]

우리 두 사람 가운데 한 명(롭)은 생태학자이자 진화생물학자이고, 다른 한 명(모니카)은 인류학자이다. 우리는 우리의 연구 분야들 가운데 적어도 한 분야에서는 맛있음이 우리 선조들의 의사 결정에 어떤 역할을 했는지를 틀림없이 이미 연구했을 것이라고 생각했다. 그러나 어느 분야에서도 그러지 않았다. 진화생물학자들은 동물이 내리는 최적의 결정에 관해서는 이야기하지만, 그런 결정이 어떻게 내려지는지는 다루지 않는다. 역사적으로 보면 이들은 동물이 마치 로봇처럼 주변 환경을 정확하게 판단해서 반응할 수 있다고 추정하는 경향이 있다. 수렵-채집인을 연구하는 일부 학자들도 마찬가지이다. "최적의 수렵-채집 행위"와 "수렵-채집인"을 키워드로 관련 논문을 검색하면 몇 시간이고 읽을 수 있을 정도로 많은 자료들을 발견할 수 있다. 반면, "최적의 수렵-채집 행위"와 "수렵-채집인"에 "향미"까지 더해서 세 가지 키워드로 검색하면 얼마 되지 않는 검색 결과만 나온다. 한편, 문화인류학자들은 예측할 수 없는 문화의 힘에 초점을 두는 경향을 보였다. "문화에 따라서 사람은 상어를 발효시키거나 개미를 먹을 수 있다. 왜 그런지는 따지지 말라." 그들에게서는 이런 식으로 말하는 듯한 태도가 은근히 엿보였다. 그러나 우리 두 사람이 세계 각지를 여행하며 다양한 문화에 속한 사람들을 만나보면, 거의 모든 사람들이 음식과 향미, 그리고 무엇이 맛있고 무엇이 맛없는지에 대한 이야기를 했다. 볼리비아 아마존의 초가에서도 그러했고, 포르투갈의 궁전에서도 그러했다.

이런 생각을 하다 보니, 우리 두 사람이 뜻하지 않게 급진적인 생각을 떠올린 것만 같았다. 즉, 인간을 비롯한 동물 종들은 선택할 수만 있다면 맛있는 것을 선호한다는 생각이 든 것이다. 이 글을 쓰고 있는 지금도, 이런 발상이 너무 급진적이지는 않더라도 기발한 생각일 수 있는데 지금껏 거의 간과되었다는 사실이 여전히 충격적이다.

생태학과 진화생물학, 인류학과 매우 동떨어진 곳에 미식학이라는 학문 분야가 있다. 미식학은 프랑스의 미식가 장 앙텔므 브리야-사바랭이 1825년에 출간한 책 『미식 예찬(*Physiologie du goût*)』과 함께 시작되었다.[2] 브리야-사바랭은 변호사와 시장으로 일하다가 나중에는 프랑스 최고법원인 파기원 판사까지 된 인물이다. 그러나 역사는 그의 이런 이력보다는 그를 음식과 먹는 행위에 대해서 곰곰이 생각하고 그에 관한 글을 쓴 뛰어난 능력의 소유자로 기억한다. 이 책의 제목은 처음에는 원문 그대로 "미각의 생리학"으로 번역되었다. 그러나 이 책은 오직 생리학을 파고들지도, 미각에만 초점을 맞추지도 않았다. "미각(taste)"이라는 영어 단어는 현재 혀 위에 난 미뢰(味蕾)로부터 파생되는 감각을 기술하는 데에 사용된다. 그러나 브리야-사바랭은 이런 의미로 미각이라는 말을 사용하지 않았다. 그보다는 현재 우리가 향미라고 부르는 것에 더 가까운 의미로 사용했다. 즉, 맛, 향, 식감 등 먹는 행위를 통한 감각적인 경험의 총체를 가리킨 것이다. 이런 의미를 정확하게 담는 제목으로 달자면, "향미의 역사와 철학, 생물학 그리고 먹는 행위의 쾌락"이라고 할 수 있겠다.[2]

먹는 즐거움을 주는 음식은 맛있다. 맛있으려면 기가 막히게 좋은 향미, 기분 좋은 향미, 감각적인 향미, 심지어 관능적인 향미가 느껴져야 한다.[3] 브리야-사바랭의 책이 출판된 시기에도 맛있음에 관한 연구는 제빵사, 맥주 양조자, 포도주 양조자, 치즈 제조자, 요리사, 주방장, 대식가, 미식가의 영역이었다. 철학계와 과학계에서는 입안의 것—치아, 침, 혀 모두—이 진지하게 다루기에는 너무 평범하고 저속하다고 여겼다. 그러나 브리야-사바랭은 입의 영역을 진지하게 다루었다. 나폴레옹이 황제 자리에서 물러난 지 10년이 지난 때였다. 프랑스는 새로운 모습으로 스스로 거듭나고 있었다. 기존의 세계관을 쓸어버릴 때가 된 것이다. 식도락가로서 브리야-사바랭은 전체적으로는 쾌락의 관점에서, 구체적으로는 맛있음의 관점에서 하나의 세계관을 세우려고 했다. 그래서 주방장들이 이미 알고 있던 것과 과학자들이 알아가기 시작한 것에다가 때로는 스스로 선견지명을 발휘하여 통찰력을 더해 한데 버무렸다. 그의 책은 아름다우면서도 급진적이었다. 또한 터무니없으면서도 색달랐다(예를 들면 이 책에는 브리야-사바랭이 좋아하는 어록도 소개되어 있는데, 바로 그 유명한 "치즈가 빠진 만찬은 한쪽 눈만 있는 미인과 같다"도 있다). 이런 특이한 점에도 불구하고, 아니 어쩌면 어느 정도는 이런 점 때문에, 그의 책은 궁극적으로는 수천 번의 발견과 통찰들을 촉진한 가설과 질문들을 불러일으킬 수 있었다. 그리고 미식의 과학이 잉태되는 씨앗이 되었다.

브리야-사바랭이 남긴 족적을 따라서 그후로 미식 관련 서적들에는 화학, 물리학, 심리학, 그리고 최근에는 신경생물학적인 관점의 통찰이 담기기 시작했다. 리처드 스티븐슨은 무의식과 의식, 음식의 만남에 관한 전문서 『향미의 심리학(*The Psychology of Flavour*)』을 썼다.[3] 고든 셰퍼드는 『신경미식학(*Neurogastronomy*)』(또는 "향미의 신경생물학"이라고 제목을 붙일 수도 있겠다)에 이어서 『신경양조학(*Neuroenology*)』(또는 "포도주 향미의 신경생물학")을 썼다.[4] 찰스 스펜스는 『왜 맛있을까(*Gastrophysics*)』(또는 "향미의 물리학")를, 올레 모우리트센과 클라브스 스튀르베크은 『식감(*Mouthfeel*)』(또는 "향미의 물리학에 관한 더 포괄적인 고찰")을 썼다.[5] 그러나 인간 진화와 생태, 역사의 관점에서 미식 혹은 맛있음의 진화를 직접 고찰한 책은 한 권도 없었다. 그래서 우리 두 사람이 그런 책을 쓰기로 했다. 바라건대, 이 책이 바로 그런 책이 되었으면 한다.

이 책에서 우리 두 사람은 물리학, 화학, 신경생물학, 심리학 분야의 통찰과 함께 인간생태학, 인류학, 생태학 분야의 통찰을 쌓아올려서, 이를 바탕으로 향미와 향미의 진화, 그리고 향미가 미치는 영향을 파악하고자 했다. 현재 요리사들이 알고 있는 음식 경험에 대한 지식, 생태학자들이 알고 있는 동물(특히, 인간이라는 동물)의 욕구에 관한 지식, 진화생물학자들이 알고 있는 우리의 감각이 어떻게 진화했는가에 대한 지식들을 모두 모아서 하나로 엮었다. 경우에 따라서는 전에 없던 가설을 전개하기도 했지만, 대개는 지금껏 제대로 연결되지 못했던 아이디어들을 연결하는 작업을 했다. 그런 방식으로 진화와 역사의 이야기를 풀어감으로써, 쾌락과 음식이 우리 삶이라는 드라마 속에서 차지했어야 할 제자리, 즉 중심에 들어가게 했다. 우리 두 사람은 이 책을 통해서 지식을 전달할 뿐만 아니라 실용적인 통찰도 제공하고 싶다. 그래서 이 책을 읽고 나면 실제 부엌에서 접하는 모든 음식들을 제대로 파악하고 왜 그 음식이 맛있는지 (때로는 맛없는지) 이해할 수 있기를 바란다.

이 책은 대부분 연대순으로 구성되어 있다. 제1장에서는 지난 수억 년간 동물들이 욕구를 충족하고 위험을 회피하도록 이끄는 과정에서 미각 수용체가 어떤 역할을 했는지를 고찰한다. 또한 척추동물들 사이에서 미각 수용체가 어떻게 다르게 진화했는지도 살핀다. 벌새는 돌고래나 개와는 다른 세계를 맛본다. 미각 수용체의 진화는 동물이 맛있는 것들을 좇으면서 자신의 욕구를 충족시키도록 이끌었다.

인류의 진화사를 보면, 대부분의 기간 동안 인류 조상들은 주변에서 먹거리를 구하는 데에 거의 영향력을 발휘하지 못했다. 그러다가 대략 600만 년 전에 도구를 발명하기 시작하면서 상황이 달라졌다. 인류의 진화사 초기 가운데 이 시기에 대해서는 마치 시야가 뿌연 것처럼 명확히 알려진 바가 없지만, 현생 침팬지를 렌즈 삼아서 보면 그 당시가 어땠을지를 짐작할 수 있다. 침팬지는 도구 없이는 구할 수 없는 먹이에 접근하기 위해서 도구를 사용한다. 그렇게 함으로써 침팬지는 요리법을 창조한다. 서로 다른 침팬지 무리에는 서로 다른 요리법, 더 일반적으로 말해서 서로 다른 요리 전통이 있다. 그러나 그들의 다양한 요리법에도 공통분모가 있다. 쉽게 구할 수 있는 것보다는 더 달거나 더 풍미가 있거나 더 큰 즐거움을 주는 먹이가 포함된다는 점이다. 때때로 이런 먹이들은 생존에 필수적이다. 그러나 비교적 중요하지 않고 즐거움만 주는 간식거리처럼 보이는 것들도 종종 있다. 침팬지와 비슷한 인류 조상들의 삶도 600만 년 전에는 거의 이와 같았을 것이다. 그런 가운데에서 향미와 요리 전통은 이후 주요한 진화적 변화를 촉발한 도구의 출현에 핵심 역할을 했을 것이다. 제2장에서는 인류 조상들에게 여러 주요한 진화들이 일어난 가장 그럴 법한 이유를 짚어본다. 아마 도구를 사용하면서 더욱 풍미 가득한 먹거리를 찾아내고, 발견하고, 먹을 방법을 추구했기 때문이리라. 이런 맛있는 먹거리로부터 얻은 영양분과 에너지는 인류 조상들의 진화 궤적을 바꾸었다. 그러나 이런 변천은 무엇보다도 맛을 비롯한 여러 향미 구성요소들과 관련되어 있다. 제3장에서는 전체적으로는 영장류, 구체적으로는 인간의 머릿속에서 일어난 진화로 인해 (향미의 한 부분으로서) 입에서 감지된 향이 어떻게 전보다 더 중요한 역할을 하게 되었는지를 논한다.

향미를 의식하게 된 인류 조상들은 새로운 도구를 발명하고 두뇌를 점점 더 크게 진화시켰다. 그러면서 점점 더 복잡한 문화를 발전시키고 사냥도 더 많이 하기 시작했다. 그러다 보니 몇몇 종들을 너무 많이 사냥하고 말았다. 그 결과, 유럽에서 살던 네안데르탈인과 그 뒤를 이어 오스트레일리아와 지구상의 거의 모든 섬들뿐만 아니라 아메리카에까지 거주한 호모 사피엔스(*Homo sapiens*)는 지구상에서 가장 거대하고 독특한 수백 가지 동물의 멸종에 일조하고 말았다. 약 1.5미터 크기의 거대 올빼미가 사라졌고 작은 코끼리, 거대한 땅나무늘보, 포식성 캥거루 등 수많은 종들이 종적을 감추었다. 이들의 멸종에 인류의 사냥이 얼마나 중대한 영향을 미쳤는지를 다루는 문헌들은 엄청나게 많다(인류의 사냥이 과연 유일한 역할을 했느냐, 아니면 주된 역할이나 미미한 역할만 했느냐 하는 것이 논점이다). 그러나 인류 조상들이 먹이로 삼을 종을 선택할 때, 향미가 영향을 미쳤는지를 살펴본 연구는 기본적으로 하나도 없다. 이에 따라 제4장에서는 아메리카에 거주했던 클로비스 수렵-채집인들을 조명하면서, 이들이 사냥할 동물을 선택할 때 향미가 모종의 역할을 했다는 주장을 펼친다. 클로비스 수렵인들이 선호하던 먹이 종 대부분은 현재 멸종되었는데, 그중에는 맛이 좋은 종이 많았을 것으로 보인다.

고대 수렵-채집인들이 먹잇감으로 선호했던 많은 종들이 사라진 결과, 현재의 우리는 그 맛을 볼 수가 없다. 매머드의 발은 특히 맛있었던 것 같은데 안타깝게도 지금은 맛볼 기회가 없다. 어쩌면 놀라운 이야기로 들리겠지만, 멸종이 가져온 또다른 결과는 열매와 관련이 있다(제5장). 열매는 동물에게 즐거움을 주는 방향으로 진화했다. 그러나 우리가 현재 가장 많이 즐기는 열매들 중에는 인간이 아니라 지금은 멸종된 종들의 입을 즐겁게 해주는 방향으로 진화한 것들이 많다. 이렇게 열매를 살펴본 다음에는, 인류 조상들이 향신료를 사용하기 시작했을 때에 향미가 어떤 방식으로 도움을 주었는지(제6장), 고기와 과일, 곡물을 발효시키기 시작했을 때에는 어떻게 도움이 되었는지(제7장)를 다룬다. 우리는 감각기관 중에 눈과 귀가 우리를 이끈다고 생각하지만, 향신료, 발효와 관련된 선택의 순간에 우리는 코와 입을 동원했다. 향신료 교역의 시작을 알리는 데에 일조한 것도 코와 입이었고, 맥주와 포도주, 고약한 냄새가 나는 발효 생선을 만드는 (그리고 좋아하는) 법을 깨닫게 해준 것도 우리의 코와 입이었다.

역사시대와 선사시대를 통틀어 살펴보면, 인류가 주로 미각만을 자극하는 음식을 만들던 시기가 있다. 그런가 하면 미각뿐만 아니라 식감, 향 등 다른 향미 구성요소들까지 만족시키는 음식을 만들던 시기도 있다. 이런 종류의 음식으로는 아시아의 많은 지역에서 볼 수 있는 지독한 냄새가 나는 두부나 인도의 카레, 유럽의 세척 외피 치즈(washed-rind cheese)를 꼽을 수 있다. 제8장에서는 다른 유형의 음식을 만드는 것이 더 쉬웠을 텐데도 (그리고 영양 측면에서도 못지않게 훌륭했을 텐데도) 특정한 시기에 인류가 굳이 왜 복잡하고 노동집약적인 음식을 만들기로 선택했는지 그 이유를 파헤친다. 우리 두 사람은 향미가 그 이유들 중의 하나라고 주장하면서, 수도승 집단이라는 특정한 환경을 살펴볼 것이다. 이들의 작업(그리고 이들이 느꼈던 즐거움)은 유럽의 음식을 변화시

컸다. 마지막 제9장에서는 이 책의 결론을 도출한다. 모닥불이든 축제든 우리가 한자리에 모여 음식을 주인공으로 두고서 서로 음식을 즐기는 상황들을 살펴본다. 그러면서 향미 연구의 새로운 미래도 그려볼 것이다. 때때로 과학자, 요리사, 농부, 작가, 양치기가 모두 한 식탁에 둘러앉아 빵을 자르거나 고약한 냄새가 나는 두부를 썰어 먹는 그런 모습을 말이다.

간단히 말하자면, 인류의 진화 이야기는 향미와 맛있음에 관한 이야기이다. 그리고 향미와 맛있음에 관한 이야기는 물리학과 화학, 신경과학, 심리학, 농사, 예술, 생태학, 진화의 이야기이다. 향미 그리고 향미의 진화와 그 결과에 관한 이야기에서부터 우리가 매일 접하는 음식에 대한 새로운 통찰이 생겨난다.

　이 책 전반에 걸쳐서 공동 집필자인 우리 두 사람이 이런 이야기들을 함께 들려줄 것이다. 지난 20년간 우리는 음식에 관련한 많은 경험과 대화를 공유했다. 때로는 롭 혼자서 특정한 만찬이나 행사에 참석한 적도 있다. 이런 경우에는 3인칭(롭)으로 언급했다. 대부분은 우리 두 사람이 함께했다. 지루해하더라도 아이들도 동참시켰다(가끔은 아이들이 흥미진진한 반응을 보이기도 했다. 두 아이 모두 결국에는 이 책을 끝까지 읽었다). 우리는 끝없이 시장을 찾아다니고 모임에 나가서 음식과 음료를 맛보고 또 맛보았다. 그렇게 해서 우리 두 사람, 롭 던과 모니카 산체스의 손에서 이 책이 탄생했다. 읽다 보면 여기저기에서 우리 중에 한 사람의 목소리가 더 크게 들리는 부분이 나올 것이다(만약 그 부분이 재미있다면 그 목소리의 주인공은 모니카이다. 반면 재미있는 듯하다가 재미없다면 롭이다).

이 책에 담긴 아이디어들은 우리 두 사람의 힘만으로 탄생하지 않았다. 우리는 향미의 요소를 기술하기 시작하자마자 깨달았다. 우리에게는 브리야-사바랭과 같이 세련된 묘사 능력이 없다는 것을. 그뿐만 아니라, 이 책에 관해서 여러 사람들과 이야기를 나누면서 우리는 또 한 번 깨달았다. 이런 새로운 방식으로 음식을 생각하면서 느끼는 커다란 기쁨이 있다는 것을. 자신과 다른 관점을 지닌 사람들과 아이디어와 대화, 음식을 나누면서 느끼는 기쁨 말이다. 생계를 위해서 음식을 업으로 삼은 사람들과 한자리에 모였을 때는 특히나 재미있었다. 예를 들면 롭이 이스트 생물학 전문가인 앤 매든과 함께, 벨기에에서 일하는 제빵사 12명의 협조를 받아서 제빵사의 일상이 그가 만드는 빵의 향미에 어떤 영향을 주는지를 공동으로 연구했을 때가 그러했다. 우리는 송로버섯 재배 농민과 함께 그의 개가 송로버섯을 찾는 데에 따라나서기도 했다. 우리는 덴마크에 있는 어느 증류주 양조장의 양조업자를 만나서 숨겨진 이야기도 들었다. 그는 기꺼이 오후 한나절을 할애해서 벌의 자연사(自然史)와 벌이 발효를 이용하는 방법을 우리에게 설명해주었다. 우리는 또 헝가리 동부에 있는 1,000년 묵은 포도주 저장고를 방문해서 다큐멘터리 영화도 촬영했고, 저장고 안에서 자라는 곰팡이를 화제로 삼아 대화에 푹 빠지기도 했다. 이렇게 여러 가지를 경험하고 깊은 대화를 나누면서 우리의 생각은 더욱 명확해졌고, 우리가 공유한 음식은 더욱 맛있어졌다. 솔직히 말하면, 그 덕분에 우리는 행복과 충만감을 느꼈다.

우리는 이 과정에 도움을 준 많은 사람들의 이름을 이 책 안에 담았다. 몇 군데에서는 친구들의 이름을 본문에 언급했다. 그렇게 하지 못한 경우에는 장마다 미주를 달아서 이름을 남겼다. 그들은 우리의 이야기를 듣고 의견을 제시해주는 공명판이 되어 거듭거듭 맞장구를 치며 말했다. "그렇군요, 그런데 그거 알아요? 침팬지가 먹는 견과류는 호두 맛이 나면서 살짝 타임 향이 난답니다." "다시(dashi) 냄새는 해초 냄새, 그러니까 바다 냄새예요." 때때로 우리의 아이디어가 포괄적으로 증명할 수 있는 범위를 조금 멀리 벗어나면, 이들은 한마디로 "헛소리"라고 말하며 제동을 걸었다. 그 결과, 이 책은 숲속의 과학자나 진흙 앞의 예술가가 만들어낸 둘도 없는 창작품이라기보다는, 우리 두 사람이 마련한 만찬에 가까워졌다. 이 책의 화자는 우리이지만, 이 책에 소개된 아이디어들은 우리의 동반자가 되어준 친구들에게서 정보를 얻어 탄생한 것이다. 아이디어와 음식의 즐거움을 공유해준 그들에게 진심으로 감사를 전한다.

1

혀에 숨겨진 비밀

> 어떤 음식을 먹는지 알려주시오.
> 그러면 당신이 어떤 사람인지 말해주리다.
>
> 미각은 두 가지의 중요한 역할을 하는 것 같다. 첫째, 쾌락을
> 미끼로 삼아 우리가 생명을 소모함으로써 얻은 손실을 회복해준다.
> 둘째, 자연이 제공하는 기본물질 가운데에서
> 먹을 수 있는 것을 선별하게 도와준다.
> ─장 앙텔므 브리야-사바랭, 『미식 예찬』

쾌락과 불쾌의 본질. 이것은 최초의 철학자라고 할 수 있는 구석기인
들이 모닥불에 둘러앉아서 고기를 구우며 이야기를 나눌 때부터 인류
를 사로잡은 화두였다. "우리는 왜 쾌감 또는 불쾌감을 느낄까?" "우리
는 언제 그리고 왜 기꺼이 쾌감을 만끽하거나 어쩔 수 없이 불쾌감을 느
낄까?" 과연 이보다 더 본질적인 질문이 또 있을까? 기원전 1세기, 고대
로마의 시인 루크레티우스가 이 질문에 답했다. 우선 그는 세계가 오로
지 원자로만 이루어진 물질적인 것이라고 주장했다. 원자가 모여서 달
과 울타리, 울타리 위에 올라앉은 고양이를 만들었다. 고양이가 호시탐

탐 노리는 쥐 역시 원자로 이루어졌다. 쥐가 고양이에게 잡아먹히면, 쥐의 몸을 이루던 원자는 고양이의 몸을 이루는 원자로 재편되어 존재를 이어간다.[1] 이런 세계에서 쾌락은 육체의 물질적인 요구를 충족시키기 위한 육체적인 메커니즘으로 인식되었다. 쾌락이 고양이를 쥐에게로 인도한 것이다. 이렇듯 쾌락은 자연스러운 것이며 불쾌 역시 자연스러운 것이다. 그러나 루크레티우스는 쾌락과 불쾌가 자연스러운 것이라고 해서 쾌락주의를 추구하지는 않았다. 그 대신, 쾌락을 즐기고 불쾌를 피하는 삶이 좋은 삶이라고 생각했다. 그는 『사물의 본성에 관하여(*De rerum natura*)』라는 감동적인 작품에 이런 생각을 담아서 기록으로 남겼다. 이 작품 덕분에 루크레티우스의 사상은 많은 사람들에게 전파되었다. 사실, 그의 사상이 완전히 새로운 것은 아니었다. 고대 그리스의 철학자 에피쿠로스의 사상을 일부 반복하고 다시 고쳐 쓴 것이었기 때문이다. 그러나 그 덕분에 에피쿠로스의 사상이 다시금 명확하고 아름답게 조명될 수 있었다. 한편 서로마 제국이 붕괴하면서 루크레티우스의 작품은 조금씩 사라져갔고, 중세 말기가 되자 루크레티우스가 존재했다는 간접적인 증거만이 남았다. 결국에는 다른 학자들이 『사물의 본성에 관하여』의 짧은 한 부분만을 감질나게 발췌해서 인용한 글에서만 그를 발견할 수 있게 되었다.

서로마 제국의 몰락과 함께 고대 그리스 로마 시대의 위대한 문학 작품과 학술 저작들이 많이 사라졌다. 불타거나 파쇄되기도 했지만 주로는 그냥 방치되었다. 어떤 작품은 영구히 분실되었다. 그렇다고 모두 그런 운명에 처한 것은 아니다. 많은 작품들이 비잔티움의 무슬림 학자들의 손을 거쳐 필사되고 연구되었으며, 다른 작품들은 수도원에서 보존되었다. 다행히 루크레티우스의 작품 역시 이렇게 살아남은 원고였다. 1417년, 집념 있고 호기심 많은 수도승 포조 브라촐리니가 마침내 독일의 한 수도원에서 『사물의 본성에 관하여』를 발굴해냈다.[2]

포조는 루크레티우스의 작품이 지닌 강렬한 아름다움에 깊이 매료되었다. 그런데 시간이 지나자 루크레티우스가 묘사한 세계, 즉 자연스러운 쾌락으로 가득한 세계는 그가 중세 기독교인으로서 배운 모든 것들과 상충한다는 것을 깨달았다. 그는 훗날에는 루크레티우스의 작품을 비판했다. 그래도 그러기 전에는 필사본을 만들어서 주위에 공유했다(그 덕분에 더 많은 필사본들이 만들어졌다). 수십 년 후, 일각에서는 루크레티우스의 작품에 담긴 정서를, 과거에 바탕을 두고 미래의 본질적인 의미를 규정한 모형으로 평가했다. 반면, 다른 일각에서는 루크레티우스의 사상을 서양 문명에 대한 위협으로 생각했다. 쾌락과 유물론을 바라보는 우리의 시각은 그 당시와 마찬가지로 지금도 여전히 두 갈래로 나뉘어 있다. 특히, 정치적인 성향이 강한 많은 논쟁들의 기저에는 이 같은 이분법적인 시각이 깔려 있다. 이 책에서는 이런 논쟁에 종지부를 찍지는 못하겠지만 잃어버린 한 조각, 즉 왜 쾌락과 불쾌가 존재하는가 하는 질문에 대한 답은 제시할 수 있다. 쾌락은 뇌 안에서 여러 화학물질이 특정하게 혼합되어 발생한다. 맛있다는 느낌, 다시 말해서 음식의 풍미와 관련된 특정한 쾌락 역시 마찬가지이다. 생존과 생식 가능성을 높이는 활동에 대한 보상으로 동물의 몸에서는 여러 화학물질들이 생성된다. 루크레티우스가 인식했듯이 이런 메커니즘은 쥐나 물고기, 인간에게 모두 공통으로 적용된다.[3] 반면, 불쾌는 이와 반대이다. 불쾌는 동물이 생존과 생식을 저해하는 일을 하지 못하게 방해한다. 이렇듯 자연은 함께 작용하는 쾌락과 불쾌라는 단순한 방식을 통해서 동물이 충분한 수명을 누리며 더 많은 자손을 낳아 유전자를 대물림하게 도와준다.

모든 동물은 올바른 먹이를 섭취해야 한다. 하나의 종이 쾌락에 따라서 정확히 어떤 먹이에 이끌릴 필요가 있는지를 예측하는 과학을 생화학 양론(biological stoichiometry)이라고 한다. **생화학 양론**이라는 학문명은 아마도, 세상이 돌아가는 데에 엄청난 영향을 미치는 학문에 붙은 세상에서 가장 재미없는 이름일 것이다. 게다가 잘 알려지지 않은 분야이기도 해서, 생화학 양론을 공부하는 사람이 아니라면 한 번도 들어본 적 없는 학문일 가능성이 높다.

생화학 양론은 하나의 방정식을 다양하게 바꾸며 연구한다. 가장 간단한 방정식을 살펴보자. 등식의 좌변에는 잡아먹히는 생명체(피식자)의 몸을 둔다. 우리가 살면서 섭취한 모든 동물, 식물, 버섯, 세균들을 생각하면 된다. 등식의 우변에는 포식 행위를 하는 생명체(포식자)의 몸을 둔다. 여기에는 포식자가 만들어낸 모든 노폐물과 소비한 모든 에너지도 포함된다. 루크레티우스가 표현했듯이 동물은 "서로에게서 생명을 빌려온다."[4] 이들은 "생명의 횃불을 다음 주자에게 넘겨주는" 계주 선수와 같다. 이 횃불을 전달할 때에 지켜야 하는 규칙을 다루는 학문이 바로 생화학 양론이다.

생화학 양론에서는 등식이 성립되어야 한다는 것이 규칙이다. 먹이 속의 영양분과 포식자의 몸속 영양분(그리고 거기에서 나온 노폐물과 소모된 에너지)이 궁극적으로 일치해야 한다는 뜻이다. 그런데 여기에서부터 문제가 조금 까다로워진다. 강을 가운데에 두고 한쪽에는 남자 1명과 강아지 2마리, 다른 한쪽에는 여자 1명과 카누 1척이 있다고 설정하는 초등학교 숙제로 나올 법한 문제와 비슷해지기 시작하는 것이다. 가령, 포식자의 몸에 질소가 고농도로 포함되어 있다면 포식자의 먹이도 마찬가지여야 한다. 이것은 굳이 적을 필요도 없이 너무도 명확해 보인다. 브리야-사바랭은 당신이 먹는 것이 곧 당신이니 당신을 이루고 있는 것을 먹어야 한다고 말했다. 그러나 곤란한 부분이 있다. 포식자와 먹이를 연결하는 등식은 이를테면 질소와 탄소만 관련된 것이 아니라는 점이다. 포식자가 스스로 만들어낼 수 없는 영양소라면 그 무엇이라도 관련되어 있다. 결과적으로 포식자와 먹이 사이의 등식에서는 질소뿐만이 아니라 마그네슘, 포타슘, 인, 칼슘 등 모든 동물 세포 안에서 각자 역할을 하는 영양소들이 서로 균형을 이루고 일치해야 한다.

실제로 우리는 다양한 동물 종(포식자 혹은 일반적으로 말하자면 소비자, 등식의 우변)의 신체를 구성하는 각 원소들의 분자(分子)들을 비례수로 적어볼 수도 있다. 예를 들면 일반적인 포유류는 신체를 구성하는 원소의 목록과 각 원소의 상대적인 비율을 통해서 화학적으로 설명될 수 있다. 포유류를 구성하는 성분 목록은 다음과 같다.

$H_{375,000,000}$, $O_{132,000,000}$, $C_{85,700,000}$, $N_{64,300,000}$, $Ca_{1,500,000}$,

$P_{1,020,000}$, $S_{206,000}$, $Na_{183,000}$, $K_{177,000}$, $Cl_{127,000}$, $Mg_{40,000}$, $Si_{38,600}$,

$Fe_{2,680}$, $Zn_{2,110}$, Cu_{76}, I_{14}, Mn_{13}, F_{13}, Cr_{7}, Se_{4}, Mo_{3}, Co_{1}

이를 보면 인간을 비롯한 포유류의 몸에는 코발트(Co) 원자보다 수소
(H) 원자의 수가 3억7,500만 배 더 많다는 것을 알 수 있다. 오늘날의 과
학자들은 이처럼 인간은 물론이고 다른 포유류들의 신체 구성 원소 목
록을 매우 정확히 계산해낼 수 있다. 그런데 야생동물은 자연에서 이 모
든 원소를 찾아내는 법을 어떻게 아는 것일까? 대체 어떻게 자기 몸에
필요한 것을 얻고 자신의 생화학 양론 방정식, 즉 섭취하는 성분과 필
요로 하는 성분이 일치하는 등식을 성립시키는 것일까?[5] 모든 동물들이
어떻게 아는 것일까? 우리는 어떻게 아는 것일까?

　피식자의 근육, 내장, 뼈를 먹는 육식동물은 이 등식을 허기(그리고 허
기가 채워지면서 촉발되는 쾌락)만으로도 충분히 성립시킬 수 있다. 돌고
래의 경우, 허기에 더해서 먹이가 아닌 것을 가려내도록 머릿속에 먹이
의 생김새에 대한 모종의 이미지만 있으면 된다(이런 이미지는 돌고래에
게 돌덩이를 먹지 말라고 알려주는 역할을 한다).[6] 이렇게 하면 등식은 거
의 성립한다.

　반면, 더 많은 먹이들을 선택할 수 있는 동물들은 상황이 이보다 녹록
하지 않다. 식물을 먹는 동물(초식동물)이나 동물과 식물을 먹는 동물(잡
식동물)에게는 삶이 곧 도전이다. 그림 1.1에서 볼 수 있듯이 많은 원소
들이 식물보다는 동물에 훨씬 더 고농도로 존재한다. 그래서 만약 잡식
동물이 식물과 동물을 무작위로 섭취하면 소듐(Na, 나트륨)과 인(P), 질
소(N), 칼슘(Ca)이 결핍된 식사를 하기 십상이다. 상황이 까다롭기는 초
식동물도 마찬가지이다. 그렇다면 초식동물과 잡식동물은 어떻게 그들
만의 생화학 양론 방정식을 성립시키는 법을 아는 것일까? 더 큰 틀에
서 보면, 이들은 향미를 바탕으로 결정을 내린다. 향미란 동물의 입안에

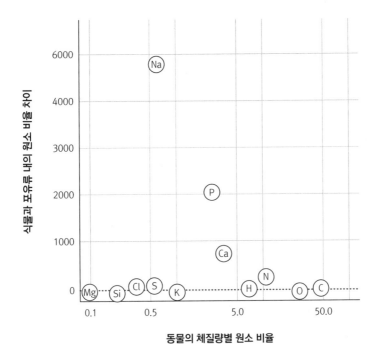

그림 1.1 동물에 가장 풍부한 생물학적 "필수" 원소들의 체질량별 비율(가로축)과 식물의 이들 원소 함유량과의 비교(세로축). 좌표에서 양의 값을 가진 원소들은 식물 조직보다 동물 체내 농도가 더 높다. 가령, 소듐은 식물 조직보다 포유류 체내 농도가 거의 50배(또는 5,000퍼센트) 더 높다. 반대로 실리카(Si)의 농도는 동물보다 식물에서 좀더 높다.

서 일어나는 모든 감각적인 경험의 총체이다. 여기에는 향, 식감 그리고 미각도 포함된다.[6] 동물이 욕구를 따르도록 인도하는 데에는 향미를 구성하는 각각의 요소들이 모두 중요하지만, 그중에서도 맛은 특별한 역할을 한다.

맛을 뜻하는 영어 단어 taste의 어원은 속라틴어(문어로 사용된 고전 라틴어와 대비해서 구어로 사용된 라틴어/옮긴이) tastare이다. 일부 사전에서는 tastare가 "손으로 다루다 또는 움켜잡다"라는 의미의 라틴어 단어

taxtare가 변형된 것이라고 주장한다. 아마도 '맛보다'라는 의미의 라틴어 단어 gustāre의 영향으로 변형되었을 것이다. 실제로 우리는 맛을 볼 때 혀로 움켜잡아서 파악한다. 혀의 표면은 설유두(거울로 보면 보이는 혀 위의 작은 돌기들)로 덮여 있다. 설유두 안에는 미뢰가 있고, 각각의 미뢰에는 꽃봉오리 속의 꽃잎처럼 생긴 미각 수용 세포들이 들어 있다.[7] 미각 수용 세포는 9–15일마다 교체된다. 척추동물이 나이가 들어도 혀는 항상 재생된다. 각각의 미각 세포에서는 미세융모가 뻗어나와 있다. 실제 미각 수용체는 바로 이 미세융모의 끝에 있는데, 입안의 파란만장한 바다에서 파도를 타듯이 나부낀다.

각각의 미각 수용체는 특수 열쇠로만 열 수 있는 자물쇠와 같다. 맞는 열쇠로 자물쇠를 열면 미각 수용체에서 발생한 신호가 근처에 있는 신경세포를 따라서 전달된다. 거기에서부터 신호가 쪼개지고, 따로 분리된 신경들을 거쳐서 여러 뇌 부위에 도달한다. 신호가 지나는 경로들 중에 하나는 파충류 뇌 또는 생명의 뇌라고 불리는 원시 뇌 부위로 이어진다. 이 부위에서는 호흡이나 심장박동 등 생명 유지에 필수적인 잠재의식적인 활동들을 통제한다. 소금이나 설탕처럼 우리 몸에 필요한 요소들과 관련된 맛의 경우, 원시 뇌에 신호가 도달하면 그 결과로 도파민이 분비된다. 그러면 도파민이 방아쇠 역할을 하여 엔도르핀을 분출시키고, 우리는 어렴풋하게 의식적인 쾌감을 느끼게 된다. 이 쾌감은 필요한 것을 발견한 동물에게 주어지는 보상이다. 동시에 "이거 너무 좋아, 더 먹고 싶어"라는 갈망을 만들어낸다. 또다른 신호 경로는 의식과 관련된 뇌 부위, 즉 대뇌 피질과 연결된다. 신호가 일단 대뇌 피질에 도달하면 "소금"이나 "설탕" 등 과거에 이미 맛보았던 것과 연관된 특정한 감각을

촉발한다.[8]

이런 미각 시스템이 작동하는 이유는 특정한 동물에게 필요한 원소들이 비교적 예측되기 때문이다. 이런 원소들은 과거를 토대로 예측될 수 있다. 한 동물의 선조가 과거에 필요했던 것은 현재 그 동물에게도 필요한 것일 가능성이 높다. 그러므로 맛 선호도는 뇌에 새겨져서 타고난다고 볼 수 있다. 소듐을 예로 들어보자. 포유류를 포함한 육지 척추동물은 육상 생태계의 제1차 생산자인 식물보다 체내 소듐 농도가 거의 50배 높다(그림 1.1). 척추동물이 바다에서 진화했기 때문이다. 척추동물의 세포는 소듐을 포함하여 바다에서 흔한 성분들에 의존해 진화했다. 필요한 소듐의 양과 식물로부터 얻을 수 있는 양이 이렇게 차이가 날 때, 이 문제를 어떻게 해결해야 할까? 필요한 양보다 식물을 50배 더 많이 먹거나(초과량은 배설한다) 다른 소듐 공급원을 찾으면 된다. 짠맛 수용체는 보상을 통해서 동물이 후자를 선택하도록 유도한다. 즉, 막대한 소듐 필요량을 충족시켜 생화학 양론 방정식을 성립시키기 위해서 소금을 찾아나서게 한다.

포유류는 대부분 소금(NaCl)에 있는 소듐(Na)에 반응하는 두 가지의 미각 수용체를 가진 것으로 보인다. 그중 하나는 일정 농도 이상의 소듐에 반응한다. 소듐이 이 최소 농도 이상으로 존재하면 미각 수용체가 뇌로 신호를 보낸다. 그러면 "소금이다"라는 의식적인 인식과 함께 쾌감이 뒤따른다. 베를린 공항과 기차역 사이의 작은 상점에서 파는 커다랗고 부드러운 라우겐프레첼을 한 입 베어먹을 때를 생각하면 된다(이 글을 쓰면서 우리 두 사람이 떠올린 생각이다). 지금 이야기하는 이 첫 번째 미각 수용체는 포유류가 소금을 찾게 만든다. 예를 들면 코끼리는 염분을 보충하기 위해서 소금기가 있는 흙을 찾아 수백 킬로미터를 걸어간다. 이렇게 함으로써 이들은 욕구의 지형에 따라 그려지는 이동 경로를 땅속 깊이 남긴다.

그런데 소금(즉, 소듐)을 충분히 먹지 않는 것이 나쁜 만큼 너무 많이 먹는 것도 나쁘다. 바다 근처에 서식하는 포유류가 염수로 갈증을 해결하면 소금 과잉 섭취가 쉽게 일어날 수 있다. 이런 잠재적인 문제에 대처하기 위해서 포유류에게는 짠맛을 탐지하는 두 번째 미각 수용체가 있다. 이 수용체는 고농도의 소듐을 감지하면 불쾌감 신호를 보내서 뇌가 "너무 짜!"라는 인식을 하게 만든다. 라우겐프레첼을 먹다가 유독 짠 부분을 먹게 되면 프레첼에 붙어 있는 소금을 조금 털어내고 싶어지는데, 이것이 바로 이 두 번째 미각 수용체가 작동한 때이다. 이렇듯 짠맛 수용체는 쥐, 다람쥐, 인간 등 모든 육상 척추동물들이 수억 년에 걸쳐서 그들에게 필요했던 소금 농도를 추구하게 만든다. 그러니까 최소 필요 농도를 채우도록 이끄는 동시에, 농도가 그 이상으로 과잉되지 않도록 막는 역할도 하는 것이다.

루크레티우스는 지방이 많은 음식은 부드러운 원자로 구성되고, 쓴맛이나 신맛이 나는 음식은 삐딱하고 거칠고 가시가 돋친 원자로 이루어졌을 것이라고 상상했다. 실제로는 그렇지 않다. 그 대신, 동물이 특정 음식을 경험하면 그 경험은 동물의 미각 수용체와 뇌가 연결되는 방식에 반영된다. 소금과 관련해서 우리가 경험하는 감각, 즉 "짠맛"은 전적으로 자의적이다. 우리는 다른 동물들도 인간처럼 짠맛 수용체가 있으며 이들의 수용체가 소금에 대한 갈망과 쾌감을 촉발한다는 사실을, 심지어 어떤 농도에서 촉발하는지도 알 수 있다(쥐와 생쥐를 대상으로 한 정밀한 연구 덕분이다). 그러나 이들 다른 종이 느끼는 "짠맛"이 어떤 맛인지는 알 수 없다. 다른 종이 이런 맛을 접할 때에 어떤 느낌일지는 정확히 알지 못한다. 우리는 자기 자신이 아닌 다른 인간이 경험하는 미각이나 쾌락에 대해서도 알지 못한다. 그저 나와 같겠거니 하고 추정할 뿐이다.

그림 1.1에서 볼 수 있듯이, 소듐은 식물보다 포유류를 비롯한 척추동물의 몸에 더 많이 존재하는 유일한 원소가 아니다. 질소도 그런 원소이다. 식물과 동물에게서 질소는 아미노산과 뉴클레오타이드 안에서 주로 발견된다. 아미노산은 단백질을 구성하는 레고 조각이고, 뉴클레오타이드는 DNA와 RNA를 만드는 레고 조각이다.

돼지도 그렇고 인간이나 곰처럼 식물을 먹는 동물의 식단에서는 질소가 쉽게 결핍될 수 있다. 평균적으로 동물은 식물보다 체질량 대비 질소가 약 2배 더 많다. 그렇다면 잡식동물이나 초식동물은 식물 섭취에 따른 질소 부족에 어떻게 대처할까? 어떤 종은 단순하게 필요한 먹이량보다 2배(또는 그 이상) 더 많이 먹고 잉여분은 배설한다. 가령 진딧물이나 깍지벌레가 그렇다. 이들은 식물의 잎맥에 있는 체관부에서 당분을 흡수한다. 이렇게 함으로써 그 안에 포함된 소량의 질소와 그들에게 필요한 양만큼의 당분을 챙긴 다음, 그 나머지는 배출한다. 이렇게 배출된 잉여분은 개미와 일부 인간들이 별미라며 채취해간다(성서에서 나오는 만나는 타마리스크 나무를 먹고 사는 깍지벌레[*Trabutina mannipara*]의 배설물이었을 것으로 여겨진다). 그러나 이런 방식으로 필요량과 섭취량의 균형을 잡는 것은 포유류에게 그다지 좋은 해결책이 아니다. 이보다는 질소를 감지하거나 질소를 함유한 먹이의 화합물을 감지하는 미각 수용체를 활용하는 편이 더 낫다. 그러나 1907년 이전까지만 해도 인간의 미각 가운데 음식 속의 질소 또는 질소가 함유된 단백질, 아미노산에 상응한다고 알려진 맛은 없었다.

1907년, 도쿄 제국대학교 화학과 교수인 이케다 기쿠나에가 먹던 국한 그릇이 그의 인생을 바꾸었다. 바로 다시 국물이었다. 이케다는 전에도 국물을 먹었지만, 이번에는 유독 너무 맛있어서 깜짝 놀랐다. 짭짤하면서 살짝 단맛도 있었고, 이외에도 아주 맛있는 무엇인가가 은근히 느껴졌다. 이케다는 이 특별한 맛의 기원을 밝혀내기로 마음을 먹었다. 나중에 그는 무척이나 맛있는 이 맛을 "우마미", 즉 감칠맛이라고 명명했다. "우마미"의 어원은 맛있다(우마이[うまい])와 맛(미[味])을 뜻하는 일본어 단어들이다. 우마미는 "맛있는 맛 또는 맛있는 정도"뿐만 아니라 "기술의 정교함"도 뜻한다.

다시 국물을 내는 요리법은 겉으로는 간단해 보인다. 여기에는 가다랑어포,9 물, 그리고 때때로 다시마가 들어간다. 이케다는 자신이 찾는 맛이 물에서 나는 맛이 아니라는 것은 알았다. 그렇다면 가다랑어포 아니면 다시마에서 나는 맛이 틀림없었다. 이케다가 해야 할 일은 딱 하나였다. 가다랑어포나 다시마 속의 어떤 화합물이 그가 감지한 맛, 즉 감칠맛을 촉발하는지를 밝혀내기만 하면 되었다. 그런데 말이 쉽지 이를 실행하기는 어려웠다. "간단한" 다시 국물 안에는 잠재적으로 맛이나 향을 낼 수 있는 화학적 화합물이 수천 가지나 함유되어 있기 때문이다. 이케다는 이 화합물들을 일일이 확인하고 시험해야 했다. 조너선 실버타운의 저서 『먹고 마시는 것들의 자연사(*Dinner with Darwin*)』에 따르면,[7] 다시 국물은 (마치 한 가지 화합물인 것처럼) 비교적 순수하면서도 감칠맛을 내는 것으로 보이지만, 독립된 38단계를 거친 후에야 국물 속 다시마로부터 모래 같은 결정체를 추출할 수 있다. 이 결정체는 글루탐산이었다. 글루탐산은 단백질을 구성하는 아미노산 중의 하나로, 음식 내 질소 함유 여부를 알려주는 신뢰할 만한 지표이다. 감칠맛은 질소를 발견한 우리에게 보상으로 주어지는 맛이다. 글루탐산으로 촉발된 감칠맛은 우리에게 필요한 여러 아미노산들을 찾도록 유도한다. 그러나 감칠맛은 글루탐산 단독으로만 촉발되지는 않는다.

이케다의 뒤를 이어 여러 일본 연구자들이 연구를 이어간 결과, 글루탐산에 더해 이노신산과 구아닐산이라는 두 가지 리보뉴클레오타이드 역시 감칠맛을 촉발할 수 있는 것으로 밝혀졌다. 이 두 가지 리보뉴클레오타이드는 다시마가 아니라 가다랑어포에 들어 있다. 이노신산이나 구아닐산을 글루탐산과 함께 경험하면 최상의 감칠맛이 느껴진다. 그래서 다시 국물에는 최상의 감칠맛, 즉 질소가 함유되었다는 사실도 알려주면서 깊은 즐거움을 주는 맛이 풍부하다.

수십 년간 일본 밖에는 이케다의 연구 결과를 믿었던 과학자가 거의 없었다(그 뒤를 이은 이노신산과 구아닐산 관련 연구 결과도 마찬가지였다). 그렇다고 너무 가슴 아파할 필요는 없다. 이케다는 1908년에 MSG 생산법의 특허를 획득했기 때문이다. MSG는 글루탐산과 소듐을 결합해서 얻은 화합물이다. 이 특허 덕분에 이케다는 많은 돈을 벌었다.[8] 사람들은 감칠맛의 존재를 믿기도 전에 감칠맛을 위해서 기꺼이 돈을 지불했다. 이케다의 업적이 일본 밖에서 도외시되었던 이유들 중의 하나는 첫 논문이 일본어로 작성되어 유럽과 미국 과학자들에게 널리 읽히지 않기 때문이다. 그러나 언어의 장벽만 문제였던 것은 아니었다. 메커니즘의 문제도 있었다. 이케다는 그가 추출한 글루탐산 결정체를 음식에 첨가하면 음식 맛이 좋아진다는 것은 보여줄 수 있었다. 그러나 입에서 그 결정체 맛을 어떻게 느끼는지는 밝히지 못했다. 그러다가 90년이 지난 후에야 감칠맛 미각 수용체가 발견되었다. 이노신산과 구아닐산에 반응하는 개별 수용체의 비밀을 푸는 데에는 이보다도 더 오래 걸렸다. 감칠맛은 이들 미각 수용체가 발견된 후에야 감각을 연구하는 대부분의 과학자들로부터 인간이 느끼는 미각으로 널리 인정받았다.

그림 1.1로 돌아가보면, 식물에 비해서 동물에 훨씬 많이 존재하는 또다른 원소가 인이라는 것을 알 수 있다. 인은 식물 조직보다 동물의 체내에 20배 더 높은 농도로 존재한다. 인 결핍은 많은 동물 종이 해결해야 하는 중대한 사안이다.[9] 그렇다면 음식에 함유된 인을 감지해서 동물이 인을 발견하면 보상을 주는 방식으로 작동하는 미각 수용체는 왜 없는 것일까? 한 가지 가능한 설명은 질소가 풍부한 먹이, 특히 동물에는 일반적으로 인이 충분히 함유되어 있기 때문에 이를 통째로 먹으면 충분하다는 것이다. 그래서 아마도 질소와 인, 두 영양소 중에 하나를 감지하는 수용체만 있어도 충분한 듯하다. 대개 자연은 질소와 인을 한 묶음으로 제공한다. 그러나 이것만으로는 초식동물이나 심지어 대부분의 잡식동물이 어떻게 인을 발견하는지를 설명하지 못한다. 이를 설명할 수 있는 또다른 가능성은 동물들 일부가 인 미각 수용체를 가지고 있다는 것이다.

마이클 토도프는 모넬 화학감각 연구소(미각의 세계에서 모든 길은 모넬로 통한다)에 소속된 과학자이다. 그는 충분히 규명되지 않은 미각들을 실험실에서 연구한다. 그중에는 인 맛도 있다. 1970년대부터 여러 연구들이, 어떤 방식인지는 모르지만 실험용 생쥐들이 인산염 맛을 느낄 수 있다는 사실을 밝혔다. 그후 토도프는 실험용 쥐들이 소금이 (이들에게 쾌감을 주는) 저농도인지 아니면 (불쾌감을 주는) 고농도인지를 구별할 수 있다는 것을 증명했다.[10] 이를 바탕으로 그는 인간을 포함한 포유류 대부분에게 인산염 맛을 감지하는 능력과 더불어서 쾌감을 주는 인산염 농도와 불쾌감을 주는 농도를 구별하는 능력이 있다고 추측했다.[11] 감칠맛 미각 수용체가 발견되고 그 메커니즘이 규명된 이후에야 비로소 감칠맛이 하나의 맛으로 널리 인정받았듯이, 인 맛도 마찬가지이다. 현재 토도프는 인을 대상으로 바로 이런 과정을 밟고 있다. 최근에는 실험용 쥐에게 과도한 인(인산염 형태) 농도를 경고하는 미각 수용체인 듯한 물질을 발견하기까지 했다.[12] 다만, 실험용 쥐에게 적절한 양의 인을 발견했다고 알리는 수용체는 아직 발견되지 않았다. 머지않아 인이 인간이 느끼는 또 하나의 맛으로 인정되는 날이 올 수도 있다.

우리가 음식을 먹을 때마다 이미 경험하고 있을지도 모르는 맛이 새롭게 발견되면, 수많은 후속 연구들이 쏟아질 것이라고 생각할지도 모르겠다. 마치 상을 받았을 때, 인터뷰 요청이 쇄도하는 것처럼 말이다. 그러나 그렇지 않다. 세상은 미스터리로 가득하다. 입안만 해도 미스터리로 가득 차 있다. 그래서 토도프의 인 맛 연구 결과를 인용한 논문도 비교적 많지 않다. 그의 연구를 인용한 논문들 중에는 쥐와 마찬가지로 고양이도 인이 더 많이 함유된 먹이를 선호한다는 연구 결과가 있다. 고양이가 먹이를 잘 먹도록 유도하기 위해서 현재 고양이 사료에는 대부분 (인산염 형태로) 인이 첨가된다. 고양이들은 이 연구 결과를 믿거나 말거나 그들이 즐기는 듯한 인 맛의 쾌락을 경험한다. 한편, 동물의 체내 함유량보다 식단 내 함유량이 적은 또다른 원소는 칼슘이다. 토도프는 자신이 칼슘 미각 수용체가 있다는 증거도 발견했다고 생각한다.

우리가 식사로 섭취해야 하는 원소와 화합물 대부분은 새로운 세포와 기타 체성분을 만드는 데에 쓰인다. 그래서 이런 성분들이 우리 체내에 상대적으로 얼마나 희소하거나 풍부한지에 따라 필요한 양이 결정된다(이번에도 앞에서 언급했던 바로 그 등식의 원리이다). 그런데 이외에도 우리 몸에는 일상 활동에 소모할 에너지가 필요하다. 건물을 지은 후에도 유지 비용이 드는 것처럼 말이다. 활동적인 동물일수록 이런 에너지가 더 많이 필요하다. 포유류만큼 곤충도 그렇다. 가장 활동적이고 공격적인 곤충, 가령 개미에게는 최고의 고칼로리 식단이 필요하다.[13] 개미든 코끼리든 간에 이런 열량은 대부분 탄소 화합물을 분해함으로써 얻어진다.

단당류는 모두 작은 탄소 화합물이어서 동물이 에너지로 전환하기 쉽다. 포도당, 과당, 그리고 이들이 생화학적으로 결합한 결과물인 자당이 단당류에 해당한다. 단맛 미각 수용체는 동물이 이들 당류를 발견하면 보상을 준다.[10] 망고나 꿀, 무화과, 과일의 즙을 먹으면 달콤함으로 보상한다. 많은 포유류들은 녹말과 같은 다당류 역시 달게 느낀다. 특이하게도 구대륙원숭이, 유인원, 인간은 단맛 수용체가 녹말에 반응하지 않는데, 그 대신 입에서 아밀라아제(amylase)라는 효소를 생성한다. 이 아밀라아제는 녹말의 소화를 돕는 효소가 아니다(녹말의 소화는 나중에 일어난다). 그보다는 입안에서 녹말 일부를 잘게 쪼개어 단맛 수용체가 이를 감지할 수 있게 만드는 것으로 추정된다. 현생 고릴라나 침팬지처럼 고인류는 입안에서 아밀라아제를 생성하기는 했지만 그다지 많지는 않았다. 그러다가 식단에 녹말 성분이 점차 더 많이 함유되면서 일부 인류 집단은 입에서 더 많은 아밀라아제를 생성하는 능력을 진화시켰다. 아마 더 빠르게 녹말이 달다고 지각하기 위해서였을 것이다. 이렇듯 진화는 단지 음식을 지각하는 방식을 바꾸어서 담백한 음식을 달게 만들 수도 있고, 그 반대로도 만들 수 있다.

세포 작용에 쓰이는 또다른 에너지원은 지방이다(단백질도 에너지로 전환될 수 있지만 이는 대안이 없을 때 신체가 선택하는 마지막 방편이다). 지방에는 1그램당 에너지가 단당류보다 2배 더 많다. 그러니 많은 포유류들이 지방을 섭취할 때 쾌락을 경험하는 듯이 보이는 것은 놀라운 일이 아니다. (모넬 화학감각 연구소 소속의 또다른 과학자) 대니엘 리드의 실험을 예로 들어보자. 그녀는 실험용 생쥐들에게 고지방 식단을 제공하고는 했는데, 그러면 생쥐들은 그녀의 표현을 빌리면 "금요일 파티"를 즐겼다. "생쥐들은 제공된 지방을 다 먹어치우고 지방으로 털 손질도 했다. 아주 지방에 푹 빠져버렸다. 이들은 지방을 정말 좋아했다."[11] 놀랍게도 생쥐를 비롯한 다른 동물들이 지방의 어떤 점을 즐기는지는 명확하지 않다. 아마도 식감에 답이 있는 것 같다. 지방에는 기분 좋은 식감 (입안에서 느껴지는 촉각을 가리키는 미식 용어)이 있다. 아보카도 한 조각을 입에 넣어보라. 기분이 좋아질 텐데, 이때 느끼는 즐거움은 미각에서 오는 것이 아니다(아보카도는 썩 달지도, 시지도, 짜지도, 그렇다고 감칠맛이 나지도 않는다). 아보카도가 주는 즐거움은 향에서 나오는 것도 아니다. 단순하기 그지없는 아보카도 향은 흔히 "풋풋하다"라고 묘사된다. 아보카도는 이런 것들 대신 감촉, 즉 부드러운 촉감으로 즐거움을 준다. 버터나 크림을 즐길 때 경험하는 바로 그 부드러움 말이다. 이렇게 촉감이 어느 정도는 그 이유를 설명하지만,[12] 그래도 미스터리는 여전히 남는다.

짠맛, 감칠맛, 단맛 수용체는 (그리고 아마도 인 맛과 칼슘 맛 수용체 역시) 맛있다는 느낌을 통해서 동물에게 먹이에서 무엇이 부족한지를 가르쳐주는 방향으로 진화했다. 그렇게 해서 새로운 세포를 만들거나, 특히 단당류의 경우에는 새로운 세포를 만들어 작동하게 한다. 그러나 미각 수용체는 이와 정반대 역할도 한다. 즉, 동물에게 위험을 피하도록 알려주는 기능도 한다. 이때에는 불쾌감을 느끼게 해서 피하게 한다. 어떤 상황에서는 음식의 산성을 감지하는 신맛이 불쾌감을 준다. 왜 이런 일이 일어나는지는 제7장에서 다시 살펴볼 것이다(신맛은 신비에 싸여 있지만, 잠재적으로 인간에게 매우 중요하다). 이보다 더 명백한 경우가 쓴맛 수용체이다. 쓴맛 수용체 덕분에 동물은 식물, 동물, 균류 등 자연에 존재하는 것들 중에 섭취하면 위험한 것을 식별할 수 있다. 동물은 거의 모든 유형의 미각에 하나 혹은 두 개의 (짠맛) 기본 등급 수용체를 가지고 있는 반면, 쓴맛의 경우에는 수많은 종류의 미각 수용체를 가지고 있다.

각종 쓴맛 수용체는 하나 혹은 그 이상의 화학물질에 의해서 작동된다. 루크레티우스는 압생트의 주요 성분인 "메스꺼운 약쑥"의 "역겨운 맛 때문에 입술이 일그러진다"라는 기록을 남겼다. 현재 우리는 약쑥에 함유된 아브신틴이 우리의 쓴맛 수용체 하나를 작동시킨다는 사실을 안다. 심지어 그것이 어떤 수용체인지도 안다(혹시 궁금한 사람을 위해서 미각 수용체 hTAS2R46임을 밝혀둔다). 또다른 수용체는 식물에 함유된 스트리크닌(쓴맛이 강하고 근육의 수축과 경련을 일으키는 유독성 물질/옮긴이)에 반응한다. 또다른 수용체는 양귀비와 양귀비과 식물 속(屬)에 존재하는 노스카핀에 반응한다. 그런가 하면 버드나무 껍질(과 아스피린)에 들어 있는 살리신에 반응하는 수용체도 있다. 독성 화학물질을 피하는 능력은 매우 중요하기 때문에 (그리고 피하지 못하면 자손을 낳지 못해서 유전자를 대물림할 수 없기 때문에) 쓴맛 수용체는 비교적 빠른 속도로 진화하는 경향이 있다. 대체로 동물은 종에 따라 주변 환경에서 가장 쉽게 접하는 위험 화합물을 감지하는 쓴맛 수용체를 가지고 있다. 예를 들면 인간과 생쥐에는 각각 약 25종과 33종의 쓴맛 수용체가 있는데, 서로 겹치는 수용체는 극히 드물다.[14] 일부 화합물은 진화 과정에서 생쥐에게는 회피 대상이 (되어 쓴맛이 나게) 되었지만, 인간의 입에는 아무 맛도 나지 않는다. 이와 반대인 경우도 있다. 심지어 개체군 내 인간들 사이에도 차이가 존재한다. 루크레티우스의 표현을 빌리면, "어떤 이에게는 달콤한 것이 다른 이에게는 쓰게 느껴진다." 그 결과, 어떤 무리의 사람들은 다른 사람들보다 더 많은 종류의 화합물을 쓰다고 느낄 수도 있다. 따라서 한 공동체의 집단지식 안에는 세 가지 유형의 쓴맛 복합물이 존재한다. 즉, 누구나 쓰다고 느끼는 것(위험한 것), 일부가 쓰다고 느끼는 것(어쩌면 위험할 수 있는 것), 누구도 쓰다고 느끼지 않는 것(안전한 것)이다.

대부분의 척추동물은 많은 유형의 미각 수용체를 통해서 잠재적으로 독성이 있는 다양한 화합물들을 감지할 수 있다. 또한 서로 다른 개체들은 서로 다른 화합물을 쓰다고 느낄 수 있다. 그런데 그렇더라도 개개의 척추동물은 단 한 종류의 쓴맛만 지각한다. 모든 쓴맛 수용체는 단 하나의 신경에 연결되어서 쓰다라는 단 하나의 의식적인 인식만 하기 때문이다.[13] 만약 쓴맛이 나는 화합물을 고농도로 섭취하면 구역질이 날 수 있다. 만약 두 차례에 걸쳐서 고농도로 섭취하면(가령 두 모금), 위 근육이 정상적으로 수축하기를 멈춘다. 그리고 조화가 깨지면서 경련이 시작되고, 소화불량에 따른 경련이 심해지면 결국에는 구토가 촉발된다. 쓴맛 수용체는 우리에게 쓴맛이 나는 것이 나쁘다는 사실을 알려준다. 그런 다음에는 구토를 유발해서 그것이 심각하게 나쁜 것이었음을 상기시키고 이와 동시에 문제가 되는 해로운 화합물의 일부를 배출한다.

쓴맛 나는 화합물과 관련해서 한 종의 동물이 경험하는 불쾌감은 짠맛이나 단맛에서 느끼는 불쾌감과 마찬가지로 어디까지나 자의적이다. 쓴맛의 불쾌감에 담긴 핵심 메시지는 회초리와 같다. 쓴맛으로 불쾌감을 느끼지 않으면 피하지 않는 어리석은 동물로 하여금 그 위험을 멀리하게 만드는 것이다.[14] 그런데 인간은 이들 미각 수용체가 보내는 쓴맛 경고를 때때로 무시하도록 배웠다. 커피나 홉 맛이 나는 맥주를 마시거나 여주를 먹을 때가 그렇다. 우리 혀가 제아무리 "쓴맛 포착. 위험 상황 발생. 쓴맛 포착. 위험 상황 발생"이라고 소리쳐도 그냥 무시한다. "쉿, 조용히 해"라고 혀를 진정시키면서 커피나 차, 홉 맛이 나는 맥주를 즐기는 것이다. "쉿, 이 독성물질을 얼마나 먹어야 위험하지 않은지 잘 알고 있어. 쉿, 그만 진정하렴. 난 지금 내가 뭘 먹고 있는지 잘 알고 있단다. 다 배워뒀단다."

지금까지는 평균적인 육상 척추동물을 중심으로 미각 시스템을 살폈다. 그런데 육상 척추동물이 진화하면서 생활방식 역시 바뀌었고, 이런 변화는 미각 수용체에도 진화적 변화를 가져왔다(또는 반대로 진화적 변화로 인해서 생활방식에 변화가 생긴 경우도 있다). 그래서 각각의 동물은

표 1.1 인간이 맛을 느낄 수 있는 화합물의 최소 농도

맛	물질	반응 촉발에 필요한 농도(ppm)
짠맛	염화나트륨(NaCl)	2000
단맛	자당	5000
감칠맛	글루탐산염	200
신맛	구연산	40
쓴맛	퀴닌	20

미각 수용체 반응 촉발에 필요한 물질의 최소 농도는 수용체에 따라서 크게 차이가 난다. 쓴맛 수용체는 반응할 화학물질 농도가 매우 낮아도 대개 작동한다. 식물에서 생성되는 독성물질인 퀴닌이 그렇다. 쓴맛 수용체는 우리에게 피하라고 경고하는 방향으로 진화했다. 그러려면 무엇이 되었든 혀에 닿은 것을 많이 섭취하기 전에 반응이 일어나는 것이 최선이다. 반대로 당분은 고농도일 때 가장 유용하다. 당분 농도가 그 정도에 미치지 못하면 우리 혀는 단것이 입에 들어왔다는 사실도 눈치채지 못한다. 다른 맛을 감지하는 미각 수용체들은 쓴맛과 단맛의 중간 지점에서 반응한다. 신맛 수용체는 미각 수용체 가운데 가장 특이한 경우이다. 그래서 특별히 다룰 만하므로 제7장에서 다시 살펴볼 것이다. 여기에 제시된 자료는 인간을 연구 대상으로 해서 얻은 것의 일부이다. 그러나 이들 최소 농도는 종뿐만 아니라 인간 개개인도 서로 다르다.

입안에서 서로 다른 세상을 인지하게 되었다. 루크레티우스의 표현을 빌리면, "생명체마다 다양한 감각을 가지고 있어서, 각 생명체는 본질적으로 자신에게 적합한 대상을 인지한다."[15] 이러한 변화들에는 감지하기 힘들 정도로 미묘한 것도 있다. 특정 화합물을 감지할 수 있는 한계치가 살짝 변하는 정도처럼 말이다. 그런가 하면 미각 전체를 상실하는 것까지 포함하여 훨씬 더 극단적인 변화도 있다.

느리게 진행되는 미각 수용체의 진화 방법들 중에서 가장 빠른 방법은 아마도 파괴인 듯하다. 미각 수용체 유전자는 대체로 큰 편이어서 유전자가 더는 기능하지 못하도록 파괴하는 돌연변이가 축적되는 경향

이 있다. 한 동물의 욕망(또는 회피)과 욕구가 잘 들어맞지 않으면, 특정 미각 수용체 유전자는 수백 년에 걸쳐서 파괴와 파괴를 거듭해왔다. 퓨마나 재규어, 집고양이와 같은 고양잇과는 엄격한 육식동물이다(그러나 제4장에 소개될, 고양이와 아보카도처럼 특별한 사례도 있다). 고양잇과는 먹이를 죽이는 데에 특출나도록 특별한 사냥법을 진화시켰다. 다시 그림 1.1을 참고하면, 다른 동물만을 먹는 육식동물은 그 식단만으로도 자신에게 필요한 적정 농도의 질소와 인을 섭취한다는 것을 확인할 수 있다. 또한 먹이의 세포에 함유된 지방과 당분으로 하루 활동을 수행하기에 충분한 에너지를 얻는다. 단맛 수용체가 있는 고양잇과는 단맛 수용체가 없는 고양잇과보다 생존하고 번식할 가능성이 더 낮다. 과즙을 빠는 데에는 너무 많은 시간을, 먹이를 먹는 데에는 너무 적은 시간을 쓰면, 생존할 가능성마저 낮아질 수 있다. 그 결과, 먼 옛날 고양이의 조상이 가지고 있던 단맛 수용체가 파괴되었어도 고양이는 살아남을 수 있었다. 아니, 최근에 시아 리가 밝혀낸 것처럼(그녀도 발표 당시 모넬 화학감각 연구소 소속 과학자였다) 생존하기만 한 것이 아니었다. 고양잇과에 속하는 모든 현생 종의 아버지가 되었다. 오늘날 어떤 현생 고양이 종도 단맛을 느끼지 못한다.[15] 제아무리 달콤한 과일과 꿀이 풍부한 숲이더라도 고양이에게는 맛있게 느껴지지 않는다. 조금도. 고양이에게 달콤한 쿠키를 주더라도 고양이는 별 관심을 보이지 않을 것이다. 고양이는 쿠키 속 단맛에서 아무런 쾌락도 느끼지 못한다. 다시 말해서 고양이에게 쿠키는 달콤하지 않다.

고양이와 마찬가지로 다른 육식동물, 예컨대 물개나 작은발톱수달, 점박이하이에나, 포사(마다가스카르에서만 서식하는 육상 육식동물/옮긴이), 큰돌고래 역시 단맛 수용체가 파괴되었다. 단맛 수용체 유전자 안에서 발생하는 이런 파괴는 모두 독립적으로 일어났다. 즉, 수렴진화 형태의 파괴이다. 이런 육식동물을 보며 의문이 들지도 모르겠다. 그렇다면 왜 다른 미각 수용체는 파괴하지 않았을까? 고양이에게는 먹이에 함유된 것보다 더 많은 염분이 필요하지는 않을지도 모른다. 다른 육식동물들의 짠맛 수용체와 마찬가지로 고양이의 짠맛 수용체가 파괴하지 않은 것은 단지 시간문제일 수 있다. 바다사자는 단맛 수용체도 파괴했고 감칠맛 수용체도 파괴했다. 돌고래는 더 멀리까지 나아갔는데, 더는 단맛도, 짠맛도, 심지어 감칠맛도 느끼지 못한다.[16] 돌고래는 허기와 포만감만으로도 잘 먹고 잘 산다. 허기, 포만감, 그리고 물고기처럼 움직이는 것은 모두 먹이라는 믿음만으로도 충분하다. 그렇다면 먹이의 어떤 부분이 돌고래에게 쾌락을 주는지 의문이 생길 것이다. 그것은 아무도 모른다. 돌고래가 느끼는 쾌락은 그것이 무엇이든 과학의 이해 범위를 넘어선다. 적어도 현재로서는 그렇다.

특정 미각 수용체의 파괴를 육식동물들만 겪은 것은 아니다. 이런 파괴는 다른 방식으로 특화된 식성을 지닌 동물에서도 발생했다. 예컨대 대왕판다의 조상은 곰이었다. 곰처럼 판다도 예전에는 잡식성이어서 살아 있는 먹이뿐만 아니라 달콤한 열매와 시큼한 개미에게도 끌렸다. 그러나 대왕판다는 대나무에 의존하는 새로운 식단을 이용하게끔 진화했다. 그래서 이제는 대나무만 먹어도 잘 산다. 대나무 식단이 시작된 초기에는 대나무와 고기 모두를 즐겼다. 그러나 시간이 지나면서 여전히 고기에 끌렸던 대왕판다 무리는 대나무만 먹게 된 무리보다 생존 가능성이나 짝짓기 가능성이 낮아졌고, 욕망이나 욕구가 충족되지 않았으

그림 1.2 자기가 진짜 맛있다고 느끼는 유일한 먹거리에 파묻힌 대왕판다.

며, 집중력도 떨어졌을 것으로 추정된다. 고양이의 단맛 수용체와 마찬가지로 시간이 흐르면서 대왕판다의 감칠맛 수용체도 파괴되었다.[17] 이제는 고기를 주어도 대왕판다가 사양한다.16[18]

먼 미래에도 고양이나 바다사자, 돌고래의 후손들이 단맛을 즐기지는 않을 것 같다. 대왕판다 역시 구미를 돋우는 맛을 즐기게 되지는 않을 것이다. 대나무 편식 때문에 대나무 숲의 면적이 줄어들면서 개체 수가 줄어들게 되었음에도 말이다.[19] 무엇인가를 파괴시키는 것보다는 필요할 때 무에서 유를 만드는 것이 더 어려운 법이다. 진화가 전하는 일상생활을 위한 교훈이다. 그런데 더 어려울 뿐이지 불가능하지는 않다.

예를 들면 단맛 수용체는 파괴되기도 했지만 회복되기도 했다. 모든 현생 조류와 포유류, 파충류의 조상은 약 3억 년 전에 살았다. 이 조상은 짠 음식, 구미 돋우는 음식, 단 음식의 맛을 느낄 수 있었던 것 같다. 그런데 모든 현생 조류의 조상이 단맛 수용체를 잃었다. 아직 이유는 밝혀지지 않았지만, 단맛 수용체가 소용없어진 것이다. 그 결과, 새들은 단맛을 감지하지 못한다. 적어도 새들 대부분은 감지하지 못한다.

벌새는 고대 칼새의 후손이다. 현생 칼새처럼 고대 칼새는 곤충만을 먹었다. 고대 칼새는 곤충이나 벌레의 몸에서 나는 감칠맛을 즐겼다. 반면, 당분에는 관심도 없었다. 그런데 대략 4,000만 년 전, 한 무리의 칼새가 과즙을 비롯한 기타 당 공급원을 먹기 시작했다. 아마도 단순히 갈증을 해소하기 위해서였으리라. 과즙은 새에게 달게 느껴지지 않았다. 비슷한 맛을 찾자면 물맛 정도였을 것이다. 그러나 물과 달리 과즙은 당분을 공급했다. 과즙을 더 많이 마신 개체가 에너지를 얻어서 자신의 유전자를 대물림했을 가능성이 더 높아졌을 것이다. 그래서 기존의 감칠맛 수용체가 감칠맛을 촉발하는 화합물(몇몇 뉴클레오타이드뿐만 아니라 글루탐산 같은 아미노산)에 더해서 당분까지 감지할 수 있게 진화된 것으로 보인다. 이렇게 진화한 칼새 혈통이 최초의 벌새가 되었을 것이다. 벌새는 대부분의 새들과 달리 당분과 아미노산의 맛을 느낄 수 있다. 그러나 하나의 수용체로 단맛과 감칠맛을 느끼기 때문에 두 가지 물질을 달콤하면서 감칠맛 나는 하나의 즐거운 감각으로 경험할 가능성이 있다.[20]

한 동물 종이 새로운 것을 맛있게 느끼고 그러면서 자신의 결핍을 개선하는 모습을 보여주는 이런 사례들은 참으로 아름답다. 이렇듯 생명체는 쾌락을 통해서 욕구를 충족시키는 능력을 섬세하게 조율한다. 미각 수용체의 진화를 연구할수록 이런 사례를 점점 더 많이 발견할 것이다. 심지어 어디에서 이런 진화가 일어날지를 예측할 수도 있다. 새들 중에 벌새만 과즙을 먹고 사는 것은 아니다. 태양새, 꿀빨이새는 벌새의 친족은 아니지만, 이들 역시 과즙을 비롯한 달콤한 먹이를 먹고 산다. 이들도 당분이 함유된 먹이를 감지해서 즐기는 능력을 진화시킨 것으로 보인다. 서로 다른 사막 포유류 3종은 각기 다른 사막에 서식하지만, 모두 소금 냄새를 물씬 풍기는 식물을 주로 먹는 능력을 진화시켰다. 그러려면 이런 생활방식을 가능하게 해줄 특별한 특징을 진화시켜야 했다. 가령, 입안의 털은 이들이 식물의 염분을 쉽게 닦아내서 섭취하도록 도와준다. 이들처럼 짠 식물을 먹는 포유류는 부가적으로 소금을 찾아나설 필요가 없어서 짠맛 수용체가 파괴된 것으로 보인다.[21] 그런데 인류의 혈통을 들여다보면 지금까지 살펴본 섬세한 조정 작업에 대해서 한 가지 흥미로운 의문이 생긴다.

우리 인류는 영장류이다. 여우원숭이, 원숭이, 유인원이 우리의 친척이라는 말이다. 영장류 안에서 인류와 가까운 일족은 호미니드이다. 여기에는 인간뿐만 아니라 고릴라, 침팬지, 보노보, 오랑우탄, 그리고 멸종된 친족 관계의 모든 종들이 포함된다. 호미니드 안에서 우리는 유일하게 생존한 종족, 즉 호미닌(hominin)이다. 전체 영장류를 살펴보면 종마다 미각 수용체가 크게 다르다는 점을 알 수 있다. 수용체가 감지하는 대상도 다르고 이를 감지하는 최소 농도, 즉 맛의 한계도 다르다. 가령 인간에게는 쓴맛이 나는 (그래서 치명적인) 몇몇 식물들이 일부 원숭이들에게는 쓰지 않다(그래서 위험하지도 않다). 또한 인간은 비교적 당분 농도가 낮아도 달다고 느끼는 데에 반해, 마모셋원숭이는 당분이 고농도로 함유된 것만을 달다고 인식한다. 다시 말해서 전체 영장류를 통틀어 종마다 비교해보면 차이가 있으며 그 차이가 매우 크기도 하다. 그런데 여기에서 궁금증이 생긴다. 인간과 가장 가까운 현생 친족인 침팬지와 비교해보면, 인간의 미각 수용체는 침팬지의 미각 수용체와 실제로 매우 유사하다. 인간의 입맛에 맛있게 느껴지는 것은 대부분 침팬지의 입맛에도 맞는다. 같은 조상을 공유한 이래로 인간과 침팬지가 근본적으로 다른 음식문화의 길을 걸어왔다는 점을 생각해보면 이는 놀라운 사실이다. 침팬지는 숲에서, 좀더 범위를 줄이자면 초원에서 살면서 과일과 곤충, 가끔은 원숭이 다리를 먹고 산다. 인간은 지구상에 있는 거의 모든 육지에 군락을 이루며 산다. 그래서 새로운 서식지에 터를 잡을 때마다 다른 음식을 먹게 되었다. 그런데도 어째서 인간과 침팬지의 식습관 차이가 미각 수용체의 주요 변화를 촉진하지 않았을까? 이 의문에, 감지하기 어려울 정도로 미미한 변화가 있기는 했다고 어느 정도는 대답할 수 있다. 그러나 이것만으로는 부족하다.

인류 조상들은 요리 전통과 도구를 발달시키기 시작하면서 어느 거주지에서든 음식을 만드는 법과 더 맛있게 바꾸는 법을 발견했다. 그렇게 함으로써 자연선택의 효과가 그들의 미각 수용체 유전자에 미치는 영향을 무력화했다. 유전자들 중에 무엇을 다음 세대로 대물림할지를 결정하는 데에 자연이 미치는 영향력을 줄인 것이다. 인류 조상들은 식습관에서 나타나는 결핍 문제를 해결하기 위해서 자연선택의 과정, 즉 현지에 더 적합한 미각 수용체 유전자를 지닌 개체들이 더욱 잘 생존하고 번식하는 과정을 거칠 필요가 없었다. 그 대신, 이들은 향미를 찾아내는 도구를 사용함으로써 단조로운 식생활의 빈 구멍을 메웠다. (항상 그런 것은 아니었지만) 대체로 여러 향미들이 이들에게 무엇이 필요한지를 가르쳐주는 역할을 했다. 루크레티우스가 "일탈"이라고 불렀던 것이 바로 이것이다. 약간의 의식과 조금의 자유의지를 통해서 인류 조상들은 상황을 변화시켰다. 그렇게 그들은 세상을 바꾸었다. 맛있음을 추구하면서 그들의, 그리고 인류의 역사에 일탈을 가져왔다. 다음 장에서 본격적으로 논할 이 일탈은 인류 조상들의 진화 가운데에 핵심 단계가 되었다. 인류 조상들은 구할 수 있는 음식에 적응하는 대신, 더욱 맛있는 음식을 찾기 위한 도구를 만들었다. 도구를 이용해서 거주하는 곳을 더 맛있는 곳으로 만들었고, 도구를 사용해서 어디가 되었든 여행한 곳의 풍경을 더 맛있게 만들었다. 이러한 방식으로 맛있음이 주는 쾌락이 인간 진화의 중심이 되었다.[17]

2

향미 사냥꾼

인간만이 훌륭한 요리를 차려낼 수 있다.
모든 인간은 자신이 먹는 음식에 양념을 치면서
어찌 되었든 요리사 노릇을 한다.
—제임스 보즈웰, 『새뮤얼 존슨과 함께한 헤브리디스 제도 여행기
(*Journal of a Tour to the Hebrides with Samuel Johnson*)』

인류는 침팬지가 아니다. 인류의 조상과 침팬지의 조상은 대략 600만 년 전에 분화했다. 그후 침팬지의 조상도 인류의 조상이 그러했듯이 진화와 변화를 이어갔다. 그런데 현생 침팬지는 인류와 공유한 조상의 조상의 조상의……조상과 유사한 생활을 하는 것으로 보인다.[22] 그 결과, 현생 침팬지의 생활을 연구함으로써 인류가 즐기던 향미를 포함하여 인류의 과거를 여러 측면에서 미루어 알 수 있다. 이는 새삼스러운 발상이 아니다. 찰스 다윈도 1871년에 저서 『인간의 유래(*The Descent of Man*)』에서 똑같은 이야기를 했다. 그러나 이 발상은 1960년대 초에 제인 구달이 건기와 우기가 뚜렷한 지역인 탄자니아의 곰베 숲에서 침팬지와 함께 생활하며 연구하기 시작하면서 제대로 평가받기 시작했다.

그림 2.1 돌 망치로 견과류를 내리치는 침팬지.

구달이 연구를 시작할 당시의 과학자들은 침팬지가 인류와 가장 가까운 친척이라고는 생각했지만 동시에 고릴라, 원숭이와 같은 다른 영장류와 크게 다르지 않다고도 여겼다. 침팬지는 인류의 가계를 들여다보게 해주는 렌즈로 대접받지 못했다. 그러나 힌트는 바로 여기에 있었다.

일부 힌트는 침팬지의 도구 사용과 관련된 것이었다. 1888년에 다윈은 "흔히 어떤 동물도 도구를 사용하지 않는다고들 한다. 그러나 야생에 사는 침팬지는 호두와 비슷하게 생긴 토종 과일을 돌로 깨뜨린다"라고 썼다.[23] 다윈 이후로 침팬지 서식지를 여행하고 돌아온 많은 사람들이 침팬지가 견과류를 어떻게 돌로 치는지에 관해서 이런저런 이야기를 하기 시작했다. 침팬지 한 마리가 땅벌의 벌집에 막대기를 집어넣고는 막대기에 묻은 꿀을 핥아 먹는 모습도 관찰되었다. 그러나 이 같은 관찰 내용은 대개 침팬지의 능력을 무시하는 방식으로 기술되었다. 사례마다 침팬지가 아주 우연히 기본적인 요령을 터득했다는 식으로 말이다. 마치 침팬지에게 타자기를 주고 시간을 충분히 주면 『오디세이아』 같은 작품을 쓸 수 있어야 하는데 못한다거나, 막대기를 주면 사용할 줄 알아야 하는데 못한다는 투였다. 그러나 구달이 곰베에서 침팬지를 관찰하기 시작하면서, 침팬지에 대한 인간의 집단적 이해가 빠르게 달라졌다.

구달은 침팬지가 무엇을, 어떻게 먹는지에 특히 주목했다. 그러자 이들이 도구를 반복적으로 사용한다는 사실을 곧 알게 되었다. 침팬지들은 막대기를 이용해서 흰개미 집을 탐색했다.[24] 구달은 침팬지들이 흰개미를 채집하기 위한 막대기를 만들어 사용하는 모습을 1964년 한 해에만도 91차례나 목격했다. 개미를 채집하는 데에 막대기를 활용한 것이다. 개미를 채집할 때 곰베 침팬지들은 비교적 일정한 길이로 막대기를 잘랐다. 그다음 이 막대기를 군대개미(*Dorylus*)나 나무에 사는 꼬리치레개미(*Crematogaster*)의 집에 쑤셔넣었다. 개미들이 집 안에서 막대기를 공격하느라 달라붙으면 침팬지는 막대기를 꺼내서 거기에 붙어 있는 개미들을 입술로 한 번에 훑어서 먹었다. 침팬지는 나무로 만든 주방기기를 다루듯이 도구를 사용했다. 침팬지의 막대기가 버터나이프까지는 아니더라도 적어도 서랍에 보관하는 도구 정도는 되었던 것이다. 크리스토프 뵈슈는 구달이 곰베에서 연구를 시작하고 약 15년 후에 코트디부아르의 타이 숲에서 침팬지 연구를 시작했는데, 그는 침팬지가 사용하는 이런 도구들이 젓가락과 유사하다고 생각했다. 젓가락처럼 막대기도 다양한 목적으로 다양한 상황에서 사용될 수 있었다. 젓가락처럼 막대기도 모양이 다양했다(그러면서도 서로 유사했다).

구달과 뵈슈를 비롯한 연구자들이 침팬지를 더 자세히 연구하면서 침

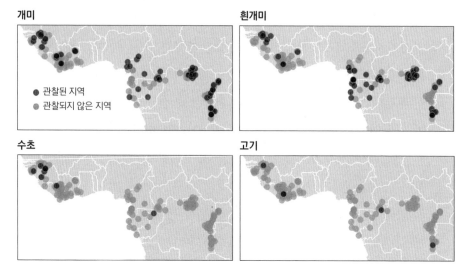

개미

● 관찰된 지역
● 관찰되지 않은 지역

흰개미

수초

고기

그림 2.2 침팬지가 도구를 사용해서 개미, 흰개미, 수초, 고기를 먹는 모습이 관찰된 지역(짙은 회색 점)과 관찰되지 않은 지역(옅은 회색 점)이 표시된 지도.

팬지가 엄청나게 다양한 방식으로 도구를 사용한다는 사실이 밝혀졌다. 시간이 흐르면서 침팬지가 나뭇잎을 도구로 삼아 물을 뜨고, 막대기로 개미와 꿀을 (그리고 꿀로 벌까지) 먹고, 막대기로 수초도 채집하고,[25] 깨뜨리기 어려운 견과류를 돌로 쳐서 꺼내 먹는 모습도 관찰되었다.[1] 침팬지 연구가 거듭될수록 침팬지가 새로운 종류의 도구를 사용한다는 기록이 더 많이 쌓이고 있다. 장소에 따라서 침팬지가 사용하는 도구와 그 도구의 용도는 크게 다르다. 몇몇 유형의 도구는 한 침팬지 무리만이 단 한 곳에서 제한적으로 사용하는 것으로 보인다. 가령 세네갈 남동부의 퐁골리 지역에 사는 사바나 침팬지 무리에서는 암컷 침팬지와 청소년기 침팬지가 이빨로 막대기를 갈아서 뾰족한 창을 만든다. 그런 다음, 솜털이 보송보송하고 눈이 왕방울 같은 부시베이비가 잠들어 있는 나무 구멍 속에 창처럼 뾰족해진 막대기를 찔러넣어 거대한 케밥처럼 부시베이비 꼬치를 만들어 먹는다.

침팬지 무리가 도구를 서로 다르게 사용하는 이유가 서식지 때문만은 아니다. 기본 서식지가 같은 두 무리가 매우 다른 이유로 도구를 사용할 수도 있다. 예를 들면 앞에서 살펴보았듯이 곰베에서는 침팬지가 흰개미를 잡으려고 도구를 사용한다. 그리고 꼬리치레개미와 군대개미를 채집해 먹는 데에도 도구를 사용한다. 그런데 곰베에서 남쪽으로 불과 140킬로미터 떨어진 곳에 있는 또다른 침팬지 연구 현장인 마할레에서는 침팬지가 개미를 먹기는 하지만 버젓이 그곳에 서식하고 있는 꼬리치레개미나 군대개미는 절대 먹지 않는다. 그 대신, 왕개미(*Camponotus*)를 먹는다.[26] 두 침팬지 무리는 유사한 서식지에 살지만 서로 다른 음식을 먹는 데에 도구를 사용한다. 마찬가지로, 서로 다른 침팬지 무리에서 똑같은 먹이를 먹는 데에 서로 다른 도구를 사용하거나 똑같은 도구를 다른 방식으로 사용하는 경우도 많다.[27] 침팬지 무리에 따라서 무엇을 어떻게 먹을지 서로 다르게 선택하는 과정에는 침팬지의 요리 전통이 반영된다.

인간의 경우에는 식생활 속 문화 차이를 만드는 요소들이 많다. 이 요소들에는 특정 집단이 어떤 종을 먹고, 그 종을 어떻게 확보하고, 어떻게 준비하고, 심지어 그 종에 대해서 어떻게 생각하고 이야기하는지까지가 포함된다. 그러나 침팬지 연구자들은 문화와 문화적 차이를 더 좁은 의미로 규정한다. 이들은 "문화"라는 용어를 서로 다른 침팬지 무리가 똑같은 먹이를 얻으려고 서로 다른 도구를 사용하거나, 다른 먹이를 얻으려고 똑같은 도구를 사용하는 경우에만 특별히 적용한다. 무엇이 "문화"이고 무엇이 아닌지에 대한 논쟁에 휘말리지 않기 위해서, 이 책에서는 세대에 걸쳐 대물림되고 집단에 따라 달라지는 식생활의 여러 측면들을 모두 아우르는 용어로 "요리 전통(culinary tradition)"이라는 표현을 사용하겠다. 요리 전통들 중에는 어린 동물이 성체가 된 동물을 관찰하고 따라 해야만 전수되는 것들이 몇몇 있다. 그러나 나머지들은 일부러 의식하지 않아도 전수된다. 가령, 특정 향미와 연관된 향을 선호하는 성향은 딱히 가르치지 않아도 모체에서 자궁 내 태아에게 대물림될 수 있다(이런 선호 성향에 대해서는 제6장에서 다룬다).

요리법이란 "체외에서 목적에 따라 사회적으로 먹거리를 변형하는 행위"로 정의된다.[28] 이런 측면에서 보면 그냥은 얻을 수 없는 자연의 일부—개미나 흰개미, 혹은 부시베이비의 내장 등—를 도구를 사용해서 먹거리로 바꾸는 침팬지의 요리 전통은 야생의 요리법을 대표한다고 할 수 있다. 요리법은 중대한 진화적 혁신이자 자연에서는 희귀한 현상이다. 현존하는 종들 가운데 침팬지와 인간만큼 요리법을 정교하게 발달시킨 종은 없다. 멸종된 종들 가운데 침팬지와 인간의 공통 조상의 경우, 삶의 주요 특징이 바로 요리였을 것으로 보인다. 요리는 향미와 맛있음을 알게 되면서 탄생했다. 우리는 600만 년 전에 살았던 인간과 침팬지의 공통 조상이 침팬지처럼 무리를 지어서 각기 고유한 요리 전통을 가지고 살았으리라고 짐작한다.[29] 그러다가 유인원 무리들 중에 적어도 몇몇은 현생 침팬지가 사용하는 것과 같은 많은 종류의 기구들을 사용하는 방법을 터득했을 것이다. 그들은 돌을 사용해서 견과류의 딱딱한 껍데기를 깨부수었을 것이다. 다양한 종류의 꿀을 채집하는 다양한 막대기가 있었을 것이며, 흰개미와 개미를 채집하는 전용 막대기가 여러 벌 있었을 수도 있다. 그뿐만 아니라 다른 포유류를 사냥하는 도구도 있었으리라. 다만 포유류를 그다지 자주 사냥하지는 않았을 것으로 보인다. 아직 석기 시대가 아니었기 때문이다. 당시는 요리 전통과 요리법이 막 태동하기 시작한 막대기 시대(stick age)였다.[2]

막대기 시대에 아프리카의 기후는 서늘해지기 시작했다. 기후가 서늘해지면서 열대우림이 사라지기 시작했고 그 자리를 삼림이 대신 차지했다. 그후로 삼림이 줄어들면서 새로운 종류의 풀이 진화하고 초원이 확장되었다.[30] 이에 따라서 인류의 조상은 초원을 가로질러 이 숲에서 저 숲으로 더 멀리까지 먹이를 찾아나서기 시작했다(반면, 현생 침팬지의 조상은 나무 위에 그대로 머물렀던 것으로 보인다). 인류의 조상 가운데 더 똑바로 서서 걸을 수 있었던 자들이 산림들 사이의 초원을 더 수월하게 가로지를 수 있었다.[3] 아마 이들은 불탄 초원을 유용하게 이용해서 더 쉽고 안전하게 걸어갔을 것이다(세네갈의 퐁골리에 서식하는 침팬지들처럼).[31] 이 시기에 살았던 것으로 밝혀진 인류의 조상과 그 친족들의 얼마 되지 않는 뼈를 보면, 모두 침팬지보다 좀더 수월하게 직립보행을 할 수 있는 척추와 엉덩이, 발을 지녔다는 것을 알 수 있다. 이때만 해도 이들 종의 모습은 현생 인류보다는 침팬지와 더 비슷했다. 그러나 이미 변화는 시작되었다. 대부분의 고인류학자들은 바로 이 시기에 인류의 조상이 먹이 찾기와 관련된 새로운 종류의 기구를 사용하기 시작했다고 추정한다. 이때의 기구들은 (퐁골리 침팬지처럼) 찌르는 용도의 막대기일 수도 있고, 숲속이나 연못과 강변에 있는 뿌리를 파내는 용도의 막대기일 수도 있다.[4] 무엇이든 이런 도구들은 세월이 흐르면서 사라졌거나 땅속 깊이 어딘가에 파묻힌 채 발견되기만을 기다리고 있을지도 모른다.[5]

약 350만 년 전, 인류 조상들의 삶의 터전이었던 산림 지대들은 규모가 더 작아졌고 듬성듬성하던 산림 지대 사이가 더 벌어졌다. 기후는 계속해서 서늘해졌고 초원은 계속해서 확장되었다. 그러면서 풀을 뜯고 사는 동물이 흔해졌다. 아마도 과일을 충분히 채집하려면 더 먼 거리를 이동해야 했을 것이다. 오스트랄로피테쿠스(Australopithecus)라고 불리는 동물이 진화한 것이 대략 이 시기이다. 오스트랄로피테쿠스 속에 속한 종들은 그들의 조상보다 직립보행에 훨씬 더 적합한 골격을 갖추었다. 현재까지 6종 이상에 이르는 오스트랄로피테쿠스의 화석이 수십 점 발견되었다.[6] 이들은 겉모습도, 생활방식도 다양했다. 그러나 모두 숲에서 나는 열매와 뿌리, 잎을 주식으로 삼았던 것으로 보인다.[7]

두뇌가 크고 이족보행을 했던 오스트랄로피테쿠스는 현생 침팬지보다 인간의 모습에 훨씬 더 가까웠다. 그러나 이런 몸을 만든 진화적 변화는 그보다 앞선 6,000만 년 동안 영장류가 겪은 진화적 변화보다 더 크지도 작지도 않았다. 그후 지금으로부터 약 280만 년 전, 인류의 조상과 오랜 친족은 더 빠른 속도로 진화하기 시작했다. 이러한 급격한 변화로 (흔히 호모 하빌리스[Homo habilis]라고 불리는) 오스트랄로피테쿠스 하빌리스(Australopithecus habilis)가 출현했다. 그리고 약 190만 년 전에는 아프리카 전역의 초원 지대가 계속 확장되면서 흔히 호모 에렉투스(Homo erectus)라고 불리는 고인류 종이 탄생했다.

이 대목에서 잠시 숨을 돌리면서 명칭 이야기를 짚고 넘어가자. 호모 속에 속하는 종들의 명칭은 흔히 그래왔듯이 빨리 변한다. 이 책을 10년 후에 읽는다면 그때의 명칭이 지금 사용하는 명칭과 같을 확률은 낮다. 그럼 어떻게 해야 할까? 평소 이런 문제를 깊이 고민하는 런던 자연사 박물관의 고인류학자 크리스 스트링어는 우리 두 사람에게 일종의 언어적 속임수를 사용하라고 제안했다. 호모 속에 속하는 모든 종은 인류이다(이 말은 속임수가 아니라 사실이다). 우리 두 사람이 지금 들려주는 이야기에서는 주로 고인류(가령, 앞에서 언급했던 호모 에렉투스)나 현생 인류(인류, 네안데르탈인, 그리고 지난 100만 년간 살았던 몇몇 상호교배 집단)를 다룬다. 그러니 이해를 돕기 위해서 분류나 특정 인류 종에 정말로 주의를 기울여야 하는 경우가 아니라면, 대개는 그냥 고인류 혹은 현생 인류라고 부르겠다. 자, 이제 다시 원래 이야기로 돌아가자.

최초의 고인류인 호모 에렉투스의 뇌는 몸집에 비례해서 침팬지의 뇌보다 약 2배 더 컸다. 반면, 몸집을 토대로 예상한 것보다 훨씬 작은 어금니와 연약한 턱뼈를 가졌다.[8] 어떤 행동 또는 환경의 변화가 고인류의 신체에 이런 변화를 가져왔는지는 밝혀지지 않았다. 그러나 이들에게 음식을 가공하는, 혹은 찾기 힘들지만 소화하기는 쉬운 음식을 다량으로 획득하는 새로운 방법들이 등장했기 때문이라는 쪽으로 의견이 모이고 있다. 음식과 관련된 이 새로운 방법들 덕분에 고인류는 더 커진 두뇌에 에너지를 충분히 공급할 수 있었고, 더 작으면서도 효율적인 치아와 턱을 가지게 되었다. 그러나 이 새로운 방법들이 과연 무엇이었는지에 대해서는 학자들의 의견이 분분하다.

여기에는 여러 가능성이 존재한다. 고인류는 꿀벌로부터 많은 양의 꿀을 채집하는 방법을 터득했을 것이다. 현생 침팬지는 꿀을 딸 때에 손도 사용하고 막대기도 동원한다. 이렇게 하면 반복해서 벌에 쏘이기 때문에 얻을 수 있는 꿀의 양이 제한된다. 오스트랄로피테쿠스에게도 분명 똑같은 일이 일어났을 것이다. 그러나 인류 조상들은 꿀벌을 진정시켜서 더 많은 꿀을 추출하는 방법을 결국 찾아냈다. 연기는 10−20분간 벌을 진정시키고 방향감각을 잃게 만든다.9 때로는 심지어 벌이 벌집에서 도망가게 만들기도 한다. 고인류는 꿀벌에 연기를 쐬면 훨씬 더 많은 꿀과 함께 알이나 애벌레 등을 채집할 수 있었을 것이다. 식물 삼출액 역시 꿀벌을 진정시키는 데에 사용되었을 수 있다. 오늘날에도 전 세계 수십 개의 토착민 집단에서는 식물을 활용해서 몸이나 벌집에 즙을 발라 벌을 진정시킨다.[32] 그렇게 해서 일단 꿀벌이 진정되면 비교적 평화롭게 꿀과 유충을 채집했을 것이다. 아마 대량 채집도 가능했을 것이다. 오늘날 콩고민주공화국의 이투리 산림에 거주하는 수렵-채집인 에페 부족은 벌에 연기를 쐬는 방법으로 꿀과 유충을 다량으로 채집한다. 이렇게 채집된 꿀은 이들이 우기에 섭취하는 열량의 80퍼센트를 충당한다. 고인류도 이와 같은 방식으로 열량 공급을 벌에 의존했을 가능성이 있다. 어쩌면 달콤함이 커다란 뇌와 작은 치아, 연약한 턱이 나타나도록 했을 수 있다.

또다른 주장은 고인류가 어패류를 먹기 시작했을 수도 있다는 것이다. 포유류나 조류의 날고기와 달리, 어패류의 고기는 연체동물, 갑각류, 극피동물 할 것 없이 소화하기가 쉽다. 조류와 포유류 고기는 결합조직 속에 콜라겐이 있어서 질기다(콜라겐은 포유류와 조류 고기의 육즙을 풍부하게 만드는 역할도 한다. 고기 속의 결합조직이 조리 과정에서 젤라틴으로 변해서 육즙이 빠져나가지 못하기 때문이다). 홍합이나 굴 같은 연체동물은 오늘날처럼 미끄럽고 살아 있는 상태로 먹을 수 있었다. 게나 가재 같은 갑각류도 날것으로 섭취할 수 있다. 성게 같은 극피동물 역시 마찬가지이다.

그런데 어패류 섭취가 고인류의 진화에 중대한 역할을 하려면 약 190만 년 전에 이와 관련해서 무엇인가 변화가 있었어야 한다. 아마도 이 시기에 인류 조상은 어패류를 채집하거나 어패류를 먹는 방법을 혁신한 것 같다. 어패류는 처음 먹는 사람들이 쉽고 빠르게 먹기는 어려운 음식이다. 브리야-사바랭도 어느 날 저녁에 한 고위 관리와 함께 많은 굴을 먹었던 일화를 소개하며 이를 언급했다. 그에 따르면 그 고위 관리는 "굴을 32다스나 먹었는데, 하인이 껍데기를 능숙하게 까지 못하는 바람에 먹는 데에 무려 1시간이 넘게 걸렸다." 홍합 껍데기를 열거나 갑각류에서 살을 꺼내는 일, 또는 이런 작업에 사용하는 도구(구석기 시대의 조개 칼과 게 가위)를 만드는 일에 능숙해지는 것은 인류 조상에게 커다란 혁신이었을 것이다. 침팬지는 홍합은 먹지 않지만(적어도 아직은 그렇다), 다수의 침팬지 무리가 수초를 채집하는 모습이 최근에 관찰되었다. 수초에는 보통 작은 동물들이 붙어 있어서 침팬지는 수초와 함께 먹이의 일부로 이들을 섭취한다.[33] 그뿐만 아니라, 개울가를 따라서 산책을 즐기다가 옆에 있던 돌을 들어서 그 아래에 있던 게를 잡아먹은 침팬지가 적어도 한 마리는 있었을 것이다.[34] 아마 인류의 조상도 먹이를 더 효과적으로 수확하기 위해서 도구를 사용한 듯하다.

고인류의 생활방식 변화와 관련해서 가장 많이 인용되는 가설은 인류가 음식을 가공하는 법을 발견했다는 것이다. 포유류와 조류의 고기, 식물 뿌리 안에 함유된 많은 열량은 소화하기 힘든 화합물 속에 갇혀 있다. 그래서 날것으로 먹으면 이들 화합물은 거의 바뀌지 않은 상태로 우리 몸을 빠져나간다.[10] 고인류도 마찬가지였을 것이다. 가공을 하면 음식 속의 소화하기 힘든 에너지와 향미를 더 쉽게 얻을 수 있다. 고인류는 여러 방식들로 음식을 가공했을 수도 있다.

침팬지가 돌을 사용해서 몇몇 먹이를 빻고 부수는 모습을 보면, 고인류도 똑같이 했을 것이라고 쉽게 상상할 수 있다. 어쩌면 아주 효과적으로, 더 자주, 훨씬 잘 했을 것이다. 고인류는 돌 하나를 일종의 망치처럼 사용해서 다른 돌을 내려쳤을 것이다. 그러면 날카로운 조각들과 (조각들이 떨어져 나온) 나머지 부분으로 몸돌이 만들어진다. 그런 다음, 이 몸돌을 더 변형해서 손도끼라고 불리는 새로운 도구도 만들었을 것이다(손도끼 사용에 대해서는 여전히 뜨거운 논쟁이 진행 중이다). 고인류는 날카로운 돌 조각으로는 음식을 자르고, 무딘 돌을 받침대로 활용하여 음식을 으깨기도 했을 것이다. 고기, 특히 조류와 포유류의 고기를 잘라서 섭취하면 소화가 쉬워진다. 고인류는 고기를 자를 때 치아 대신에 그보다 더 강하고 날카로우며 쓰기 편한 석기를 주로 사용했을 것이다. 최초의 고인류가 출현할 때까지(약 190만 년 전) 인류 조상들은 140만 년 이상 석기를 사용해오고 있었다.[35] 그래서 그즈음에는 꽤 효과적으로 잘 자를 수 있는 실력을 쌓았을 것이다. 마찬가지로 그들은 대부분의 수렵-채집인과 일부 침팬지 무리가 현재에도 그렇듯이 돌로 음식을 빻기도 했을 것이다. 음식을 잘랐을 때와 마찬가지로 음식을 빻으면 에너지를 흡수하기 쉬워진다. 빻아서 껍데기를 깨뜨리거나 껍질을 벗겨내서 세포를 연하게 만들면 내용물을 더 쉽게 섭취할 수 있다. 빻는 데에 사용된 석기 역시 치아의 역할을 대신한 셈이다.

최초의 고인류는 먹거리를 자르고 빻는 것뿐만 아니라 발효도 시켰을 수 있다. 발효 역시 음식을 씹고 소화하기 쉽게 만든다는 점에서 자르고 빻는 일과 비슷하다. 발효는 열량을 흡수하기 쉽게 만든다. 또한 제대로 발효시킨다면 잠재적인 병원균을 죽이는 부수적인 이점도 있다. 게다가 고기와 뿌리를 발효시키면 원재료에는 없던 영양분도 추가된다. 박테리아는 비타민 B_{12}를 만들 수 있다. 또한 공기 중에서 질소를 모아서 아미노산으로 바꿀 수도 있다. 안타깝게도 고인류가 음식 일부를 발효시켰을 가능성이 있다는 고고학적 기록은 아직 발견되지 않았다. 그래도 최근 들어서 노스웨스턴 대학교의 영장류학자 케이티 아마토가 최초의 인류 종이 음식을 **발효시켰을 수도 있다**는 주장을 설득력 있게 펴기 시작했다(이 가능성에 대해서는 제7장에서 더 깊이 다룬다). 그러나 정말로 그러했는지에 대해서 알려진 바는 여전히 전혀 없다.

자, 이제 불이 등장한다.

영장류학자 리처드 랭엄은 『요리 본능(Catching Fire)』에서 최초의 고인류의 진화를 규정하는 본질적인 특징이 바로 불과 요리라고 주장한다. 랭엄의 가설에 따르면, 요리된 음식은 더욱 큰 두뇌를 진화시킬 수 있는 충분한 에너지를 인류 조상들에게 제공했다.[11] 그런데 요리가 고인류의 진화에 영향을 미친 핵심 요인이 되려면 적어도 약 190만 년 전에 등장했어야 한다. 그러나 불을 제어해서 요리에 이용했다는, 어느 정도 신빙성 있는 증거들 중에 가장 오래된 증거도 그보다 훨씬 이후의 것이다. 그러나 공정하게 따지자면 발효와 꿀 채집이 190만 년의 역사를 가졌다는 증거도 없다. 그리고 고기와 뿌리를 자르거나 빻았다는 것도, 어패류를 먹었다는 것도 극적으로 증가했다는 증거가 없기는 매한가지이다.[12]

그러나 불에 대한 거대하고도 논란의 여지가 있는 랭엄의 이 발상이 옳든 그르든 상관없이, 여기에는 우리 두 사람이 보기에 논란의 여지가 훨씬 적은 가설이 숨어 있다. 이 가설은 불이 인류 조상의 진화를 이끌었는지, 그러했다면 언제였는지와는 관련이 없다. 그 대신, 애당초 인류 조상이 새로운 음식 처리 방법을 혁신한 이유를 따져본다. 따라서 불뿐만이 아니라 자르기, 빻기, 발효시키기에도 적용되는 가설이다. 랭엄은 저서 곳곳에서 인류 조상이 불을 사용하기 시작한 주된 이유가 요리한 음식이 맛있었기 때문이거나 적어도 날 음식보다는 맛이 좋았기 때문이라고 주장한다. 물론, 불은 음식 속의 열량을 더욱더 흡수하기 쉽게 만들 수 있다. 그러면 새로운 것, 가령 언어나 석기를 발명하는 등의 일을 할 수 있는 여유 시간을 더 마련해줄 수 있다. 그러나 이러한 변화를 예상해서 불을 사용하게 된 것은 아니다. 현생 인류를 포함해서 동물이 장기적인 이익을 토대로 선택을 단행하는 일은 드물다. 그 대신, 랭엄의 주장에 따르면 인류 조상이 요리할 때마다 불을 사용한 이유는 익히지 않은 날 음식보다 더 맛있어졌기 때문이다. 여기에서 잠시 랭엄의 발상이 어떤 의미인지를 찬찬히 생각해보자. 우리를 따뜻하게 해주고 앞길을 밝혀주는 불, 부엌의 오븐 속에서 음식을 데워주는 불, 연소 기관, 현대 도시, 현대 전쟁, 인터넷 그리고 이외의 많은 것들이 탄생하는 길을 열어준 불. 이런 불을 사용하기 시작한 이유는 불이 음식을 더 맛있게 해주었기 때문인지도 모른다.

그렇다면 랭엄의 가설을 잘 기억할 수 있도록 명칭을 붙여보면 어떨까? 이름하여 **향미 사냥꾼 가설**이라고 말이다. 향미 사냥꾼 가설은 불을 처음으로 제어하기 시작한 시점과는 상관없이 불의 역할에 적용되는 가설이다. 호미닌의 진화에 불이 중요한 역할을 했다는 랭엄의 주장이 꼭 옳지 않더라도 향미 사냥꾼 가설은 타당하다. 이 가설은 그저 언제가 되었든지 불이 사용된 이유는 요리한 음식이 그 대안, 즉 요리하지 않은 음식보다 먹을 때 더 즐겁고 향미가 풍부해졌기 때문이라는 뜻이다. 이 가설을 오직 불에만 적용할 필요도 없다. 향미 사냥꾼 가설은 침팬지의 요리 전통과 요리법들 역시 여러 가지 측면에서 설명할 수 있다. 침팬지는 향미를 찾아낼 도구를 만들어서 사용하는데 이런 도구의 특성은 환경과 이들의 전통에 각각 어느 정도 관련된다. 향미 사냥꾼 가설은 인류의 조상이 음식을 가공하는 새로운 기술을 활용하기 시작했을 때마다 그렇게 한 이유가 무엇이었는지도 설명할 수 있다. 그러나 향미 사냥꾼 가설에는 커다란 전제가 깔려 있다. 인류 조상이 새로운 도구와 기술을 사용해서 얻은 음식이 다른 방법으로 얻은 음식보다 실제로 더 풍미 있고 맛이 좋았다는 것이다. 그리고 대부분의 증거가 이것이 사실이었음을 시사한다.

앞에서 언급했듯이 침팬지와 인류는 미각 수용체와 선호하는 대상이 비슷하다. 침팬지와 인류의 식습관과 신체가 근본적으로 다른데도 그렇다. 인류의 대장(大腸)은 침팬지의 대장과 다르게 진화했다(인류 대장이 길이가 더 짧고 잎채소 소화 능력도 더 떨어진다). 입도 다르게 진화했다(인류의 치아 크기가 더 작고, 턱은 더 약하다). 위도 다르게 진화했다(관련 자료가 거의 없지만, 인류 위의 산도[酸度]가 훨씬 더 높은 것으로 보인다). 소화효소의 적어도 일부는 인간과 침팬지가 매우 다르다. 일부 성인에게는 유아기가 한참 지난 이후에도 유당 분해효소 생성을 가능하게 하는 여러 유전자가 있다. 유당 분해효소가 지속되는 덕분에 많은 성인들이 유아기 이후로도 오랫동안 우유를 마시고 소화시킬 수 있다. 반면, 침팬지를 비롯하여 인간이 아닌 모든 포유류는 그렇지 않다. 그리고 이렇게 서로 차이가 남에도 불구하고 인간의 미각 수용체는 현생 침팬지 그리고 당연히 양측 공통 조상의 미각 수용체와 매우 유사한 것 같다. 1,200만 년 전부터 진화해온 인간과 침팬지가 600만 년 전부터는 서로 분화해서 진화를 이어왔음에도 말이다.

인간의 단맛 수용체와 감칠맛 수용체는 침팬지와 매우 비슷해 보인다. 염분과 산성(신맛) 농도도 마찬가지로, 인간의 입맛에 맞는 농도와 비슷한 농도가 침팬지의 입맛을 끄는 것처럼 보인다. 동물원에 사는 침팬지와 고릴라를 대상으로 한 연구에 따르면, 이들은 새로운 먹이에 일단 적응하고 나면 좋아하는 먹이의 순서가 사육사나 다른 인간들이 좋아할 법한 순서와 대체로 비슷해진다고 한다. 침팬지, 고릴라, 인간 할 것 없이 모두 사과보다는 망고를, 익히지 않은 감자보다는 사과를 더 좋아한다.[36] 모두 감칠맛을 촉발하는 화학물질이 풍부한 먹거리를 그렇지 않은 먹거리보다 더 선호하는 것이다. 그리고 모두 염분을 찾는다(이미 염분을 많이 섭취한 상태더라도 말이다).[37] 따라서 침팬지가 먹는 먹이의 맛(인간이 감지한 그 음식의 맛)이 600만 년 전에 숲속에서 살았던 인간과 침팬지의 공통 조상이 느꼈을 법한 몇 가지 맛을 대신한다는 합리적인 추론이 가능하다. 이런 사실은 인류의 조상이 향미 사냥꾼이었다는 가설을 시험하는 데에 유용하다. 실제로 이런 사실은 인류 조상이 향미 사냥꾼이었기 때문에 생긴 결과일 수도 있다.

침팬지 연구자 대부분은 침팬지가 먹는 먹이들 중에 적어도 몇 가지를 직접 먹어본다. 직접 몇 시간이고 침팬지를 따라다니면서 관찰한다고 생각해보라. 그러다 보면 "무슨 맛일까?" 하고 궁금해질 수밖에 없다. 혹시 배가 고프다면 먹어보고 싶다는 유혹이 훨씬 더 강렬할 것이다. 배에서 꼬르륵 소리가 나는데, 침팬지가 뭔지는 몰라도 무엇인가를 맛있게 먹고 있다면 더 쉽게 넘어가게 된다. 야생 과일 조각을 입안에서 아삭아삭 씹어먹어보면 맛에 대한 궁금증이 풀린다. 운이 좋으면 허기를 면하고 포만감까지 느낄 것이다. 『우리 몸 연대기(*The Story of the Human Body*)』[38]를 쓴 대니얼 리버먼이 이메일에서 언급했듯이, 이런 시식은 "정말 재미있다." 1991년, 침팬지 연구자 니시다 도시사다는 더 체계적으로 미각을 실험하기 시작했다. 그는 탄자니아에 있는 탕가니카 호수의 동쪽 끝에 있는 마할레 산맥을 따라서 무려 6년간 수컷 침팬지 9마리를 따라다녔다. 침팬지들은 비교적 쉽게 이 나무에서 저 나무로 올라갔다. 니시다는 그 밑에서 최대한 빠르게 이들을 쫓았다. 마할레 침팬지가 섭취한 다양한 식물들 중에서 니시다는 침팬지가 먹다 남긴 서로 다른 식물에서 나온 114가지의 먹이를 맛볼 수 있었다.[13]

침팬지가 먹은 것들 중에서 일부는 니시다의 입에 썼다. 쓴맛은 침팬지가 경험한 바를 니시다에게 제대로 알려주지 못한 유일한 맛이었다. 인간과 침팬지의 쓴맛 수용체는 다소 다르다고 알려져 있다. 니시다가 쓰다고 느꼈던 식물이 침팬지나 우리 공통 조상의 입에는 쓰지 않았을 수도 있다.[14] 그런데 과일의 단맛, 신맛, 감칠맛, 짠맛은 어땠을까? 과일은 침팬지를 비롯한 동물들을 끌어당겨서 이들이 과육을 먹고 씨를 퍼뜨려주는 것으로 득을 보지 않는가? 평균적으로, 과일의 맛이 썩 좋지는 않았다. 니시다가 먹어본 침팬지의 식물성 먹이들 중에 극소수는 겨우 먹을 만했지만 무미건조했다. 그는 이런 맛을 "무미(無味)하다"라고 묘사했다. 무미하다(insipid)는 말은 맛(sapidus)이 없다(in)는 뜻의 라틴어 insipidus가 어원이다. 다른 영장류학자들은 주로 "퍼석퍼석한" 향미가 느껴진다고 했다. 사람은 배가 고프면 별다른 맛이 느껴지지 않는 퍼석한 먹거리도 먹는다. 배고픈 침팬지도 마찬가지이다. 먹을 수는 있지만 좋아하기는 힘든 먹이를 먹는 것이다. 리처드 랭엄도 우간다 남서부의 키발레 국립공원에 있는 과일들에 대해서 똑같은 결론을 도출했다. 침팬지가 구할 수 있는 과일들의 맛은 건기에는 특히 단조로운 것으로 보인다.[15] 다시 말하자면, 마할레를 비롯한 아프리카에 사는 침팬지들은 모든 열매가 완벽하고 경탄스러운 향미를 지닌 에덴 동산에서 태어난 것이 아니다. 보통은 재미없는 곳에서 태어나 살고 있는 것이다.[16]

그러나 침팬지들은 구할 수 있다면 달콤하거나 심지어 달고도 신맛이 나는 과일들을 효과적으로 골라냈다. 니시다가 일본에서 흔한 무화과와 비슷하다고 했던 마할레산 무화과 같은 과일들이 그렇다. 그 무화과에서는 기분 좋은 향이 났다. 브리야-사바랭이라면 "톡 쏘는 듯한 신선함"이 느껴졌다고 표현했을 맛이다. 후속 연구 결과, 침팬지들이 편애하는 이런 과일이 나는 장소와 시간을 기억해두었다가 과일이 무르익을 때가 되면 대개 그곳으로 찾아간다는 것이 밝혀졌다. 이들은 나무들 사이를 지나서 최단 경로로 단맛을 향해 돌격한다.

이 같은 여러 연구 결과들을 토대로 보면, 인간과 침팬지의 공통 조상들이 숲에서 태어나 살면서 달고 향긋하고 새콤달콤한 과일들을 찾아다녔다고 상상하는 것이 합당해 보인다. 그렇다고 늘 이런 과일들을 찾을 수는 없었겠지만 찾으면 기분이 좋았을 것이다. 그러면 나중에 돌아오기 위해서 그 과일을 발견한 시기와 장소를 모두 기억해두었다. 그러

그림 2.3 우간다 부동고 숲에서 암컷 침팬지 한 마리가 무화과(*Ficus mususo*)를 실컷 먹으면서 (이 사진을 찍은) 영장류학자 리란 사무니를 바라보고 있다.

다가 결국에는 새로운 먹거리를 찾는 도구를 사용하기 시작했다. 이런 먹거리는 궁극적으로는 열량을 공급했지만, 즉각적으로 제공한 보상은 향미였다. 1차적 보상이 욕구가 아니라 향미였음을 보여주는 한 가지 증거가 있다. 침팬지가 도구나 기발한 발명품을 동원해서 수중에 넣는 먹거리들 가운데 일부는 실제로 영양 측면에서는 그만한 노력을 들일 가치가 없어 보인다는 것이다. 그러나 이런 먹거리는 맛이 좋다.

미식가로 살려면 대가가 따르는 법이다. 브리야-사바랭은 "어쩌면 미식가란 중요하지 않은 것에 신이 나는 바보"라고 했다. 이 말을 살짝 바꾸어보면, 미식가는 생존 측면에서는 바보라고 할 수 있다. 영장류의 단맛, 짠맛, 감칠맛 수용체가 존재하는 이유는 이들 수용체가 평균적으로 영장류가 욕구를 좇을 수 있게 알려주기 때문이다. 도구를 사용해서 그들이 좋아하는 맛과 향미를 찾는다는 점에서 침팬지는 미식가이다. 다시 말해, 침팬지는 먹는 것에서 즐거움을 느낀다. 인간이 침팬지와 공유하는 공통 조상 역시 마찬가지이다. 미식가가 어떤 도구를 사용해서 향미가 풍부하면서도 필요한 열량이나 영양분까지 공급하는 음식을 발견하는 경우, 미식은 대성공이다. 이런 유형의 도구 사용법은 한 세대에서 다음 세대로 전수될 가능성이 특히 높다. 그 이유는 단순하다. 이런 도구를 사용하는 개체의 생존 가능성이 더 높기 때문이다. 반면, 더 뛰어난 영양분이나 더 많은 열량은 얻지 못하지만, 더 좋은 향미를 얻을 수 있는 도구들도 있다. 개미를 채집하는 데에 큰 노력을 들이는 일부 침팬지 무리가 좋은 사례이다. (이 침팬지들과 같은 종류의 개미를 먹는 세계 곳곳의 많은 사람들이 증언하듯이) 개미는 맛있다. 마할레에서 니시다는 침팬지들이 일조 시간의 1-2퍼센트를 개미를 낚는 데에 할애한다는 사실을 발견했다. 그러나 개미는 침팬지에게 너무 미미한 영양 공급원이기 때문에, 그는 "이렇게 도구를 사용하는 행동이 환경에 잘 적응하기 위한 것인지는……불분명하다"라고 결론지었다.[39]

바보 미식가의 또다른 사례가 있다. 이번에는 침팬지가 아니라 고릴라이다. 펜타디플란드라 브라제아나(*Pentadiplandra brazzeana*) 나무에서 열리는 열매에는 포유류의 단맛 수용체를 교란하는 단백질이 들어 있다. 이 단백질(씨앗을 둘러싼 섬유조직에 있는, 브라제인이라는 단백질/옮긴이)은 당분보다 100배 더 달게 느껴져서, 포유류를 유인하기 위해서 나무가 별다른 노력을 기울일 필요가 딱히 없다. 또한 매우 효율적으로 만들 수 있는 이 단백질은 나무 입장에서는 매우 요긴하고 고마운 존재이다. 그런데 이 열매는 열량이 거의 없어서 포유류에게는 거의 가치가 없다. 그러나 포유류는 이런 사실을 알 턱이 없고 철이 되면 달게만 보이는 이 빨간 열매를 따서 먹고 씨를 퍼뜨린다. 그런데 고릴라는 예외이다. 듀크 대학교의 과학자 일레인 게바라와 동료들은 모든 고릴라의 단맛 수용체 유전자에 돌연변이가 일어나서 펜타디플란드라 브라제아나 열매를 달게 느끼지 않는다는 것을 발견했다. 게바라는 이 돌연변이가 일어난 후에 빠르게 확산되어 결국 고릴라 무리의 보편적인 특징이 되었다는 사실을 밝혔다. 돌연변이가 낳은 유전자가 이렇게 퍼지려면 그 유전자에는 어떻게든 큰 장점이 있어야 했다. 이 유전자를 지닌 개체들이 영양가 없는 열매를 먹느라 시간을 허비하지 않았다는 것이 바로 그 장점이었다. 여기에는 과거에 고릴라가 이런 과일을 아주 많이 먹고 행복감이 줄어드는 경험을 했다는 의미가 함축되어 있다. 고릴라는 미식을 추구하는 어리석은 행위로 고통을 받았고, 이런 어리석음은 진화적 변화를 통해서 치료될 수밖에 없었던 것이다.[17]

향미를 추구함으로써 얻는 이득은 조건에 따라 달랐던 것 같다. 꿀 채집 도구를 사용해서 큰 이득을 보는 경우도 있지만, 그렇지 않은 경우도 있다. 가령 많은 침팬지 무리가 막대기를 이용해서 꿀벌과 부봉침 벌(침을 쏘지 않는 벌/옮긴이)의 벌집 안에 있는 꿀과 유충을 채집한다. 꿀은 침팬지가 서식하는 숲에서 나는 그 어떤 과일보다도 훨씬 달다. 유충은 기름진 식감에 짭짤하고 감칠맛이 풍부하다. 꿀에는 에너지가 풍부하고, 유충에는 지방과 단백질이 풍부하다. 꿀 채집자가 맛있는 것을 찾으면 대체로 영양분이라는 보상을 받는다. 그런데 때때로 침팬지가 꿀에서 얻는 에너지보다 더 많은 에너지를 꿀을 채집하느라 써버리는 것처럼 보일 때가 있다.[18] 어떤 경우에는 꿀을 찾아서 에너지는 얻지만 그

그림 2.4 꿀벌이 꿀을 숙성시키고 있는 모습. 꿀벌은 여러 단계를 거쳐서 꿀을 농축한다. 먼저, 꿀을 입안에서 앞뒤로 돌리면서 미세한 거품으로 만들어 수분을 일부 증발시킨다. 그다음, 그림처럼 벌집 위에 꿀을 넓게 펼쳐놓고 바람을 일으켜 수분을 더 증발시킨다. 여기에 덧붙여서 입안의 효소를 꿀에 추가한다. 꿀에 함유된 주요 당분인 자당은 고농도 상태에서는 물에 잘 녹지 않고 결정체가 된다(그리고 벌에게는 쓸모가 적어진다). 각설탕이라고 생각하면 된다. 이와 달리, 크기가 더 작은 당분에 있는 자당(이당)은 (두 가지 단당류인) 포도당과 과당으로 분해될 수 있다. 유럽 꿀벌은 머리에 있는 주머니 안에 이런 생화학 작용을 돕는 효소가 있다. 꿀벌은 이 효소를 농축된 꿀에 뿌려서 자당 대부분을 포도당과 과당으로 분해한다. 그 과정을 통해서 농축된 꿀은 자연에 존재하는 최고 농도의 당 물질이 된다. 꿀 속에 함유된 당분이 워낙 고농도여서 이 당분을 먹이로 삼으려는 박테리아가 살아남지 못할 정도이다. 박테리아의 세포가 세포 내외의 수분 균형을 유지하려고 애쓰다가, 세포 속 수분이 세포 밖으로 빠져나가면서 쪼글쪼글해지기 때문이다.

대신 다른 영양분을 소모하기도 한다. 현생 인류만큼 침팬지에게도 이런 일이 자주 일어난다. 그리고 우간다의 불린디 숲처럼 침팬지 서식지에 변화가 일어나기 시작하면서 그렇게 될 가능성이 더 높아졌다.

현재 우간다 불린디의 침팬지 무리는 작은 산림 지역에 서식하는데,

이 서식지 주변으로 여러 과수원과 작은 농장들이 거대한 풍광을 이루며 들어섰다. 이런 환경에서 침팬지들은 그들의 요리 전통과 새로운 선택 사이에서 하나를 골라야 한다. 침팬지들은 새로운 것을 선택한다. 이들은 망고를 발견하고는 가능한 한 많이 먹는다. 배가 나오고 포만감이 들 때까지 달콤하고 기름진 잭프루트 열매를 즐긴다.[40] 또한 구아바, 파파야, 바나나, 패션프루트, 심지어 카카오 열매의 과육도 먹는다.[41] 한편, 이웃한 지역에 있는 카소크와와 카송구아르의 침팬지 무리 서식지는 훨씬 더 많은 변화를 겪었다. 서식지 접경에 과일나무가 풍부한 과수원 대신에, 사방으로 사탕수수 농장이 들어왔다. 사탕수수 농장의 바다 한가운데에 살게 된 침팬지들은 사람들이 자른 사탕수수 더미를 밭 가장자리에 주로 쌓아둔다는 것을 알게 되었다. 침팬지들은 사탕수수 더미 속에 앉아서 살짝 썩고 살짝 달콤한 사탕수수를 하루에 몇 시간이고 먹는다.[19] 서식지가 붕괴된 상황을 고려해보면, 침팬지들은 이런 방식으로 그들이 얻을 수 있는 최고의 영양 공급원을 발견하는 것일 수도 있다. 또는 몇 시간이고 계속해서 단맛의 쾌락에 굴복해서, 맛있다는 이유만으로 사탕수수를 먹으며 그저 "바보"가 되어가는 것일 수도 있다. 그들의 입맛에 사탕수수가 너무도 맛있게 느껴지기 때문이다.[20]

우리 두 사람은 침팬지와 인간의 공통 조상도 현생 침팬지처럼 미식가였다고 본다. 그들은 맛있는지를 기준으로 음식을 선택하고 찾아냈다. 그들이 살던 지역의 기후가 건조해져서 얻을 수 있는 향미가 밋밋해지면, 전에 없던 새로운 도구를 만들어 사용하는 것이 이득이 되었을 것이다. 그들이 도구를 사용해서 얻을 수 있었던 향미에는 바삭한 개미[21]와 기름진 흰개미뿐만 아니라 꿀과 벌도 있었다. 꿀은 일단 벌을 진정시킬 수 있으면 훨씬 더 많은 양을 얻을 수 있었다. 현생 침팬지와 현생 수렵-채집인들을 지표로 삼는다면, 인류 조상들도 특히 꿀을 다량으로 채집할 수 있었다면 꿀을 더욱더 좋아했을 것이라고 짐작해볼 수 있다. 예를 들면 영국 로햄프턴 대학교의 콜레트 버비스크는 최근에 탄자니아의 수렵-채집 부족인 하드자 부족이 어떤 음식을 좋아하는지를 조사했다. 그 결과, 하드자 부족은 남녀불문 가장 맛있는 음식으로 꿀을 꼽았다. 그들은 꿀이 베리류보다 맛있고 바오밥 열매보다, 심지어 고기보다도 맛있다고 했다.[22] 버비스크가 면담한 하드자 부족민들은 꿀이 맛있어서 채집한다고 말했다. 그러므로 현생 수렵-채집인들이 단맛 나는 음식을 먹는 이유는 그들의 혀가 그에 대한 보상으로 쾌락을 주기 때문임이 분명한 것 같다. 그리고 인류 조상들도 바로 이와 같은 이유로 달콤한 음식을 먹었을 것으로 보인다. 그러나 이런 가능성은 최근에서야 인류학 문헌에 등장하기 시작했다. 그래서 민족지학자들은 수렵-채집인들이 쾌락을 주는 음식을 먹는다고 언급하면서 거의 놀랍다는 반응을 보인다. 콜레트 버비스크도 다음과 같이 기록했다. "흥미롭게도 사람들이 야영지를 나서서 수렵-채집 활동 시간당 획득하는 열량을 보면, 그어떤 유형의 음식보다도 꿀이 많다. 그다음으로 고기, 바오밥, 베리, 그리고 마지막으로 감자와 같은 덩이줄기가 뒤를 잇는다. 그런데 이 순서는 사람들이 선호하는 음식 순서와 정확히 일치한다. 이 결과는 사람들이 가장 좋아하는 음식을 구하는 데에 더 큰 노력을 기울인다는 것을 시사한다."[42] 버비스크는 어쩌면, 정말 어쩌면 수렵-채집인들이 맛있기 때문에 먹는 것일 수도 있다는 주장을 이렇게나 신중한 문장으로 표현해야만 했다. 이런 발상을 동료들이 납득할 수 있어야 했기 때문이다.

자르기, 빻기, 발효시키기, 요리하기는 향미를, 특히 식감을 향상시킨다. 식감은 향미를 구성하는 핵심 요소이다. 식감은 부드러울 수도, 거칠 수도, 매끈할 수도 있다. 그뿐만 아니라 쫄깃하거나 질길 수도 있다. 혹멧돼지, 토끼, 심지어 코끼리의 고기는 날것의 상태로도 "입에 맞을 수 있다"고들 하지만(대체로 인상을 찌푸리면서 그렇게 말한다) 식감은 좋지 않다. 쫄깃하고 질겨서 삼키기가 힘들다(영장류 행동 생태학자 할마어 퀼이 지적했듯이, 특히 이빨 빠진 늙은 동물이라면 더 힘들다). 해럴드 맥기가 『음식과 요리(*On Food and Cooking*)』에서 언급한 것처럼, 요리하지 않은 고기는 "말하자면 미끈거리면서 계속 물컹하기만 하다." 그의 이어지는 지적에 따르면, 포유류의 날고기 큰 조각을 씹으면 고기가 잘리지 않고 압축된다. 미끌미끌하면서 영 시원치 않다.[23] 『중국의 미식(*Chinese Gastronomy*)』을 쓴 음식평론가 린샹쥐와 린수이펑은 날고기의 식감을 더욱 직설적으로 표현했다. "날 생선은 아무 맛이 없고, 날 닭고기는 금속 같고, 날 소고기는 입에 맞지만 평가하자면 피 맛이 난다."[43] 많은 종류의 뿌리채소를 생으로 먹는 느낌에 대해서도 이와 비슷한 불만이 생길 수 있다. 감자나 카사바를 생으로 먹으면서 살아야 한다고 생각해보라. 어떤 느낌일지 표현할 말이 마음속에 여럿 떠오르겠지만, 그 가운데에 "맛있다"는 없을 것이다. 당근이나 무처럼 일부 뿌리채소는 맛있지만, 이런 경우는 주류가 아니라 예외일 뿐이다.

자르기, 빻기, 발효시키기, 요리하기는 모두 음식을 부드럽게 만들어서 씹기 쉽고 기분 좋게 만든다. 뿌리채소를 빻거나 자르거나 발효시키거나 요리하면 씹기 더 쉬워진다. 날고기도 마찬가지이다. 게다가 날고기를 자른 덕분에 인류 조상들은 동물의 고기를 다양한 부위로 나눌 수 있었을 것이고, 그중에서 날것으로 먹는 것이 더 맛있는 부위도 발견했을 것이다. 자르고 요리하고 발효시키는 방법 덕분에 동물의 위장과 같은 부드러운 부위는 날것으로 먹고, 질긴 부위는 요리하고, 다른 부위는 발효시킬 수 있었으리라. 인류 조상들은 일단 자르고 빻고 발효시키고 요리할 수 있게 되자, 다양한 먹거리에 다양한 기술을 적용할 수 있었다(그리고 그렇게 했을 것이다). 침팬지는 깨어 있는 시간의 40퍼센트 이상을 먹이를 씹는 데에 쓴다. 과육을 씹고 나뭇잎을 씹는다. 곤충, 고기, 그리고 몇몇 무리는 뿌리도 씹는다. 반면, 인류 조상들은 요리를 시작하면서 씹는 데에 쓰는 시간이 훨씬 줄어든 것으로 추산된다. 아마 하루의 10퍼센트 정도로 줄었을 것이다(오늘날 사람들은 평균적으로 하루의 4.7퍼센트를 씹는 데에 사용한다). 이렇게 씹는 시간이 줄면서 인류 조상들에게는 시간과 에너지가 남게 되었고, 새로운 도구를 구상하거나 (아주 맛있지만 쉽게 장담할 수 없는) 더 모험적인 먹거리를 찾아나서거나 자녀를 돌보거나 예술 작품을 만들거나 재미있는 이야기를 지어낼 수 있었다.[44] 고대의 가공식품은 그 자체로 식감이 더 좋았고, **또한** 다른 즐거움들을 누릴 시간을 더 많이 만들어주었다.[24] 식감과 이 다른 즐거움들은 음식을 빻고 자를 때에 얻을 수 있는 가장 즉각적인 주된 이득이었을 것이다.

한편, 생굴의 향미를 즐기는 사람이라면 당연히 알겠지만, 어패류의 향미를 즐기기 위해서는 도구를 사용했을 것이다. 껍데기를 까서 꺼낸 홍합살과 게살의 기분 좋은 감촉. 여기에서는 숲에서 나는 대부분의 먹거리보다 더 많은 감칠맛이 난다. 게다가 씹기도 쉽다. 홍합, 특히 어린 홍합은 실제로 씹을 필요조차 없다. 브리야-사바랭이 프랑스 연회와 굴에 대해서 언급한 내용을 보면, 고대 호미닌이 홍합을 어떻게 먹었을지 가히 상상이 간다.

내가 기억하기로, 예전에는 중요한 연회라면 모두 첫 번째 식사 코스가 굴로 시작했다. 그리고 많은 손님들이 늘 각자 굴 1그로스(12다스, 144개)를 주저하지도 않고 먹어치웠다.

현재까지 비교적 초기의 호미닌 거주 지역이 여러 군데 발견되었다. 이곳에 남아 있는 껍데기를 보면 가히 많은 양의 홍합이 식용되었던 것으로 보인다. 이 홍합 껍데기 더미가 매년 조금씩 먹은 양이 다년간 쌓인 것인지, 아니면 한 번에 많은 양을 먹은 것인지는 아직 불분명하다. 그래도 인류 조상들 가운데 적어도 일부는 브리야-사바랭의 표현처럼 "홍합을 배불리" 먹었을 것이다.

한편, 요리와 발효로 음식의 식감만 달라지는 것이 아니다. 음식의 맛과 향도 바뀌고 더 좋아진다. 고기나 뿌리를 발효시키거나 요리하면, 그 안에 함유된 자유 글루탐산염의 양이 크게 증가하여 감칠맛을 낸다. 그뿐만 아니라 다음 장에서 살펴보겠지만, 고기에서는 훨씬 더 복합적인 향이 나게 된다. 이 복합적인 향은 무의식적인 만족감을 줄 수 있다. 마찬가지로, 뿌리를 요리하면 그 안에 있는 다당류가 분해되기 시작하고 그 안의 단당류는 캐러멜화되기 시작한다. 생고구마는 거의 음식이라고 할 수 없다. 그러나 직화로 구우면 겉은 바삭해지고 속은 달콤하면서 부드러워지며 기분 좋은 냄새를 풍기면서 입소문을 낼 만한 음식으로 탈바꿈한다.

현생 인류처럼 현생 유인원도 요리한 음식을 더 좋아하는 것으로 보인다. 동물원에 사는 침팬지와 고릴라를 관찰한 결과, 요리한 채소와 익히지 않은 채소를 동시에 제공하면 양쪽 모두 요리한 채소를 선택하는 것으로 나타났다. 침팬지는 고기도 날고기보다는 요리한 고기를 선택한다(고릴라는 고기를 먹지 않는다).[45] 모든 정황으로 보아, 침팬지와 고릴라는 요리한 음식의 향미 때문에 이런 선택을 한 것으로 보인다.25 유인원이 그렇다고 말하기도 했다. 랭엄에 따르면 이를 명시적으로 보여주는 실험 결과가 있다. 수화를 배운 고릴라 코코에게 심리학자 페니 패터슨이 왼손에 든 요리한 채소와 오른손에 든 익히지 않은 채소 중에 어떤 것이 더 좋으냐고 물었다. 코코는 요리한 채소를 들고 있는 패터슨의 왼손을 건드렸다. 그런 다음, 익힌 채소를 좋아하는 이유가 "먹기 편해서"인지 "더 맛있어서"인지 다시 물었다. 인류 조상들도 그러했겠지만, 코코도 "더 맛있어서"라고 답했다. 고기를 먹는 유인원, 즉 침팬지와 보노보가 먹이를 날것으로 먹는 것보다 발효해서 먹는 것을 더 선호하는지에 관한 실험은 아직 진행된 바 없다(다만 향미 효과와 취기 효과를 구별하기 힘든 알코올은 제외한다).

조금 뒤로 돌아가서, 우리 두 사람은 최초의 고인류가 그들의 커다란 두뇌를 사용해서 새로운 음식을 발견하고 가공하는 여러 행동들을 시작했으리라고 추측한다. 대부분의 경우 영양가도 높고 맛도 있는 음식을 찾다 보니 그렇게 되었을 것이다.

인류 조상들은 돌아다니면서 그 어느 때보다도 커진 두뇌를 사용해서 여러 가지 맛과 향미를 찾았고, 그렇게 함으로써 그들에게 가장 필요한 영영분들을 발견할 수 있었다. 이렇게 찾는 작업을 더 잘하게 될수록, 음식을 가공하도록 진화한 소화계의 여러 부분들은 의미를 잃어갔다. 커다란 치아와 턱은 음식을 뜯고 가는 것을 돕는다. 그런 치아의 크기가 줄어들었고, 턱 근육도 축소되었다. 대장은 복합 화합물을 사용하기 쉬운 단순한 형태로 분해하는 것을 돕는다. 달리 표현하면 대장도 음식을 가공하는 셈이다. 그런 대장이 짧아졌다. 이런 변화들은 모두 일종의 퇴화에 가까웠다. 퇴화가 가능했던 이유는 이 신체 부위들이 더는 생존에 그다지 필요하지 않았기 때문이다. 동굴어(cave fish)는 세월이 충분히 지나자 눈을 잃었다. 인류 조상들도 에너지가 풍부하거나 가공된 음식, 향미를 추구한 덕분에 얻게 된 음식을 충분히 오랫동안 먹은 결과로 장과 치아, 턱을 구성하는 특징적인 요소들을 잃었다. 이들 신체 부위에는 자연선택이 더는 그다지 강하게 작용하지 않았다. 자연선택은 이런 신체 부위들을 가려내서 이를 생성하고 유지하는 데에 소모되는 에너지를 아꼈고, 대신 성장을 거듭하는 뇌에 에너지를 사용하도록 작용했다.

약 150만 년 전에 고인류는 여러 세대에 걸쳐 걸어서 아프리카를 가로지르며 아시아와 유럽까지 진출하기 시작했다. 고인류가 왜 이동했는지는 알 수 없다. 다만, 여러 이유들 중에 하나가 먹거리(그리고 먹거리에 따른 향미) 찾기 때문이라는 가설을 세울 수 있다. 그들은 먹거리가 예전보다 풍부하지 않거나 맛이 없어진 지역에서부터 더 풍부하고 맛있을 만한 지역으로 퍼져나갔다. 육지 세계의 절반을 돌아 언덕에서 계곡으로 확산되었다. 그러는 과정에서 그들은 새로운 문제에 직면했다. 아칸소 대학교의 고인류학자 피터 웅가르의 표현을 빌리면, "식단의 범용성", 즉 입에 넣을 먹거리 위주로 모험심을 발휘해야만 했던 것이다.[46] 또는 워즈워스의 시구를 인용하자면, 그들은 "수많은 집 근처에 거처 없이" 서서 수많은 불 근처에서 "음식을 애타게 그리며 갈구했다." 먹거리를 찾아 떠도는 동안 그들은 6종 이상의 서로 다른 종 또는 혈통으로 나뉘었고, 일부는 특정 지역에 고립되었다. 이렇게 분리된 혈통은 각자 어디를 가든지 완전한 기구 세트를 만드는 데에 필요한 지식을 머리에 담고 다녔다. 마치 현대의 주방장이 본인 전용 칼과 모든 요리기구, 그리고 더 맛있게 만들기 위한 요리법을 가지고 다니는 것처럼 말이다. 최근 들어 구석기 시대의 인류 조상들이 먹었을 법한 식단을 따라 먹는 것이 유행하기도 했다. 그런데 이런 시도는 가장 중요한 문제, 즉 고인류가 가는 곳마다 다른 음식을 먹었다는 문제에 불가피하게 봉착한다. 가령 고인류는 어떤 곳에서는 어패류를, 다른 곳에서는 뼈의 골수와 기름을 먹었다.[47]

석기 시대를 지나면서 인구 집단 사이의 이런 차이는 점차 더 벌어졌을 것이다. 현생 침팬지와 마찬가지로, 다양한 인간 종은 각자의 요리 전통과 요리법이 있었다. 고인류의 거주 지역 범위는 열대우림에서부터 툰드라까지, 콩고 분지에서부터 현재의 유럽에 이르기까지 너무도 광범위하게 펼쳐져 있었다. 그들이 살던 지역의 지리적 범위가 무척이나 넓었던 것으로 보아, 이런 전통은 지역별로 무척 두드러졌을 것이다. 이들 고인류는 주로 그들이 있는 곳에서 먹고 살아남을 새로운 방법을 찾음으로써 다양한 환경에 적응했던 것으로 보인다. 물론, 유전적 진화도 일어났다. 그러니까 문화적, 유전적 진화가 복합된 끝에 인류의 혈통이 탄생하게 되었을 것이다.[26] 네안데르탈인(호모 네안데르탈렌시스), 데니소바인, 그리고 우리(호모 사피엔스)가 여기에 포함된다. 그런데 여기에서 괄목할 만한 점이 하나 있다. 서로 다른 종들이 가진 미각 수용체가 여전히 매우 비슷했다는 사실이다. 이는 유전자를 직접 비교해봄으로써 알 수 있다. 치아와 뼈에서 추출한 고대 DNA를 바탕으로 한 최근의 연구 결과에 따르면, 네안데르탈인과 데니소바인, 그리고 호모 사피엔스의 단맛과 감칠맛 수용체가 거의 동일한 것으로 밝혀졌다. 한편, 쓴맛 수용체에 나타난 차이점을 보면 서로 다른 종에서 약간 다른 방식으로 퇴화했을 뿐이다. 쓴맛 수용체가 퇴화한 것은 인류 조상들이 위험한 먹거리들 가운데 일부를 안전한 음식으로 만들 방법을 발견했기 때문으로 추정된다.[27][48]

체형과 거주 지역이 달라진 인간 종은 새로운 음식을 맛보고 새로운 음식 가공법을 시험했다. 그러면서 이들은 밋밋한 것과 쾌락을 줄 수 있는 것을, 위험한 것과 안전한 것을 구별하는 법을 터득했다. 이런 과정은 반복되고 또 반복되었다. 그 과정에서 이들의 혀가 도움이 되었을 것이다. 혀는 그들에게 무엇이 쓴지, 무엇이 단지 알려주었다. 그러나 혀 단독으로 이런 역할을 한 것은 아니다. 코 또한 안내자 역할을 했다. 인류가 음식을 가공할 수 있게 되자, 어떤 처리 방식이 안전하고 어떤 방식은 그렇지 않은지를 기억할 방도가 필요했다(대개는 힘들게 터득하는 교훈이다). 그뿐만 아니라 어떤 음식이 맛으로는 위험한 것 같지만 실제로는 안전한지도 기억해야 했다. 이런 맥락에서 코가 더욱 의미 있는 역할을 했다. 당시에는 도서관도 없었고 한 세대에서 다음 세대로 정보를 저장해서 전해줄 방도도 구전 외에는 없었다. 이런 상황은 인류의 기원에서부터 8,000년 전에 이르기까지 아주 오랜 세월 동안 계속되었다. 이 오랜 시간을 거치는 동안 인류 조상들은 기하급수적으로 코에 의존하기 시작했다. 이런 과정을 인류만 거친 것은 아니다. 쥐도 코를 사용한다. 개도, 돼지도 그렇다. 그러나 인간의 코는 다르다. 인간은 전적으로 새롭게 코에 의존하게 되었다. 인간은 코에 의존해서 향미를 분류하게 되었다. 맛있는 것부터 치명적인 것까지 다양한 향미의 순위를 매기고 그에 따라 반응하게 되었다. 특이하고 경이로운 현대 음식인 트러플, 즉 송로버섯을 생각하면, 이런 사실이 가장 명확하게 피부에 와닿는다.[28]

3

향미를 위한 코

인류 최초의 조상들이여,……당신들도 송로버섯으로 맛을 낸
암칠면조라면 사족을 못 쓰지 않았을까?
그러나 당신들이 살던 지상낙원에는 요리사도, 디저트 장인도 없었지!
그런 당신들을 위해서 내가 대신 슬퍼하리다!
—장 앙텔므 브리야-사바랭, 『미식 예찬』

벌은 꿀 냄새를 따르고, 독수리는 사체 냄새에 끌린다.……
미리 풀어놓은 사냥개가 남긴 강력한 냄새의 흔적은
발굽이 갈라진 야수가 어느 방향으로 사라졌든 간에
그쪽으로 사냥꾼을 인도한다.
—루크레티우스, 『사물의 본성에 관하여』

우리 두 사람은 향미 이야기를 완성하는 퍼즐 한 조각을 일부러 지금까지 남겨두었다. 그 주인공은 바로 향이다. 우리가 향을 따로 남겨둔 이유는 향이 중요하지 않아서가 아니다. 오히려 너무나도 중요해서 따로 다루어야 했기 때문이다. 브리야-사바랭의 말처럼, "후각의 참여 없이는 맛보는 행위가 완성될 수 없다." 인간의 경우 특히 더 그렇다. 불의 제어를 포함해서 인류 진화에서 일어난 주요 변천들 중의 일부는 인간만의

독특한 후각을 이해해야만 명확히 파악할 수 있다.

정교하고 중요한 후각은 종에 따른 차이가 미각보다 크다. 이런 차이를 만드는 요소들 중의 하나가 예리함이다. 감지될 수 있는 화합물의 농도는 종마다 다르다. 코와 입, 냄새와 향미의 관계도 종마다 다르다. 이러한 차이를 이해하면 인간의 후각에 주어진 독특한 역할을 파악하는 데에 도움이 된다. 현대인도 열심히 찾아다니는 먹거리인 송로버섯을 들여다보면 이러한 차이가 쉽게 구별된다. 인류 조상들은 한때 모든 먹거리를 찾아다녀야만 했다. 송로버섯은 그 시절과 그 시절의 생활방식을 떠오르게 한다. 송로버섯이 나는 곳에서는 송로버섯이야말로 찾아다녀야 얻을 수 있는 맛 좋은 자연산 먹거리의 상징이다. 분실물의 수호성인인 성 안토니우스는 프랑스에서 송로버섯의 수호성인이기도 하다. 열쇠나 송로버섯을 찾아야 할 때면 성 안토니우스도 물론 도와주겠지만, 송로버섯 사냥에는 개나 돼지가 큰 도움이 된다. 특히 돼지를 동원할 수 있으면 더 좋다.

송로버섯을 찾는 종들은 각자 다른 방식으로 버섯을 지각한다. 돼지는 선천적으로 송로버섯에 끌린다. 반면, 개가 송로버섯에 끌리는 것은 학습의 결과이다. 인간의 경우에는 어느 정도는 후천적으로 학습되어서 끌리지만, 또 어느 정도는 끌리게 타고났을 수도 있다. 그리고 인간의 끌림은 송로버섯이 음식이 되어 입안에 들어왔을 때의 향과 주로 관련이 있다.

송로버섯을 둘러싼 인간과 돼지, 개의 이야기는 뿌리가 깊다. 1,000년 전, 어쩌면 그보다 더 오래 전부터 프랑스 사람들은 돼지를 동원해서 숲속에서 송로버섯을 수색했다. 돼지는 송로버섯이 땅속 30센티미터 아래

그림 3.1 돼지의 코.

에서 자라고 있더라도 찾아낼 수 있다. 인간은 인간의 능력만으로는 찾을 수 없는 것을 찾기 위해서 동물을 활용할 때 그 동물과 인간의 감각 차이를 이용한다. 돼지의 경우에는 여기에 돼지가 선천적으로 송로버섯에 끌린다는 사실이 더해진다. 이것은 일종의 생화학적인 중력이 작용해서 송로버섯이 돼지를 끌어당기는 것과 같다.

송로버섯은 매우 특정한 종류의 균류에 의해서 생성된다. 투베르속(genus *Tuber*)의 종들이 포함되는 이 균류는 특정 수종의 뿌리와 공생 관계를 형성한다.[1] 투베르속인 송로버섯은 너도밤나무, 자작나무, 개암나무, 서어나무, 떡갈나무 등의 뿌리와 짝을 이룬다. 균류는 생화학이라는 원시 언어를 사용해서 뿌리와 신호를 주고받으며 분자 수준으로 연결된다. 태고부터 시작된 이런 은밀한 관계는 수백만 년을 거치면서 진화를 거듭했다.[49] 뿌리는 비교적 굵어서 돌이 많거나 척박한 토양의 깊은 곳에 있는 영양분을 찾기가 어렵다. 반면, 뿌리처럼 뻗어나가는 균류의 균사는 훨씬 얇아서 나무뿌리가 미치지 못하는 곳에 있는 수분과 영양분에 접근할 수 있다. 이들 균사는 높은 밀도로 밀집할 수도 있다. 토양 약 16세제곱센티미터 안에 들어가는 균사체 길이가 1.6킬로미터에 달할 정도이다. 균류는 이런 광대한 균사 망으로 채집한 것을 나무에 제공하는 대가로 마치 세금을 부과하듯이 나무로부터 당분을 얻는다.

나무와 송로버섯의 관계는 상리공생 관계이다. 이는 최초의 육상식물이 빙하기에서 벗어난 지구 전역을 조금씩 서식지로 삼기 위해서 균류와 맺었을 것으로 생각되는 관계와 유사하다.[50] 많은 균류가 나무뿌리와 동반자 관계를 맺지만, 송로버섯을 만드는 균류는 유독 좋은 동반자이다. 이들은 동반자 나무에 영양분을 공급할 뿐만 아니라, 다른 식물들을 죽이는 화합물을 토양에 분비해서 이들이 편애하는 나무의 경쟁자까지 제거해준다. 그 결과, 송로버섯이 자라는 나무 주위에는 갈색 지대가 만들어지는데, 프랑스인들은 이를 가리켜 브륄레(brûlé), 즉 불에 탄 자국이라고 부른다.[51] 그런데 송로버섯 균류의 가장 큰 특징은 새로운 묘목을 서식지로 삼기 위한 독특한 포자 확산 방법을 진화시켰다는 점이다(이런 묘목은 어떤 경우에는 균류가 서식하기 전까지 잘 자라지 못하거나 전혀 자라지 못한다). 이 균류는 송로버섯을 만듦으로써 포자를 확산시킨다.

송로버섯은 지하에서 자라는 버섯, 즉 균류의 열매에 해당한다. 하나의 성(性)을 지닌 균류가 다른 성의 균류와 만나 교배해서 만들어진다. 송로버섯은 흙으로 만든 우툴두툴한 뇌처럼 생겼다. 부드럽지 않고 딱딱하며 크기가 작기도 하고 크기도 한데, 호두만 한 크기를 발견하면 일반적으로 굉장히 운이 좋다고 본다. 송로버섯의 포자는 "뇌"의 주름 속과 주름 사이사이에 있는 수많은 조직들 안에 있다. 여느 버섯과 마찬가지로 송로버섯 역시 잘 자랄 수 있는 새로운 땅으로 포자를 가능한 한 멀리 퍼트릴 방법을 찾으면 성공한 삶이다. 이때 부모자식 간에 경쟁하지 않아도 될 정도로 충분히 먼 곳까지 보낼 수 있으면 가장 이상적이다. 이를 위해서 많은 버섯들이 동물을 꼬여서 포자를 먹고 먼 곳까지 운반하게 만드는 방법을 쓴다. 그런데 송로버섯은 땅 위가 아니라 땅속에 있기 때문에 문제에 직면한다. 멀린 셀드레이크가 『작은 것들이 만든 거대한 세계(*Entangled Life*)』에서 표현했듯이, 송로버섯은 이런 문제를 해결하기 위해서 "토양층을 겹겹이 뚫고 공기 중으로 나갈 수 있을 만큼 자극적인 향, 동물이 주변 지역의 냄새 가운데에서 독특하다고 구별해낼 수 있는 향, 그리고 냄새를 맡은 그 동물이 찾아와서 땅을 파헤치고 먹을 정도로 좋은 맛"을 지녀야 했다.

송로버섯을 만드는 균류는 다양하다. 이들 종은 각자 다양한 방식으로 자극적인 향과 독특한 향, 좋은 맛을 혼합해낸다. 이렇게 다양한 이유는 종마다 서로 다른 동물에게 구애하도록 진화해왔기 때문으로 보인다. 사람들의 사랑을 가장 많이 받는 송로버섯은 돼지에게 구애하도록 진화했는데, 이런 작전은 잘 먹혔다. 송로버섯 향에 대한 돼지의 반응은 유전적으로 부호화된 듯하다. 최소한 부분적으로라도 그런 것 같다. 아직 세상 냄새를 잘 모르는 아주 어린 새끼 돼지도 송로버섯 향에 끌리는 것을 보면 말이다. 돼지가 코로 빨아들인 송로버섯 향은 일단 코에 도달하면 콧속에 있는 수용체와 접촉한다. 후각 수용체는 말미잘처럼 흔들흔들한다. 말미잘이 바다에서 영양분을 걸러내듯이 이 수용체도 코로 들어오는 공기에서 부유 화학물질을 걸러낸다. 각각의 수용체는 한 가지 이상의 특정 부유 화합물을 잡아내도록 맞춰져 있다. 이 화합물은 콧속 수용체라는 자물쇠의 열쇠와 같다. 열쇠가 자물쇠에 "맞으면" 후각 수용체는 후각 신경구 안에 있는 신경세포를 자극하여 뇌로 메시지를 전달한다.

포유류의 뇌에는 공포(그리고 혐오) 또는 쾌락으로 이끄는 극소수의 향이 내장되어 있는 것으로 보인다. 가령 몇 가지 포식자 냄새는 생쥐의 공포를 촉발한다. 생쥐가 사는 산림 지대에 포식자가 나타나기 훨씬 전부터 포식자의 향이 풍겨와 생쥐의 후각 수용체에 도달하면, 어린 생쥐든 늙은 생쥐든 간에 모두 신호가 뇌로 전달된다. "도망쳐. 숨어. 하던 일을 멈춰. 큰일 났어. 도망쳐!" 여우와 늑대의 배설물에 확실히 포함되어 있는 2,5-다이하이드로-2,4,5-트리메틸티아졸린이라는 화학물질은, 실험실에서 몇 세대에 걸쳐 살아왔고 단 한 번도 갯과 동물을 접한 적이 없는 새끼 생쥐에게도 공포심을 유발한다.[52] 고양이 침에 존재해서 고양이가 털을 손질하면 온몸으로 퍼지는 화합물 역시 같은 효과를 낸다. 이와 마찬가지로 많은 동물 종이 척추동물 사체가 부패하면서 만들어지는 화학물질인 푸트레신과 카다베린을 본능적으로 피하는 것으로 보인다.[2] 이에 대한 반응으로는 의식적인 감정 요소, 즉 혐오감이 있다. 또한 무의식적인 행동의 변화도 나타난다. 예를 들어 사람들이 푸트레신에 노출되면 경계심이 높아지고 눈치가 빨라진다는 실험 결과가 있다. 자신이 그런 물질에 노출되었다는 사실을 사람들이 의식적으로 인식하지 못한 경우에도 결과는 마찬가지였다. 이를 바탕으로, 푸트레신 냄새를 맡고 경각심이 들면 동물이 위험을 예측하는 데에 도움이 된다는 가설을 세울 수 있다. 푸트레신 향은 우리 뇌에 이렇게 말하는 셈이다. "여기에서 무엇인가 나쁜 일이 일어났어. 고개를 들고 조심해서 돌아가."

불쾌감이나 공포심을 불러일으키도록 내장된 향은 대체로 위험과 관련이 있다. 반면, 쾌감을 주도록 타고난 향은 흔히 성(性)과 연관되어 있다. 동물이 생래적으로 같은 종의 성 페로몬에 쾌감을 느끼면 유리한 이유는 명백하다. 가령 암컷 아시아 코끼리는 (Z)-7-도데세닐 아세테이트라는 화합물을 소변과 함께 배출해서 수컷에게 자신이 교미할 준비가 되었다는 신호를 보낸다. 그러면 수컷은 이 섹시한 소변에 본능적으로 반응한다.[3] 암컷 염소는 수컷 염소의 향을 맡으면 그 즉시 배란을 시작하는데, 이 향은 수컷의 머리털을 통해서 퍼져나간다(결국 이 냄새는 주로 염소 고기에 배게 된다).[53] 마찬가지로 수컷 멧돼지는 고환에서 안드로스테놀과 안드로스테논을 생성한다. 안드로스테놀은 (적어도 인간 입장에서는) 퀴퀴한 냄새가 난다. 안드로스테논은 "소변 냄새"를 풍긴다. 이들 화합물은 멧돼지의 고환에서 시작해서 온몸을 거쳐 입안의 특수한 침샘까지 이동한다. 수컷 멧돼지가 마음이 동하면 이 침샘의 내용물이 입으로 새어나온다. 그러면 수컷은 입을 쩝쩝거리고 머리를 흔들고 콧김을 내뿜는 행동을 공격적으로 벌인다. 일이 술술 풀리면 이 냄새가 암컷이 있는 방향으로 잘 전달된다. 암컷은 수컷이 거품을 내며 내뿜는 이 선정적인 침 냄새에 본능적으로 반응하여 짝짓기 자세를 취한다.[54] 그러나 본능적으로 쾌감을 주는 향이 성하고만 관련된 것은 아니다. 예를 들면 이름에 걸맞게 사체에서 나는 향인 카다베린(시체, 송장을 뜻하는 카데버[cadaver]에서 따온 명칭이다/옮긴이)은 독수리나 송장벌레, 사체를 좋아하는 모든 파리류를 유인하고 이들에게 즐거움을 선사한다. 이렇듯 한 종에게는 혐오감을 주는 것이 다른 종에게는 유혹적일 수 있다.

실제로 같은 종 안에서는 한 개체에게 혐오감을 안기는 것이 다른 개체에게도 혐오감을 줄 수 있다.

송로버섯은 자신에게 필요한 포유류를 유인하기 위해서 화학적인 향을 생성한다. 송로버섯 향에는 안드로스테놀이 포함되어 있다. 이 물질은 암돼지가 짝짓기 자세를 취하게 만드는 두 가지 스테로이드성 화합물 중의 하나이다. 이외에 송로버섯 향에는 살짝 썩은 양배추 냄새가 나는 디메틸 설파이드도 들어 있다.[4] 돼지는 디메틸 설파이드 때문에 송로버섯에 끌리는데, 극히 낮은 농도의 디메틸 설파이드도 감지할 수 있다.[55] 그렇다면 머릿속에 다음과 같은 장면을 그려보자. 돼지 한 마리가 고약한 썩은 양배추 향(디메틸 설파이드)이 나는 곳을 향해 걸어간다. 점점 가까워지면서 섹시한 돼지가 근처에 있다는 단서(안드로스테놀)를 더 많이 포착하게 된다. 그러다가 송로버섯이 있는 곳 바로 위에 도착해서는 땅을 파기 시작한다. 송로버섯을 발견하는 순간에 돼지가 짝짓기를 생각하는지, 먹이를 생각하는지, 아니면 그 둘 사이에서 어떤 복합적인 감정을 느끼는지는 확실히 알 수 없다. 다만 돼지가 쾌락을 느낀다는 것만 알 수 있을 뿐이다.

오늘날에는 송로버섯 채집에 돼지보다는 개를 더 많이 이용한다. 개는 송로버섯에 대한 욕망을 타고나지 않기 때문에 송로버섯을 발견하려면 훈련이 필요하다. 이것이 돼지 대신 개를 동원할 때의 장점이 된다. 훈련받은 개가 송로버섯을 찾았을 때 보상을 주는 것이, 엄청나게 맛있으면서 섹시하기까지 한 무엇인가를 발견했다고 생각하는 돼지로부터 송로버섯을 빼앗느라 씨름하는 것보다 더욱 편하다.

얼마 전, 우리 두 사람은 아이들과 함께 프랑스 도르도뉴 주에서 송로버섯 채집에 나섰다. 프랑스 남부에 있는 도르도뉴 주는 보르도의 동쪽, 툴루즈의 북쪽에 위치한다. 실제 채집은 개가 하고 우리는 그 개를 따라가기만 했다. 세계 최상급 송로버섯은 도르도뉴 주에서 자란다고 알려져 있다(물론 이탈리아인들에게는 북부 이탈리아산이 단연 세계 최고이다). 우리 가족이 그곳에 간 이유는 송로버섯 때문이 아니었다. 네안데르탈인과 호모 사피엔스가 살던 동굴들이 그곳에 많기 때문이었다. 도르도뉴 지역에 출현한 최초의 네안데르탈인들은 적어도 20만 년 전까지 이곳에서 살았다. 고인류 중에 진화해서 중동을 거쳐 퍼져나간 호모 사피엔스는 그보다 한참 후인 약 4만 년 전에 이곳에 진출했다.[56] 그리고 2018년, 마침내 우리 가족이 이곳에 도착했다.

네안데르탈인 집단이 도르도뉴 지역에 밀집해서 살았던 적은 없다. 그러나 네안데르탈인들은 이 지역에서 40만 년 이상 매우 오랜 세월 동안 살아서 땅속에는 이들의 뼈와 도구들이 가득하다. 한편, 이 지역에 있는 초기 호모 사피엔스의 뼈와 석기는 그보다 훨씬 더 흔하다. 3만 년 전에는 프랑스에 있던 호모 사피엔스의 인구가 네안데르탈인의 10배에 달하며 정점을 찍었던 것으로 보인다.[57] 그러다가 마침내 이들 호모 사피엔스 중의 일부가 예술 작품을 만들기 시작했다. 그 결과물은 매우 놀랍다. 도르도뉴 구석기인들이 그림을 그려둔 동굴들은 마치 선사시대의 루브르 박물관 같다. 손바닥 자국과 손가락 흔적, 고대 상징, 멋진 인간의 모습과 매머드, 털북숭이 코뿔소, 말이 등장하는 역동적인 장면이 가득하다. 우리 두 사람은 마치 돼지가 송로버섯에 이끌리듯이 이 예술 작품에 사로잡혔다. 동굴 깊이 들어가서 예술가들이 수만 년 전에 새기고 그려놓은 벽화를 보는 일은 넋이 나갈 정도로 감동 그 자체였다. 우리가 도르도뉴 주를 찾은 진짜 이유는 바로 이 예술 작품을 보기 위해서였다. 이런 말이 있다. 석기와 동굴벽화를 보러 왔다가 음식과 포도주 때문에 눌러앉게 된다고. 아니, 어쩌면 그런 말은 없을지 몰라도, 우리는 그렇게 에두아르 에노와 카롤 에노가 사는 작은 마을에 머물게 되었다. 이들 부부는 세계를 여행하며 살다가 은퇴 이후 삶을 송로버섯 재배와 채취에 바치기로 결심했다.

무척이나 아름다운 어느 일요일 아침, 우리는 에노 부부의 집 뒤편에 있는 과수원으로 나가서 12명가량으로 구성된 송로버섯 채집 무리에 가세했다. 우리는 다 함께 에두아르와 송로버섯 채취 훈련을 받은 그의 사냥개를 따라갔다. 에두아르는 과수원 안의 구석구석으로 개를 인도해서 냄새를 맡게 했다. 그는 송로버섯을 찾지 못할 수도 있다고 미리 언질을 주었다. 아직 철이 일렀기 때문이다. 사냥개가 코로 냄새를 포착할 만큼 송로버섯이 아직 충분히 자라지 않았을 가능성이 있었다. 그러나 전혀 상관없었다. 송로버섯을 하나도 찾지 못한다고 해도 여전히 즐거웠다. 롭은 많은 시간을 숲에서 희귀종을 찾으며 경력을 쌓은 사람이다. 카우보이처럼 개미 등 위에 올라타는 딱정벌레이든 꿀을 일종의 맥주로 발효시키는 희귀종 벌이든 간에 그가 찾으려던 종을 발견하지 못하고 끝나는 경우가 다반사였다. 원래, 몇 차례 실패한 후에 사냥감을 발견하는 편이 훨씬 더 낫다. 이 말은 스스로를 위로하기 위해서 우리가 준비한 말이다. 사냥을 나갔다가 빈손으로 집에 돌아온 구석기인들도 아마 배우자에게 이와 같은 말을 했을지 모른다(없소, 아무것도 못 잡았소, 그래도 내가 벽화 좀 그려주리다).

우리는 그 전날 우리끼리 탐험했던 작은 동굴에서 겨우 몇 킬로미터 정도 떨어진 곳을 개와 함께 걸었다. 수만 년간 다양한 인류가 자신이 좋아하는 먹거리를 찾아 배회했던 땅이다. 지난 2만 년 동안은 개를 옆에 두고 함께 찾아다녔을 것이다.[5] 쇼베 동굴 동쪽으로 400킬로미터 떨어진 지점에서는 2만6,000년 전의 발자국이 발견되었다. 8-10세 소년의 발자국으로, 개나 늑대와 같이 걸어갔던 것으로 보인다. 아직 많은 연구가 이루어지지는 않았지만, 이 발자국은 아주 오래된 관계를 시사한다. 즉, 늑대와 인간, 두 종은 함께하면서 각자 단독으로 움직일 때보다 궁극적으로 더 많이 보고 냄새 맡고 맛보고 목표한 바를 성취할 수 있었을 것이다. 그 소년처럼 우리의 발자국도 개의 발자국을, 우리의 경우에는 송로버섯 사냥개의 발자국을 뒤따랐다. 그렇게 뒤를 쫓아가면서 우리는 송로버섯에 가까워지면 우리도 무엇인가를, 다시 말해서 개가 감지한 힌트를 우리 역시 느낄지도 모른다고 상상했다. 그러나 나무와 나무 사이에서 송로버섯 냄새 같은 것은 전혀 맡지 못했다. 우리는 깊이 숨을 들이마시면서 혹 풍겨오는 냄새를 포착하려고 애를 썼다. 썩어가는 나뭇잎 냄새, 가지에 달린 초록색 나뭇잎 냄새, 언덕 아래 계곡에 있는 젖소의 어렴풋한 냄새가 났다. 그러나 송로버섯 냄새는 없었다. 바로 그때, 우리가 아무 냄새도 맡지 못한 바로 그 지점에서 사냥개가 땅을 파헤치기 시작했다. 그러자 그의 발아래로 송로버섯 한 송이가 모습을 드러냈다. 에두아르는 개를 비키게 한 후에 우리 아들에게 모종삽을 주고 버섯을 땅에서 파낼 기회를 주었다. 그렇게 수확한 송로버섯은 짙은 색의 완벽한 구근 모양이었다. 우리는 허리를 숙였고 비로소 향을 맡을 수 있었다.

그 순간을 포착한 사진은 없지만, 사진을 찍었다면 아마 다음과 같은 장면이 담겼을 것이다. 열심히 수고한 대가로 고기 한 덩이를 간식으로 뜯어 먹는 개 한 마리와 그 주변에 모여서 엉덩이를 높이 들고 코는 아래로 박은 채 우리 아들의 손에 놓인 송로버섯 냄새를 맡으려고 필사적으로 킁킁대는 12명 남짓한 사람들의 모습 말이다. 복잡한 매력이 풍성히 담긴 정물화와 같은 장면이다. 여기에는 나중에 송로버섯을 먹겠다는 기대감도 담겨 있을 것이다. 물론, 우리가 채집한 바로 그 버섯일 수도 있고 아닐 수도 있다(이것이 다 송로버섯 채취와 판매 사업을 운영하는 절묘한 기술이다). 어쨌든 그날 저녁 우리는 파스타에 송로버섯을 올려서 먹었다. 먹으면서 우리는 깊은 즐거움을 느꼈다. 돼지가 느꼈을 쾌락도, 개가 느꼈을 쾌락도 아니었다. 그와 다른 무엇인가를 우리는 온전히 만끽했다.

돼지의 뇌에 있는, 송로버섯 향과 쾌락을 연결하는 선천적인 회로가 무엇이든 간에 개에게는 그런 회로가 없는 것 같다. 훈련을 시키지 않으면 개는 결코 송로버섯을 찾아 먹지 않는다. 늑대도 그렇다. 모든 갯과 동물이 마찬가지인 것 같다. 개는 땅속에 있는 송로버섯의 냄새를 맡을 수는 있지만, 버섯이 거기에 있든 말든 전혀 관심도 없다. 개는 훈련을 받았기 때문에 송로버섯을 찾는다. 고생한 대가로 받는 간식과 송로버섯을 연결짓도록 학습된 것이다. 반면, 우리 인간이 송로버섯을 경험하는 일은 돼지나 개의 경험과는 다른 제3의 경험이다. 돼지와 개는 서로 많이 달라도, 송로버섯이 입 밖에 있으면 둘 모두 콧구멍을 킁킁거리며 냄새를 맡는다. 송로버섯 향을 이렇게 경험하는 것을 가리켜서 전비강(前鼻腔), 즉 코 앞쪽 경로로 느낀다고 말한다. 인간이 송로버섯을 경험할 때에는 송로버섯의 전비향(코 앞쪽으로 느끼는 향/옮긴이)도 느끼지만, 이보다는 후비향에 훨씬 큰 영향을 받는다. 후비향이란 우리 입에서 올라와 코 뒤쪽으로 들어가면서 느껴지는 향을 말한다.

개와 돼지가 송로버섯을 경험하는 방식과 인간이 경험하는 방식의 차이를 설명하려면, 먼저 후각의 진화에 대해서 잠시 설명할 필요가 있다. 척추동물 최초의 코는 현생 칠성장어(주둥이가 빨판처럼 생긴 물고기로 오늘날에는 해수와 담수 모두에서 서식한다)와 같은 물고기에서 진화했다. 칠성장어의 아가미 구멍과 비슷하게 생겼던 최초의 코는 출구가 없는 주머니였다. 이 주머니 안에는 물결에 흔들리는 일종의 줄기 위에 뻗은 후각(향) 수용체들이 한 겹으로 덮여 있었다. 초기 칠성장어에게는 겨우 몇 가지 종류의 후각 수용체만 있어서 구별할 수 있는 향이 얼마 없었을 것이다(모두 공기보다는 바다에서 표류하던 향이었다). 그러나 이런 단순한 구조를 원형으로 삼아서 다른 모든 척추동물들의 정교한 코가 만들어졌다. 세월이 흐르면서 현생 물고기와 훨씬 비슷한 모습으로 변한 이 초기 칠성장어의 후손은 적절한 콧구멍(우리 코의 조상)을 진화시켰다. 이 콧구멍 덕분에, 코로 물이 들어가도 제2의 구멍으로 다시 나갈 수 있었다. 이런 순환 구조 덕분에 매순간 새로운 향이 들어왔고 물고기가 헤엄치면서 바다 냄새를 맡기 쉬워졌다(이와 반대로 칠성장어의 주머니 코에는 아무래도 물이 고여 있었으므로 오래된 냄새가 났을 것이다). 코가 복잡해지면서, 다양한 종류의 후각 수용체를 만드는 유전자도 더욱 다양해졌다.[58] 새로운 유전자가 생길 때마다 새로운 수용체가 만들어졌고 더 많은 종류의 화합물을 감지하는 능력이 생겼다. 그후 불룩한 배와 꼬리를 질질 끌면서 육상으로 기어올라온 최초의 척추동물은 수백 가지의 서로 다른 향을 감지할 수 있었을 것이다. 최초의 포유류, 즉 주둥이가 긴 땃쥐처럼 생긴 작은 생물이 진화를 거쳐 출현할 즈음에는 개별 향을 지닌 수천 가지의 화합물과 이들 화합물이 섞여 만들어진 훨씬 더 많은 혼합물들을 감지할 수 있었다.[59]

이 모든 종들이 진화하는 과정에서도 몇 가지 일관되게 유지된 것들이 있다. 수용체는 훨씬 다양해졌지만, 수용체 그 자체는 모두 같은 기본 유형을 바탕으로 한다. 모든 후각 수용체는 코안의 점막에 돌출되어 있다. 또한 신경세포와 밀접하게 연결되어 있어서 뇌의 기저, 즉 태고부터 존재한 원시적 뇌 부위인 후각 신경구로 직접 이어진다. 논란의 여지가 있지만, 최초의 뇌는 코보다 대단하지는 않았을 것이다. 코에 붙어 있는 이 작은 후각 신경구가 최초의 뇌였을 것이다. 이 후각 신경구에서 나온 신경들 중에 어떤 것들은 선천적인 행동을 제어하는 뇌 부위와 연결된다. 다른 신경들은 의식적인 지각을 발생시키는 더 먼 곳까지 간다. 의식적인 지각이란, 예를 들어 우리가 라벤더나 민트, 스컹크를 생각하면서 떠올리는 것들을 말한다.

이 모든 것은 개나 돼지, 인간이나 고슴도치에 모두 해당하지만, 그러면서도 이들 사이에는 매우 중요한 차이가 있다. 이 차이는 개와 인간을 비교하면 가장 쉽게 파악할 수 있다. 개의 코는 쿵쿵거리며 냄새를 맡을 때 향을 특별히 감지하도록 진화했다. 개가 킁킁거리는 것은 보통 호흡할 때 숨을 들이마시는 것과는 다르다. 호흡보다 더 깊이 그리고 더 의도적으로 들이마시기 때문이다. 고든 셰퍼드가 그의 아름다운 저서 『신경미식학』에서 서술했듯이,[60] 개가 킁킁거리며 냄새를 맡는 행위는 숨을 내쉬는 것으로 시작한다. 숨을 내쉴 때 개는 콧구멍 가장자리에 있는 찢어진 틈처럼 생긴 곳을 통해서 콧속의 공기를 밖으로 불어낸다. 그러면 공기가 높은 압력과 함께 코 양옆으로 훅 빠져나가는데 그러면서 흙과 먼지를 날리고 가라앉아 있던 향을 공중에 부유하게 만들 수 있다. 그런 다음, 개는 재빨리 숨을 들이쉬면서 새롭게 떠다니는 화합물들, 즉 주로 산소, 질소, 이산화탄소로 이루어진 공기 중에 떠다니는 화합물들을 킁킁거리며 맡는다. 개는 이런 식으로 킁킁거린다. 그러다가 정말로 냄새를 훅 맡고 싶어지면 개의 호흡 속도가 초당 8배 더 빨라진다. 킁킁거리면서 들이마시는 공기는 공기가 나오는 곳과 같은 곳으로 들어가지 않는다. 그 대신, 콧구멍의 중앙을 통해서 콧속으로 들어간다. 이렇게 하면 밖으로 내보내는 향과 들어오는 향이 서로 섞이지 않는다. 개는 각 콧구멍 주변의 약 10센티미터 범위에 있는 공기를 끌어당긴다. 이 범위를 코의 "영향권"이라고 한다. 이 영향권 안에서 채집되어 흡입된 발향성 화학물질은 코를 타고 올라가서 후각 수용체가 있는 코의 긴 부분에 도달한다. 개 코에는 거의 1만 종류의 개별 후각 수용체가 수백만 개 분포되어 있다. 개 코는 킁킁거리며 냄새를 맡고 먼지로 세상을 파악하는 데에 최적화되어 있다. 또한 부패와 달콤함이 있는 세상, 사향과 항문낭의 세계가 있는 곳을 향하면서 그 냄새를 들이마신다.

개 코는 전비강을 통해서 냄새를 맡는 데에 특화되어 있다. 반면 후비향을 맡는 것은 완전히 다른 이야기이다. 후비향은 주로 숨을 내쉬는 동안 일어나는데, 폐에서 부풀어오른 숨이 다물고 있는 입안에 있는 무엇인가를 거쳐서 코를 통해서 나갈 때 생긴다. 개가 세상을 경험하는 데에는 후비향이 역할을 거의 하지 않는 듯하다. 개가 씹는 먹이 속의 휘발성 화학물질 가운데에는 입을 거쳐 코로 가는 것이 상대적으로 거의 없다. 그 결과, 개가 경험하는 향미는 맛과 향이 미묘하게 혼합된 것이 아니라 맛이 지배한다.[61] 개의 섬세한 후각은 오직 외부 세계의 길과 향을 찾는 용도로만 사용된다. 이 때문에 개는 송로버섯 찾기에 더없이 적합한 동물이다. 송로버섯을 찾아도 결코 그 향미를 즐기는 성향이 아니기 때문이다.

인간의 코는 개의 코와 아주 오래 전부터 완전히 달랐다.

대략 7,500만 년 전, 영장류의 가계도는 둘로 갈라졌다. 첫 번째 일가인 곡비원류(曲鼻猿類)는 여우원숭이와 부시베이비, 그리고 그 친족이 되었다. 두 번째 일가인 직비원류(直鼻猿類)는 현생 원숭이와 유인원, 인간을 낳았다. 일단 이렇게 양분되자, 양측 사이에 많은 다른 점들이 누적되기 시작했다. 이런 차이들 중에서 일부는 시력과 관련된다. 직비원류의 눈은 고도의 예리함을 지니도록 진화했다. 일부 혈통에서는 색을 구분하는 능력(색각)을 강화시켰다. 이러한 변화와 함께 눈에서 보낸 신호의 해석을 담당하는 뇌 부위가 팽창했다. 이에 따라서 직비원류는 시력에 대한 의존도가 높아졌다. 특정한 후각 수용체와 관련된 많은 유전자들이 사용되지 않더니 세대를 거듭하면서 결국에는 기능을 잃었다("위유전자[pseudogene]"가 된 것이다).[62] 이 같은 변화에 맞추어 코의 크기도 줄어들었다(직비원류란 "단순한 코"를 가졌다는 의미이다). 원숭이의 코는 포유류치고는 몸집에 비해서 크기가 작다. 사람의 코는 더 작은데, 인간의 평균 체격을 기준으로 예상되는 크기보다 약 90퍼센트 더 작다.[63] 직비원류 전체적으로도 그렇지만, 특히 인간에게서 두드러지게 나타난 이런 눈과 코의 변화는 필연적으로 두개골 모양의 변화를 가져왔다.[64] 하버드 대학교의 고인류학자 대니얼 리버먼은 전비강을 통한 후각 능력이 감소하고 후비강을 통한 후각 능력이 증가하면서, 두개골의 모양이 여러 차례에 걸쳐 변화되었다고 주장한다.[65]

직비원류는 코와 눈이 진화하면서 두개골 뼈 일부가 소실되었다.[66] 무엇인가를 재건한 후에 남은 나사처럼, 소실된 뼈들은 불완전한 과정에 따른 부차적인 피해의 산물이었다. 이렇게 소실된 뼈들 중에 하나가 가로판(transverse lamina)이다. 가로판은 입과 코를 분리하는 기다란 뼈로, 마치 선반처럼 머릿속의 입 바닥과 코 바닥 사이에 있었다. 리버먼이 언급했듯이 이 뼈가 사라지면서 직비원류의 후각에 커다란 영향을 미쳤다.[67] 원숭이와 유인원의 조상들은 입안에서 음식을 씹거나 그냥 혀로 건드리기만 해도 갑자기 다른 포유류들보다 훨씬 더 강하게 음식의 냄새를 맡을 수 있게 되었다. 음식 냄새를 후비강을 통해서 입으로도 맡게 된 것이다. 입에 든 음식에서 나온 휘발성 물질이 순식간에 코로 올라갔기 때문이다.

가로판의 소실로, 고릴라와 침팬지와 같은 유인원을 포함해서 많은 영장류들이 새로운 방식으로 먹이를 평가하게 되었을 것이다. 개는 콩쿵거리며 먹이의 냄새를 맡은 다음 입으로 베어 문다. 일단 입에 물면, 먹이를 경험하는 지배적인 방식은 단순하다. 쓴맛, 단맛, 감칠맛, 신맛, 짠맛 등 혀가 제공하는 감각들로 채워진 작은 팔레트로 느낄 뿐이다. 반면, 원숭이나 유인원, 기타 직비원류들은 먹이를 한 입 먹을 때마다 입안에서 향을 느낀다. 이런 감각들과 함께 식감과 몇 가지 부가적인 것들이 어우러져서 향미가 된다. 물론, 이런 변천이 이루어지기 전에도 향미는 존재했다(사실, 모든 종은 각자 나름대로 향미를 경험했다). 그러나 오늘날 인간이 생각하는 그런 방식의 향미는 아니었다.

약 400만 년 전에 인류의 조상 오스트랄로피테쿠스가 직립보행을 시작하자, 또다른 일련의 변화가 일어났다. 두 발로 선 오스트랄로피테쿠스는 더는 발로 디딘 땅을 향해 몸을 숙여서 냄새를 맡지 않았다. 그 대신, 입안에 든 것뿐만이 아니라 입 밖에 있는 것까지 뭐든지 냄새를 맡으려는 듯이 쿵쿵거리며 공기 냄새를 맡았다. 완전한 직립보행은 아니지만 그래도 많은 영장류들에 비해서 네 다리로 걷는 시간이 짧은 침팬지와 고릴라에서도 이런 모습이 관찰된다. 적어도 수잔 예니히는 그런 모습을 직접 목도했다. 박사 논문을 준비하며 라이프치히 동물원에서 침팬지와 고릴라가 냄새를 맡는 모습을 오랫동안 관찰하다가 그런 모습을 목격한 것이다. 침팬지와 고릴라는 몸을 숙여서 땅에 있는 것의 냄새를 맡을 수 있다. 그러나 땅에서 집어올릴 수 있는 것이라면(그리고 다른 침팬지나 고릴라의 것이 아니라면), 먹거리든 나뭇잎이든 막대기든 간에 그냥 집어들어서 코로 가져가는 편이 이들에게는 실제로 더 편하다. 혹은 이런 물건들을 (또는 서로를) 만진 다음에 손가락의 냄새를 맡는다.[68] 괜찮은 냄새가 나는 것 같다 싶으면 대개 그다음으로는 혀로 핥

아본다. 섭취하기 전에 핥아서, 맛과 전비향이 포함된 향미를 시식해보는 셈이다.

직립보행으로 진화한 결과, 몸통을 기준으로 비강(그리고 폐에서 나오는 공기)의 방향도 변했다. 인간의 경우, 폐에서 목을 거쳐 밖으로 나가는 공기가 코를 지나가려면 90도로 방향을 꺾어야 한다. 이렇게 급격한 전환은 머리를 기준으로 한 코의 방향 그리고 몸을 기준으로 목이 연결된 방식과 관련이 있다. 침팬지와 고릴라를 비롯한 다른 영장류의 경우, 방향을 전환하는 각도가 인간보다 작다. 대니얼 리버먼은 이렇듯 인간이 숨을 내쉬는 동안 폐에서 나온 공기가 급격히 방향을 꺾어야 하는 까닭에 이 공기가 마치 소용돌이치듯이 입으로, 또 위쪽의 코로 들어간다고 추측한다. 카데바(의학용 시체)를 대상으로 실험한 결과에 따르면, 리버먼의 직관이 옳은 것 같다.[69] 내쉬는 숨이 소용돌이치듯이 튀면서 입에서 코로 더 많은 향이 퍼지는 것으로 보인다.

마지막으로, 직립보행하는 종들은 먹이를 씹고 입안에서 처리하는 동안 입 앞쪽(후두개 앞)에 먹거리를 잡아두지 않으면 질식할 위험이 있다. 리버먼은 이 덕분에 후비향을 느낄 시간이 더 많아진다고 주장한다. 혀로 입안의 음식물을 위아래로 뒤집고 여기저기로 굴리면 휘발성 화학물질이 분비되면서 후비향을 음미할 수 있다.

고든 셰퍼드와 대니얼 리버먼이 모두 강조했듯이, 이처럼 코와 머리, 몸에 생긴 진화적 변화로 인해서 넓게는 호미니드 전체, 좁게는 인류의 후각이 독특해졌다. 그 결과로 인간은 개나 돼지보다 땅속의 향을 잘 구별할 수 없게 되었다. 그 대신, 향미 경험의 일부로서 후비향은 훨씬 더 잘 느낄 수 있다.[70] 후비향, 맛, 식감, 그리고 다른 경험들의 조합으로 이루어진 향미. 인류의 향미 경험에 대한 묘사는 1825년에 이를 묘사한 브리야-사바랭을 따라올 자가 없다. 물론, 그가 쓴 글은 현시대 인간의 경험에 관한 것이다. 그러나 지난 400만 년 동안 우리의 코와 입이 비교적 거의 변하지 않은 만큼(적어도 그 이전에 변한 정도와 비교하자면 그렇다), 브리야-사바랭의 글을 오스트랄로피테쿠스와 고인류, 네안데르탈인의 식이 경험에 대한 묘사로 보아도 무리가 없을 것이다.

먹을 수 있는 음식 한 덩이가 입안에 들어오는 순간, 기체와 촉촉함을 비롯한 모든 것이 입안에 갇혀서 절대 빠져나가지 못한다. 입은……향을 붙잡아 가두는 동굴이다.……입술은 무엇이든 밖으로 달아나지 못하게 막는다. 이는 물고 깨뜨린다. 침은 적신다. 혀는 으깨고 휘젓는다. 그리고 숨처럼 빨아들여 식도로 밀어낸다. 그러고는 위로 올라가서 음식이 밑으로 미끄러져 내려가게 한다. 한편 후각은, 오, 후각은……뛰어난 감식력으로 단 하나의 원자나 방울, 입자도 놓치지 않고……그 진가를 음미한다.

숲속에서든 식탁 앞에서든 개나 돼지와 같은 공간에 나란히 있더라도, 인간이 지각하는 세상과 개나 돼지가 지각하는 세상은 다르다. 개와 돼지가 지각하는 것들 중에는 인간이 놓치는 부분도 있고, 반대로 우리가 지각하는 것들 중에 개와 돼지가 놓치는 부분도 있다. 우리는 송로버섯을 찾으려고 하면 어찌할 바를 몰라 허둥대지만, 송로버섯의 향미를 음미하는 능력은 뛰어나다. 개는 송로버섯을 잘 찾지만, 그 향미를 즐길 줄은 모른다. 반면에 돼지는 선천적으로 송로버섯을 향해서 힘차게 돌진하지만, 왜 그러는지 그 이유를 정말로 알지는 못하는 것 같다. 이렇게 보면 송로버섯은 인간의 후각이 유일무이하다는 것뿐만 아니라, 종마다 경험하는 향미의 세계가 각자 얼마나 독특한지를 보여주는 적절한 상징물이다. 그렇다면 고인류가 요리 전통과 요리법 측면에서만 유일무이했던 것이 아니라, 후비향을 비롯한 음식의 향미를 음미하는 능력도 독특했다고 주장할 수 있을 것이다.

향과 인류의 진화를 탐구할 때에는 인간이 선천적으로 끌리는 향이 있는지, 아니면 적어도 인간에게 특정한 향에 끌리는 성향이 있는지가 핵심 질문이다. 그런 향으로 돼지에게는 송로버섯이 있는데 인간에게는 무엇이 있을까? 그 누구도 모른다.

송로버섯 향이 돼지를 유혹하듯이 최초의 인류가 고기를 입에 넣은 순간, 그 고기와 관련된 어떤 향을 본능적으로 매력적이라고 느꼈을 수도 있다. 혹은 우리 뇌가 그런 음식을 좋아하도록 배울 준비는 되어 있었지만, 생래적으로 좋아하도록 결정되지는 않았을지도 모른다. 『음식과 요리』를 쓴 해럴드 맥기는 침팬지와 고릴라, 인간이 즐기는 많은 음식들의 향이 공통적으로 매우 복합적이라고 지적한다.[71] 개별 화학 화합물에 관한 최신의 연구 결과도 마찬가지이다. 인간은 문화나 민족성, 출신 지역과는 무관하게 복합적인 화합물을 더 좋아하는 경향을 보인다.[72] 아마도 우리 뇌에 복합적인 향이 나는 화합물을 좋아하도록 배우려는 경향이 있는 것 같다. 중국어 농(濃)이라는 단어에는 음식과 관련해 "풍부하다"라는 뜻이 있다. 『중국의 미식』에서 린샹쥐와 그녀의 어머니 린수이펑이 썼듯이, 이 단어는 "얽혀 있는 길을 따라 이 맛에서 저 맛으로 옮겨가는, 난해하고도 복잡한 맛"을 인간이 좋아한다는 것을 뜻한다. 인류 조상들은 불을 제어하는 법을 발견하면서 아마도 뇌가 좋아하도록 타고난 이런 복합적인 맛을 증폭시키기 위해서 일부러 음식을 변하게 만드는 법을 찾은 것 같다. 그리고 개나 돼지에 비해서 인류 조상들은 입안에서 음미할 수 있는 이런 복합적인 맛을 특히나 좋아했다.[73]

송로버섯 향과 같은 몇몇 향은 본디 복합적이다. 반면, 다른 향들은 인간이 음식을 가공하는 방법, 즉 문화에 의해서 복합적인 향이 난다. 인간은 자연에서 단순한 향이 나는 것을 가져다가 복합적인 향이 나게 만든다. 그중 하나가 고기 요리이다. 고기를 중간 정도 되는 적당한 온도에서 요리하면 화학반응이 일어나서 향을 만드는 화학물질이 나온다. 근육세포에서 방출된 단백질, 지방, 산이 결합했다가 분해되어 공중에 부유하게 되는데, 그러면 고기에서 과일, 꽃, 풀, 견과류 향이 나기 시작하는 것이다. 그런데 고기를 고온에서 요리하면 완전히 다른 일이 벌어진다. 고기만이 아니라 채소도 마찬가지이다. 고온에서는 먹거리의 화학 작용 때문에 요리한 음식의 맛이 변형된다. 이 마법과 같은 과정을 프랑스인의 이름을 붙여 **마이야르 반응**(Maillard reaction)이라고 한다.

마이야르 반응은 1912년에 이 반응을 발견했다고 발표한 프랑스의 물리학자이자 화학자 루이 카미유 마이야르의 이름에서 따온 명칭이다.[6] 사실, 마이야르는 음식을 연구하지는 않았다. 그의 연구 목표는 생명체가 어떻게 아미노산을 모아서 단백질을 생성하는지를 알아내는 것이었다. 이를 위해서 그는 아미노산과 당분을 혼합한 후에 가열했다. 그러했더니 완전히 새로운 화합물이 생성된 것을 발견했다. 좋은 냄새가 나는 화합물이었다. 마이야르는 자신도 모르는 사이에 요리 과정의 일부를 흉내냈던 것이다. 마이야르의 실험과 마찬가지로, 요리할 때 따뜻한 온도에서 아미노산과 당분을 혼합하면 새로운 화합물들이 생성된다. 그중에는 음식 표면의 질감과 색을 변하게 만드는 색소도 있다. 구워서 갈색으로 변한 고기, 구워서 생긴 빵 껍질, 양조 과정 전에 구운 맥아보리 등에 이런 색소가 있다. 그런데 이 과정에서는 이외에도 수백 가지 다른 화합물들도 만들어진다. 공기 중에 떠다닐 정도로 작아서 우리가 코로 감지할 수 있는 화합물도 많다.[7] 마이야르 반응은 화학법칙이 작용한 것인 만큼 화학에 속한다. 그러나 약간 예측할 수 없는 데다가 불완전하게 파악한 상태인 만큼 마법이라고도 할 수 있겠다.[8]

몇 년에 한 번씩 마이야르 반응의 새로운 화학적 산물이 밝혀지고 있다. 아마 향후 수년간은 계속해서 새로 발견될 것으로 보인다. 불과 발효는 필살기를 숨기고 있는 마법사와 같기 때문이다. 이런 복합적인 향은 요리된 고기의 특성이자 동물을 유인해서 먹히도록 진화한 과일과 같은 자연물의 특성이기도 하다. 요리한 소고기에서 나는 600가지 넘는 향의 정체가 밝혀졌다. 그런데 익힌 소고기의 이 복합적인 향에 필적하는 것이 송로버섯처럼 과일 같은 버섯이나 과일에서 나는 복합적인 향이다. 잘 익은 딸기는 360가지 화합물을, 산딸기는 200가지를, 블루베리는 106가지를 생성한다.[74] 맥기의 주장대로 어쩌면 우리는 선천적으로 복합적인 향에 끌리는지도 모른다. 그리고 맥기의 표현대로 어쩌면 "불을 이용한 요리가 가치 있어진 이유는 불이 무미함을 과일 같은 풍부함으로 바꾸었기 때문"인지도 모른다.[9] 요리는 고기와 채소를 복합적인 것으로 만들었다. 요리는 포식자에게 먹히지 않게 진화한 동식물을 더

없이 훌륭한 혼합물로 바꾸었다. 과일이나 송로버섯에서 생성되는 것과 유사하면서도 뚜렷이 구별되는 혼합물로 말이다.

열매와 송로버섯, 요리한 음식을 좋아하는 우리의 본능적 성향이 어떠하든지 간에 이런 선호는 분명히 학습을 통해서 정제되고 다듬어진다. 함께 작용해서 향미를 좋아하게 만드는 코와 뇌의 학습 능력은 빼어나다. 게다가 인간의 뇌는 크기가 커서 향의 세계를 분류할 수도 있다. 심지어 고든 셰퍼드는 지난 수백 년간 우리 뇌가 커지도록 진화한 이유가 향, 특히 향미와 관련된 향을 바탕으로 주변에 있는 종들을 더 잘 분류하기 위해서였다고 주장한다.[10]

그렇다면 그런 주장을 목표로 삼아 사고실험을 해보자. 작은 민트 잎 한 장을 손가락으로 집어서 으깨어 부순 다음 코로 가져가보자. 혹은 입에 넣어보면 더 좋다. 멘톨과 같은 민트 잎 속의 가벼운 화학적 화합물은 콧구멍 속으로 올라와서는 각 화합물과 맞아떨어지는 흔들거리는 후각 수용체 세트와 접촉해서 자극을 가한다. 콧속의 생화학 키패드를 누르는 셈이다. 즉시 신호가 발송된다. 그러면 이 전기화학적 메시지는 뇌 속에 있는 어떤 지도에 불을 밝힌다. 이 지도는 후각 신경구 표면에 있다. 이런 지도들은 군더더기 없이 정확해서 쉽게 알아볼 수 있다. 마치 환한 별들을 배열해놓은 것처럼 보인다. 말하자면 인지적 별자리인데, 후각 신경구의 구성요소에 불이 들어와 어두운 배경을 바탕으로 빛나는 모습이 영락없는 별자리이다.[11]

콧속 후각 수용체의 작동방식을 발견한(그리고 그 공로로 리처드 액설과 함께 노벨상을 수상한) 린다 벅은 인간에게 아마도 1만 개에 달하는 이 서로 다른 별자리를 식별하는 능력이 있을 것이라고 생각한다. 이 별자리들은 선천적으로 타고나는 것이어서 개체 사이의 유전적 차이에 의해서만 영향을 받는다. 알려진 바로는 일란성 쌍둥이는 이런 별자리들이 똑같다. 그러나 이 별자리를 느끼는 의식적인 경험과 별자리를 식별하는 능력은 모두 학습되는 것이다. 예를 들면 민트의 경험을 멘톨 별자리와 연관 짓는 법을 배워야만 한다.

현재 인류는 이 모든 것이 어떻게 작동하는지를 이제 막 파악하기 시작했다. 그래서 비유를 들어서 이 메커니즘을 설명하는 편이 가장 쉽다(비유는 우리가 애매모호한 것을 이해하게 도와준다). 후각 수용체 키패드를 머리에 그려보자. 각 화합물은 각자 특정한 세트의 수용체를 작동시키고, 그 결과로 서로 다른 코드가 작동된다.[12] 서로 다른 화합물들이 서로 다른 코드를 작동시켜서, 결국에는 후각 신경구의 자극받은 세포들로 이루어진 서로 다른 별자리가 만들어진다. 여러 화합물들이 섞여 있는 경우, 가령 송로버섯이나 딸기, 요리한 베이컨과 같은 경우에는 합성 별자리가 만들어진다. 그러나 라이트 형제가 허리케인이 일고 있을 때 첫 시험비행을 하지 않았듯이, 신경과학자들도 이런 복잡한 혼합물부터 연구를 시작하지는 않았다. 우리가 가장 잘 알고 있는 것은 고립된 개별 화합물이다. 그런데 개별 화합물만 생각하려고 해도 코에서 보낸 신호에 반응해서 뇌에서는 무슨 일이 벌어지는지를 설명하려면 한 가지 비유가 더 필요하다. 바로 도서관 분류법에 대한 비유이다.

역사적으로 도서관은 규모가 커지기 시작하면서 소장 도서를 정리할

그림 3.2 의회 도서관의 카드부. 각각의 카드는 하나하나마다 주제, 하위 주제, 하위하위 주제에 따라서 분류된다.

체계가 필요해졌다. 다양한 체계가 고안되었지만, 그중에서 가장 인기 있는 체계는 주제에 따라서 책들을 각자 다른 칸에 정리하는 방법이었다. 그러면 하나의 주제 안에서 한 세트의 카드를 검색해서 특정한 책을 찾을 수 있었다. 도서관이 커질수록 점점 더 많은 주제들이 세분되어야 했다. "허브"라는 주제 아래에 민트라는 하위 범주가 생겼고, 다시 그 아래에 스피어민트, 필드 민트, 프렌치 민트 등의 하위 범주가 생겼다. 우리 뇌에서도 향과 관련해서 이와 유사한 일이 벌어진다. 새로운 향을 알게 되면, 그 향은 우리 머릿속 카드 목록에 하나의 주제로 추가된다. 하나의 향과 연관된 기억들은 그 주제 안에 포함된 책들인 셈이다. 그런데 서로 다른 도서관들이 서로 다른 도서분류 주제를 사용하듯이, 두 사람이 있으면 똑같은 냄새인데도 서로 다른 주제로 그 냄새를 분류할 수 있다. 얼마 전에 롭은 강의 시간에 유독 냄새가 고약한 버팔로 우유로 만든 세척 외피 치즈를 가져가서 학생들에게 냄새를 맡고 맛보게 했다. 재커리 앙이라는 한 학생은 치즈에서 동물을 만지게 해주는 어린이 동물원 냄새가 난다고 했다. 그에게 치즈 향은 "어린이 동물원"이라는 주제 아래로 들어갔고, 그 안에서 하나의 특수 사례로 분류되었다. 또다른 학생인 내털리 미아는 치즈에서 치즈-잇 크래커 냄새가 난다고 했다. 그녀에게 치즈 향은 "치즈-잇 크래커" 안에 포함된 특수 사례로 분류되었다. 그런데 만약 이 두 학생들이 롭이 가져온 치즈와 유사한 치즈 냄새를 계속 맡는다면, "냄새 고약한 치즈"라는 새로운 주제를 발전시킬지도 모른다. 뇌에 있는 마법의 도서관은 필요하다 싶으면 새로운 주제를 위해서 새로운 칸을 만들 수 있기 때문이다.[13] 일반적으로 어떤 향과 관련된 향을 자주 맡거나 그 향을 포함한 향미를 자주 맛볼수록 그 향에 대한 "책"이 더 많아지고, 신경으로 된 카드 목록 속 주제들도 더 정교하게 세분된다. 포도주 전문가, 즉 소믈리에는 어느 정도는 연습을 통해서 머릿속 도서관을 가꾸고 늘린 전문가이다. 이렇게 하면 포도주 향과 향미를 구분하는 더 미세한 범주들이 머릿속에 만들어진다. 물론, 기존의 후각 수용체 코드보다 더 많은 범주가 생기지는 않는다.

머릿속 도서관에서 종마다 그들만의 고유한 주제를 사용하지만, 하나의 종 안에서도 개체마다 자기만의 주제를 사용한다. 이렇게 보면 머릿속 도서관은 공공 도서관이라기보다는 사립 도서관이라고 할 수 있다. 후각 세계를 범주화하는 일은 개인적인 작업이다. 포도주 전문가들이 포도주를 식별하는 능력은 대동소이할 수 있다. 그러나 고든 셰퍼드가 또다른 저서 『신경양조학』에서 지적했듯이,[75] 소믈리에가 자신이 식별한 포도주를 분류하고 설명하는 방식이 중복되는 경우는 거의 없다.[14] 한편 우리의 후각 도서관과 관련해서 개인에 따라 달라지는 것이 또 하나 있다. 바로 호불호이다. 모든 주제는 각각 호불호에 따라서 순위가 매겨진다. 우리의 머릿속에 구성된 향의 범주는 각각 한 세트의 경험, 즉 기억과 연결된다. 세월이 흐르면서 "민트"라는 주제는 민트 향을 맡은 경험에 대한 기억으로 채워진다. 이런 기억들은 각각 기억 자체뿐만 아니라 그 기억과 관련된 감정적인 경험으로 이루어진다. 우리의 뇌 안에는 우리가 냄새를 맡은 적이 있는 향마다 쾌락 순위가 매겨져 있다. 유쾌한 기억과 불쾌한 기억을 저울질해서 산출해낸 순위이다. 이 순위는 같은 경험을 공유한 다른 사람들의 순위와 비슷할 수는 있지만 결코 똑같을 수는 없다. 말하자면, 뇌에 자신만의 맛집 선정 기준이 있는 셈이다. 맛집마다 후기를 남기는 것처럼, 자신만의 경험을 바탕으로 순위가 매겨진 향마다 후기를 다는 것이다.

자, 이제 다시 인류의 진화 이야기로 돌아가자. 만약 호모 에렉투스를 비롯한 다른 고인류가 불을 사용했다면, 그들은 후각 도서관의 도움으로 요리한 고기와 뿌리를 좋아하게 되었을 것이다. 그런데 호모 에렉투스가 불을 사용했는지 또는 사용하지 않았는지와는 무관하게, 후각 도서관은 또다른 맥락에서 중요한 역할을 한 것이 틀림없다. 호모 에렉투스는 이곳저곳으로 여행을 했다. 그러면서 새로운 서식지와 마주쳤다. 호모 에렉투스는 후각 도서관 덕분에 특정 서식지에 의미를 붙일 수 있었다. 습지는 위험의 냄새가 나고 숲은 환희의 냄새가 났을 것이다. 혹은 그 반대였을 수도 있다. 우리는 알 수 없다. 그러나 모든 장소마다, 즉 습지나 숲, 스텝 지대마다 그 안에서 개별 열매와 씨, 뿌리 등 다른 먹거리들을 학습할 수 있었을 것이다. 수십 년이나 수 세기, 수천 년을 지내며 다양한 향미를 알게 되고 좋아하게 되었을 것이다. 침팬지 연구자들의 관찰 결과를 토대로, 이런 과정이 얼마나 천천히 또는 빨리 진행되었는지를 어렴풋이 짐작할 수 있다. 침팬지 연구진을 이끌고 있는 다카하타 유키오는 니시다 도시사다가 오랫동안 연구했던 탄자니아의 마할레에서 침팬지를 연구한다.

마할레 침팬지들을 길들이려고 했던 니시다는 처음에는 재배한 과일 몇 개를 침팬지들에게 가져다주었다. 그러다가 1975년에 (이따금 사탕수수 조각을 주는 것을 제외하고는) 과일 먹이 주기가 중단되었다. 재배한 과일은 여전히 구할 수 있었다. 단지 침팬지들에게 제공되지 않았을 뿐이다. 1974년에 정부 정책이 바뀌면서 침팬지 서식지 근처에 있던 마을과 드문드문 있었던 가옥들이 버려졌다. 다시 말해서 열매가 열리는 식물들도 버려졌다는 뜻이다. 이런 식물들은 대부분 과실수였다. 그중에는 바나나, 구아바, 기름야자, 오렌지, 파파야, 파인애플도 있었다. 침팬지들은 어느 날 갑자기 이런 과일에 쉽게 접근할 수 있게 되었다. 과일을 지키려고 빗자루를 휘두르는 할머니나 소리치고 경고하고 저주하는 아이들이 더는 없었기 때문이다. 상황이 변하자 침팬지들은 즉시 바나나를 먹기 시작했다. 아마 그다지 놀라운 일은 아니었을 것이다. 니시다가 연구를 시작했을 때 처음 가져다준 과일이 바나나였기 때문이다. 나이 많은 침팬지들은 바나나에 익숙했다. 반면에 다른 과일들은 시간이 좀더 걸렸을 것이다. 1981년이 되어서야 구아바 나무에 접근해서 열매를 먹어보는 침팬지가 처음으로 목격되었다. 그후 수년간, 구아바를 좋아하게 된 바로 그 침팬지는 계속해서 구아바를 먹었다. 다른 침팬지 5마리도 마찬가지로 행동했다. 그러나 대부분의 침팬지는 끝내 구아바를 먹지 않았다. 맛을 한 번 보려고도 하지 않았다. 망고의 경우, 다섯 살짜리 수컷 침팬지가 설익은 망고 몇 개를 먹어본 후에 그 침팬지의 형이 따라 했다. 그다음에 다른 침팬지 몇 마리도 따라서 먹었지만 그것으로 끝이었다. 망고 먹기는 끝내 유행하지 않았다.[76]

다음 차례는 레몬 나무였다. 1982년 6월 28일, 마할레 침팬지 무리 가운데 정체가 확인되지 않은 암컷 한 마리가 레몬 나무에 올라가더니 시험 삼아 레몬을 먹었다. 그후 7월, 다른 암컷 성체 한 마리가 똑같은 행동을 했다. 8월 10일, 마침내 수컷 성체 한 마리가 레몬 한 개를 먹었다. 그 침팬지는 다음 날 다시 하나를 먹었다. 그러자 다른 침팬지들이 그의 주변으로 모여들더니 마찬가지로 레몬을 먹기 시작했다. 그후 한 달 안에 침팬지 20마리가 꾸준히 레몬을 먹었고, 1년이 지나자 그 수가 40마리로 늘었다. 뒤이어 수년간 레몬 나무는 인기를 유지했다. 침팬지들은 이빨로 레몬을 반으로 쪼개어, 한쪽은 발로 붙잡은 채 나머지 한쪽을 입에 물고 새콤달콤한 내용물을 빨아먹었다.[77] 시인 윌리엄 칼로스 윌리엄스의 시에 빗대어 표현하자면, 레몬은 그들의 입맛에 맞았다. 손에 쥐고 있는 반쯤 빨아먹은 레몬 반쪽에 정신이 팔려 있는 모습으로 보아 레몬이 침팬지들의 입맛에 맞았던 것이 분명했다.

레몬을 접하자 침팬지들은 영리하게도 다른 나무와 레몬 나무를, 다른 과일과 레몬을 구별할 줄 알게 되었다. 게다가 레몬 향도 즐길 줄 알게 되었다. 이때의 레몬 향은 레몬 향미와 관련된 향만을 말하는 것이 아니다. 침팬지 무리가 함께 커다란 레몬 나무에 올라서 손으로 레몬을 쪼개어 발로 붙잡고 정신없이 먹던 경험과도 관련된 향이다. 침팬지가 레몬을 좋아하게 된 것과 같은 방식으로, 고인류는 새로운 향과 향미를 좋아하는 법을 반복해서 배우고 또 배웠을 것이다. 새로운 과일이나 잎, 곤충, 심지어 홍합의 향과 향미도 그렇게 알게 되었을 것이다. 어떤 경우에는 막대기를 도구로 삼아서 숨어 있던 먹거리의 향과 향미를 발견했다. 고인류는 딱딱한 껍데기를 으깨서 기름야자의 향과 향미를 알게 되었고, 오랫동안 수면 아래에 숨어 있던 수초의 향과 향미도 알게 되었다. 모두 새로운 향이었다. 막대기를 사용했더니 그동안 (가령, 견과류 껍데기나 물속에) 갇혀 있던 향들이 마법처럼 풀려나왔다. 그렇게 해서 결국에는 다양한 형태의 음식 가공법이 탄생했다.

인류 조상들이 음식을 가공할 수 있게 되자, 또다른 차원의 세상이 펼쳐졌다. 고인류가 먹거리를 자르고 빻았던 것은 거의 확실하다. 이렇게 자르고 빻았더니 새로운 향과 향미가 드러났다. 그러나 그 정도에는 한계가 있었다. 그리고 불이 등장했다. 앞에서도 언급했지만, 언제 불이 처음 사용되었는지 그리고 언제 이 먹거리 세계의 새로운 단계가 시작되었는지는 그 누구도 확실히 알지 못한다. 아마도 네안데르탈인이 프랑스 도르도뉴에 도착했을 무렵에 시작되었을 것이다. 온난기 동안 그들은 요리를 했던 것으로 보인다. 노루 고기, 다마사슴 고기, 멧돼지 고기, 붉은사슴 고기를 요리했다. 이들 동물을 요리했더니 과일처럼 복합적이고 경이로운 향과 향미가 났을 것이다. 네안데르탈인은 아마 타고나기를 이런 향을 좋아했을 것이다.[15] 그후 진화를 거쳐 등장한 현생 인류는 입을 통해서 그들이 사는 환경에 있는 것들을 더 많이 탐구하기 시작했다. 그리고 그들 주변에 있는 재료로부터 새로운 향과 향미를 창조하는 방법을 더 많이 발견했다. 이렇게 그들은 자신이 요리한 다양한 음식들의 향과 향미를 구별할 줄 알게 되었으리라. 그러면서 다른 향미보다 더 좋아하는 향미도 생겼다. 이러한 선호는 커다란 결과를 낳았다. 다음 장에서 탐구하겠지만, 이러한 선호 때문에 요리로 인한 멸종이 최초로(그러나 마지막은 아니다) 일어났을 수도 있다.[16]

4

요리가 불러온 멸종

> 짐승에게도 어느 정도는 기억력과 판단력, 그리고 우리 머릿속에 있는
> 모든 기능과 열정이 있다. 그러나 요리하는 짐승은 없다.
> —제임스 보즈웰, 『새뮤얼 존슨 전기(*The Life of Samuel Johnson*)』
>
> 미식가는 자고새가 어느 쪽 넓적다리를 아래에 두고 누웠는지
> 그 향미를 구별할 수 있다.
> —장 앙텔므 브리야-사바랭, 『미식 예찬』

최근 우리는 멕시코 국경으로부터 약 16킬로미터 떨어진 애리조나 주 남부를 찾았다. 그곳에 머무는 동안, 우리는 매머드 고기라는 독특한 향미에 대해서 곰곰이 생각하기 시작했다. 매머드 고기의 향미는 애리조나 주에서든 그외의 곳에서든 일상 생활과 특별히 관련 있는 것처럼 보이지 않는다. 그런데 사실은 관련이 있다. 매머드 고기는 우리가 한때 사랑했으나 망각 속으로 사라져버린 향미의 상징이다.

우리 가족은 오래된 광산 마을인 파타고니아에서 지냈다. 오늘날 이곳은 아마도 작가 짐 해리슨의 고향으로 가장 잘 알려져 있을 것이다. 애꾸눈 소설가(『가을의 전설[*Legends of the Fall*]』이 대표작이다)이자 시인

인 짐 해리슨은 글 사랑뿐만 아니라 음식 사랑으로도 유명하다.[1] 우리는 파타고니아에서 하이킹도 하고 사색도 하고 먹기도 하고 탐험도 했다. 이 지역은 미국에서 생물 다양성이 굉장히 큰 곳이다. 파타고니아를 에워싼 산에는 수백 종의 조류뿐만 아니라 재규어, 흑곰, 큰뿔야생양도 서식한다.

어느 날, 롭은 우리 아들과 함께 소노이타 지류를 따라서 걸어 내려가 보기로 했다. 이 계곡물은 어느 지점에서는 지상으로 흐르고 또 어느 지점에서는 지하로 흐른다. 두 사람은 우리가 묵고 있던 자연주의 작가 게리 나브한의 집 근처에 있는 산책로를 걸었다. 그들은 살아 있는 하천이 땅속으로 흐르는, 말라버린 강바닥 위를 걸어갔다. 그러면서 목도리페커리가 지나간 흔적을 발견했다. 발자국과 함께, 이 멧돼지가 킁킁거리며 코를 박고 마른 강바닥 바로 밑에 묻힌 맛있는 먹이를 찾아서 땅을 파헤친 지점도 찾았다. 두 사람은 치와와까마귀의 울음소리도 들었고(들으면 답하지 않고는 못 배기는 소리인지라—두 사람도 같은 울음소리로 답했다), 퀴퀴한 냄새가 나는 여우 굴도 발견했다. 그후로도 며칠간 두 사람은 코요테와 점박이페커리가 지나간 흔적도 보고, 생쥐가 움직이기를 호시탐탐 노리는 매 수십 마리도 보았다. 이렇듯 눈앞의 풍경은 온통 야생 그 자체였다. 이 지역을 배경으로 한 현대 문학도 이런 야생의 모습을 특징적으로 담는다. 그러나 이곳에서 가장 눈에 띄는 것은 따로 있었다. 일종의 부재(不在)였다. 이 부재는 우리 아들이 집어든 얇은 돌 조각을 보자 더욱 뚜렷해졌다. 그 돌 조각은 어느 장인이 도구를 만들 때, 어쩌면 창 촉을 만들면서 몸돌에서 떼어낸 뗀석기 박편(剝片)이었을지도 모른다. 그 파편이 둑에 있었던 지점으로 보아, 1만 년도 더 된 것일 수도 있었다. 어쩌면 그 옛날에 성대한 점심을 준비하려고 했던 누군가의 흔적일지도 모른다.

이런 풍경을 이해하려면 강의 가계도, 즉 하천이 어디에서 발원해서 어떤 지류를 낳았는지를 조금 알아야 한다. 이 지역을 흐르는 강들은 오랫동안 그래왔듯이 서로 떨어져 있는 것들을 연결한다. 소노이타 지류는 연중 내내 흐르지 않는다. 그래서 "마른 계곡"이라고 표현하는 편이 더 나을 수도 있다. 소노이타 지류는 물이 흐르는 철이 되면 산타 크루스 강으로 흐르고, 이 물줄기는 다시 힐라 강으로 이어진다. 애리조나 주 남부에서는 힐라 강이 유일한 큰 강이다. 힐라 강은 남서쪽으로 흐르는데 애리조나 주 남서쪽 모퉁이에 이르면 콜로라도 강으로 합쳐진다. 이 강은 캘리포니아 만(灣) 북쪽 끝에 있는 멕시코의 콜로라도 강 삼각주로 흐른다. 파타고니아 바로 동쪽에 있는 또 하나의 마른 계곡인 커리 골짜기는 산페드로 강을 거쳐 힐라 강으로 합류한다. 고고학자 밴스 헤인스가 일개 돌 조각 박편보다 훨씬 더 감동적인 것을 발견한 장소가 바로 이곳, 커리 골짜기였다.

헤인스가 발굴한 현장에서는 특이하리만치 길이가 긴 클로비스 유형의 창 촉 여러 개가 발견되었다. "클로비스"는 뉴멕시코 주의 도시 클로비스에서 따온 이름이다. 이들 클로비스 창 촉은 강둑 안 깊은 곳에, 강가 절벽에 있는 흑색 이암층 아래에 있었다(우리 아들이 돌 조각을 발견한 곳도 이와 똑같은 이암층 아래였다). 이 창 촉과 함께, 세계 곳곳에서

그림 4.1 클로비스 창 촉의 표본. 창 촉의 모양은 비교적 비슷비슷해 보이지만, 크기와 사용된 돌의 종류가 각기 다르다. 가령 우리 두 사람이 사는 노스캐롤라이나 주에서 발견된 수백 개의 클로비스 창 촉은 거의 모두가 주의 중앙에 있는, 언덕에 가까운 작은 산의 한 면에서 나는 돌로 만들어졌다. 클로비스인은 고기 취향도 그렇지만 도구도 호불호가 강했던 모양이다.

구석기인들이 포유류를 도축할 때에 사용했던 것과 같은 종류의 석기와 다수의 화로, 매머드 13마리의 상아와 뼈도 발견되었다.[2] 밴스 헤인스를 비롯한 여러 고고학자들은 산페드로 강을 따라 있는 또다른 유적지 다섯 곳에서도 창 촉을 발견했다. 이와 함께 고대 포유류의 뼈도 더 나왔는데, 그중에는 도축되었다는 증거와 요리로 인한 변색의 흔적이 있는 것도 있었다. 이들 유적지는 고인류가 모여 살았던 강둑에 있었다. 집단을 이룬 이들의 유적지는 아메리카의 구석기 시대 생활상을 들여다볼 수 있는 중요한 통로가 되었다. 이 일대는 클로비스인들과 그들이 선호한 것들, 그리고 그들이 미친 영향에 관한 연구가 잘 이루어진 유적지들 중 한 곳이다.

이제는 고고학자 대부분이 동의하는 사실이지만, 클로비스 문화는 아메리카 최초의 문화가 아니다. 천만의 말씀이다. 지금까지 아메리카 여기저기에서 최초의 클로비스 창 촉보다 훨씬 앞선 고고 유적지가 발견되었다. 가령 멕시코 중북부 고산 지대에 있는 치키후이테 동굴에서 발견된 새로운 유적지에는 최소 3만 년 전에 사람이 살았던 것으로 밝혀졌다. 이 유적지에서는 1만 년의 거주 기간 동안 축적된 고대 석기 1,900점이 출토되었다.[78] 칠레 해안을 비롯한 그외의 곳에서도 이와 유사하게 오래된 유적지들이 발견되었다. 그러나 이렇게까지 오래된 유적지는 여전히 그 수가 얼마 되지 않는 데다가 서로의 연결성이 아직 밝혀지지 않아서, 아메리카에 최초로 도착한 인류의 모습을 명확히 규명해주지는 못하고 있다. 이보다 더 최근인 약 1만5,000년 전에 등장한 클로비스 이전의 유적지들은 그 수도 더 많고 자료도 더 풍부한데도[79] 여전히 명쾌한 답보다는 수수께끼가 더 많다. 이 사람들이 대체 어떤 경로로 아메리카에 들어왔는지는 알기가 어렵다. 이들이 아메리카에 와서 다시 어떤 경로로 이동했는지를 알기도 어렵다. 그래도 우리가 아는 사실이 있다. 이 사람들 또는 이 부족들이 수렵생활을 했으며 모여 살았다는 점이다.[80] 또한 이동하고 사냥하고 모여 사는 동안 이들이 접했던 세계는 이들의 조상이 알았던 세계(그리고 이들의 후손이 알게 될 세계)와는 달랐다는 점이다. 이 세계는 동물과 식물뿐만 아니라 그 동식물들의 향미가 있는 야생의 세계였다. 이것이 바로 아메리카의 발견이었다.

아메리카에 처음으로 사람이 살기 전까지 유럽과 아시아에서 살던 동물들은 수십만 년간 네안데르탈인을 비롯한 인류의 사냥감이었으며 거의 100만 년간 고인류의 사냥감이었다. 유럽에서 먹잇감이 된 동물들은 수천 년을 거치면서 인간을 두려워할 줄 알게 되었다. 그리고 점점 보기 힘들어졌다. 이와는 대조적으로, 최초의 아메리카인들은 그들의 창을 보고도 천진난만하게 있는 낯선 동물들을 많이 마주했다. 브리야-사바랭은 새로운 요리를 먹는 것이 "새로운 별을 발견하는 것보다 인류에게 더 큰 행복을 선사한다"라고 했다. 이 말대로라면 아메리카 동물들과의 만남은 장차 요리가 될 잠재력이 있는 별들이 모인 태양계 전체를 발견한 것과 같다. 최초의 아메리카인들은 오늘날 아프리카 동물 보호구역에 있는 것보다 3배나 더 많은 거대 동물들을 북아메리카에서 만났다. 게다가 더 남쪽에서는 훨씬 더 많은 동물들이 그들을 기다리고 있었다.

아메리카에서 살았던 클로비스 이전 사람들은 수천 년간 그들의 새로운 요리 태양계를 탐험했다. 이들은 사냥했다. 그리고 돌과 뼈로 만든 다양한 도구들을 사용했다. 이를 뒷받침하는 증거가 최근에 발견된 1만 3,800년 묵은 마스토돈(*Mammut americanum* : 6,500만-200만 년 사이에 번성한 코끼리의 조상/옮긴이)이다. 워싱턴 주 마니스 유적지에 있는 연못 바닥에서 발견된 마스토돈의 갈비뼈에는 뼈로 만든 창 촉이 박혀 있었다.[81] 그후 지금으로부터 1만3,000년 전, 기후가 따뜻해지면서 유일무이한 독특한 유형의 창 촉, 즉 클로비스 창 촉으로 특징지어지는 클로비스 문화가 출현했다.

이 클로비스 창 촉을 만든 사람들은 이것을 사용해서 거대한 땅나무늘보(북아메리카에는 5종이 있었고, 남아메리카에는 다른 종들이 살았다)나 매머드, 마스토돈을 더 효과적으로 죽일 수 있었다. 이 창 촉으로 클로비스인들은 덩치 큰 동물을 전문적으로 사냥해서 먹었다. 이는 덩치 큰 포유류가 풍부했던 시절의 호사였다.[82] 클로비스인들은 현재의 알래스카 주에서부터 노스캐롤라이나 주에 이르는 지역과 남쪽으로는 멕시코 일부 지역까지 종횡으로 누비며 거대 동물들을 사냥했다. 고고학자 게리 헤인스(밴스 헤인스와는 아무런 친인척 관계도 아니다)와 재러드 허트슨의 표현처럼, 클로비스 창 촉과 함께 거대 동물이 발견된 유적지의 수는 "놀랄 정도로" 많다. 특히나 유적지들이 대개 개방된 공간에 있어서 쉽게 쓸려갈 수 있는 조건인 데다가 클로비스인들이 유적지에 몇 주일 혹은 몇 년 살았던 것도 아니고 겨우 며칠 머물렀을 뿐임을 감안하면 더욱 놀랍다.[83]

거대한 크기를 자랑하던 아메리카의 거대 야수들이 클로비스의 창에 찔려 죽자 어마어마한 양의 고기가 공급되었던 듯하다. 클로비스인들은 그들의 선조들과 마찬가지로 덩치 큰 포유류 또는 고기만 먹지 않았다. 가령 클로비스인들은 몇몇 유적지에서 산사나무 열매를 먹었다.[84] 어느 고고학자의 추정대로, 이들은 불가에 둘러앉아서 산사나무 열매의 씨를 화로(산사나무 씨가 발견된 곳)에 뻗으면서 이야기를 나누었을 것이다. 그래도 모든 클로비스 고고 유적지에서는 거의 세계 어느 곳에 있는 고고 유적지보다 더 많은 거대 동물들 뼈가 발견되었다. 흔히 네안데르탈인을 가리켜 완성형 육식주의자라고 표현한다. 유럽에 있는 몇몇 유적지에서 발견된 증거를 토대로 보면, 네안데르탈인은 같은 곳에 살던 하이에나보다 고기를 더 많이 먹었던 것으로 보인다.[85] 그런데 네안데르탈인의 식단에는 클로비스인보다 더 많은 식물성 재료가 포함되었던 것으로 밝혀졌다. 네안데르탈인이 클로비스인보다 수만 년 더 전에 살아서, 식물성 유적이 분해되어 사라졌을 가능성이 더 높았음에도 불구하고 말이다. 그만큼 클로비스인이 엄청난 양의 고기를 먹었다는 뜻이다.

클로비스인이 먹은 고기들 대부분이 요리된 것이었다. 그들이 뛰어난 요리 기술을 발휘했음은 의심의 여지가 없다. 산페드로 강 근처 유적지에 정착하기 전까지 인류는 적어도 10만 년간, 그리고 잠재적으로 그 이상의 시간 동안 꾸준히 요리를 해왔다.[86] 이 정도 기간이면 먹고 요리하는 연습을 하기에 충분히 오랜 시간이다. 그 결과, 많은 시도와 실수를 거쳐서 완벽한 세기의 불, 고기를 걸어둘 완벽한 막대기, 고기를 익히는 데에 필요한 완벽한 요리 시간을 터득했다.

클로비스인이나 그들의 조상, 아니면 그들과 동시대인들이 했던 요리에는 그것이 어떤 형태의 요리였든 간에 모두 전문지식과 기술이 수반되었다. 이들은 여러 단계들을 거쳐야 하는 도구를 만들 수 있었다. 이들은 집을 짓고 가죽을 가공했다. 창 촉에 손잡이를 달아 창을 만들었고 창을 날리는 투창기를 만드는 법도 알았다. 이들은 서로 이야기를 하면서 서로에게서 배웠다. 도구를 만들 때처럼 요리를 할 때에도 정성스럽게 했을 것이 틀림없다. 좋아하는 향미가 있어서 좋아하는 방식으로 그 향미를 만들고 그렇게 얻은 요리법을 대대로 대물림했을 것이다. 아마도 짐 해리슨의 추모 만찬상에 올랐던 원조 프랑스식 카술레(콩으로 만드는 프랑스 남부의 전통 스튜 요리/옮긴이)처럼 8일 동안이나 준비해야 하는 복잡한 요리법은 아니었을 것이다. 그래도 뼈와 석기만 보고 상상하는 것보다는 대체로 복잡한 요리법이었을 것이 거의 확실하다. 호메로스는 『일리아스(Ilias)』(기원전 700년)에서 고대 그리스 사제들이 아폴로 신에게 소를 제물로 바치는 장면을 묘사했는데, 제물로 바칠 고기를 요리하는 장면을 보면 클로비스인의 요리법, 가령 들소를 요리하는 방법을 상상해볼 수 있다.

[소의] 가죽을 벗기고 넓적다리뼈에서 살점을 발라내어 지방으로 둘러쌌다.……그런 다음, 잘 말려서 쪼갠 나무에 불을 지피고 그 위에 올려 한참 태우는 동안 반짝이는 포도주를 따르고 젊은이들은 [……] 오지창(五枝槍)을 든 채 기다렸다. 뼈를 태우고 내장을 맛본 다음에는 나머지 살점을 조각내어 꼬치에 꿴 후에 불에 굽다가 적당히 구워지면 꺼냈다.3

클로비스인이 포도주를 마셨는지는 모른다(몇몇 유적지는 포도밭 가운데에 있다). 그렇더라도 이 장면은 1만2,000년 전 북아메리카 남서부에서 충분히 마주쳤을 법한 모습이다. 적어도 그런 모습들 중의 하나이다.4 이외에도 여러 초기 요리법들이 동원되었을 수 있다. 클로비스인의 후손들은 마침내 흙으로 빚은 일종의 오븐을 이용해서 저온에서 장시간 요리할 수 있게 되었다. 또한 (땅에 구멍을 파고 그 안에서) 뜨거운 돌을 사용하여 음식을 끓이고, 흙으로 빚은 오븐과 뜨거운 돌을 같이 사용해서 음식을 찔 수 있게 되었다(약 3만 년 전, 프랑스 북부에 살던 사람들도 이와 유사한 방법을 썼다).[87] 그러나 지금까지 클로비스인이 굽거나 끓이거나 쪘다는 명확한 증거가 나오지는 않았다. 그런 점에서 클로비스인이 (이들보다 수만 년 전에 유럽에서 네안데르탈인이 했던 방식대로) 그들이 잡았던 동물을 마지막 한 조각까지 이용했다는 증거도 없다. 대개 클로비스인은 골수를 먹겠다고 뼈를 쪼개거나 태우지는 않았던 것으로 보인다. 사냥한 동물의 고기를 깨끗이 다 먹지도 않았다. 그들이 살았던 곳은 비교적 먹이가 풍족한 땅이자 향미의 땅이었기 때문이다.

이 대목에서 클로비스인이 먹었을 고대 고기의 향미가 정확히 어땠을지 궁금하지 않을 수 없다. 그들이 즐겼던 음식에는 확실히 매머드, 마스토돈, 곰포테어, 들소, 거대 말이 들어 있었다. 제퍼슨땅나무늘보, 거대 낙타, 다이어울프, 짧은얼굴곰, 민머리페커리, 테이퍼, 거대 라마, 거대 들소,5 스태그무스, 관목소, 할란사향소 등도 클로비스 유적지나 그 주변에서 많이 발견된 것으로 보아 식사에 포함되었을 수 있다. 이런 고기들의 향미 이야기는 저녁 식사 자리에서 나눌 만한 흥미로운 대화 주제이지만, 여기에는 그것 말고도 중요한 의미가 담겨 있다. 클로비스인이 현재 애리조나 주 지역을 비롯한 북아메리카와 중앙아메리카의 거의 모든 지역에 도착한 시점은 그들이 먹었던 많은 동물들의 멸종 시기와 일치하거나 아주 조금 앞선다. 때때로 음식평론가들은 절멸된 향미를 논한다. 이들은 멸종된 고대 로마 시대의 허브 레이저(laser : 고대 문헌에서 실피움[silphium]이라는 이름으로도 알려진 식물/옮긴이)나 멸종된 특정 종류의 아스파라거스를 결코 맛볼 수 없다는 사실에 가슴이 아프다는

매머드

허벅지살

갈비,
허리고기

척

옆구리살

갈빗살

양지

사태

사태

사태

그림 4.2 매머드 고기 부위, 밴 카이엘 그림.

글을 쓴다. 그러나 클로비스인의 이야기는 완전히 차원이 다르다. 칠판
에 클로비스인이 즐겼던 먹거리를 죽 적어보면 잃어버린 세계에 대한 모
든 기록이 작성되고도 남을 정도이다.[6]

1960년대에 들어서자 머리 스프링스처럼 클로비스 창 촉과 거대 동물
들 뼈, 도축 흔적이 있는 뼈가 발굴되는 고고 유적지가 점점 더 많이 발
견되었다. 얼마 지나지 않아 그동안 뿔뿔이 흩어져 있던 점들이 누군가
의 손에 의해서 연결되었다.

1967년, 폴 S. 마틴은 클로비스인의 먹잇감이 된 종들이 멸종한 이유가

클로비스인이 효과적인 사냥 도구를 사용해서 비교적 순진한 먹이를 잡아먹었기 때문이라는 가설을 제시했다.[88] 지질학을 전공한 마틴은 그때까지 수십 년간 애리조나 주 파타고니아 북쪽으로 그다지 멀지 않은 곳에 있는 사막 연구소(당시에는 카네기 사막 식물 연구소)에서 연구를 하고 있었다. 그곳에서 그는 미국 남서부에서 발견된 종들에게 2만 년에 걸쳐서 일어난 변화에 관심을 두고 연구했다. 그래서 어떤 종이 멸종되었고 어떤 종이 살아남았는지를 잘 알고 있었다. 마틴의 주장에 따르면, 생존한 종들은 상대적으로 크기가 작거나(세상 물정에 밝은 쥐와 너구리) 비교적 덩치가 크더라도 달리 버텨낼 방도가 있었던 집단이었다. 땅나무늘보는 8,000년 전 인류가 도착하기 전까지 쿠바, 히스파니올라 섬, 푸에르토리코에서 살았다. 땅나무늘보는 인류가 이보다 이후에 서식지로 삼은 작은 섬들에서는 더 오랫동안 생존했다. 한편, 매머드는 러시아와 알래스카 사이의 축치 해에 있는 랭겔 섬에서 기원전 2000년까지 살았다. 이들은 기후 변화에도 불구하고, 인간이 살지 않던 섬에서 효과적으로 살아남았다. 그러다가 인간이 이곳에 발을 들이자 랭겔 섬의 매머드 역시 사라지고 말았다.

동물에 따라서 그 정도는 달랐지만, 북아메리카 거대 동물군의 멸종은 요리가 불러왔다. 이것은 리노어 뉴먼이 저서 『잃어버린 연회(Lost Feast)』에서 사용한 표현이다. 멸종이 적어도 어느 정도는 인류의 음식 선호 때문에 일어났다는 뜻이다.[89] 그런데 북아메리카 거대 동물군은 요리 때문에 멸종된 마지막 사례가 아니다. 세계 곳곳의 섬에 진출한 인류는 발을 들여놓자마자 재빨리 그곳에 살던 덩치가 가장 큰 종들을 먹어치우며 망각 속으로 사라지게 했다. 뉴질랜드에 도착하자 날지 못하는 거대한 모아새 11종이 그들을 맞이했다. 이 새들은 아마도 맛있었던 모양이다. 금세 먹잇감이 되어 모두 멸종하고 말았다. 전해지는 바에 따르면, 도도새도 기름지고 꽤 괜찮은 맛이었다고 한다. 비둘기나 앵무새만큼 맛이 좋지는 않았지만 그래도 먹을 만했고 멸종되기 전까지는 그 수가 많았다.[90] 날지 못하고 방어 능력도 없었던 모리셔스붉은뜸부기는 구운 돼지고기 같은 맛이 났다.[91] 인간은 맛있는 종들을 계속 사냥해서 귀해지게 만든다. 그렇게 희귀해지면 오히려 더 많이 사냥한다. 희소성 때문에 그 종들의 가치가 높아지고 맛이 더 특별하게 느껴지기 때문이다(현재는 일부 철갑상어가 이런 상황에 처해 있다).[92]

그뿐만 아니라, 요리로 인한 멸종이 아메리카에서 처음 일어난 것도 아닌 듯하다. 유럽에 서식했던 많은 초대형 야수들(가령 털코뿔소, 털매머드, 큰뿔사슴, 동굴곰)도 최초의 클로비스 창 촉이 만들어졌을 때에는 이미 희귀하거나 멸종된 상태였다. 게다가 인간만이 요리로 인한 멸종과 멸종 위기를 불러온 것도 아니었다. 우간다의 키발레 국립공원에 있는 은고고 연구소에서 사는 한 침팬지 무리는 붉은콜로부스원숭이를 사냥해서 먹는 것을 아주 좋아하게 되었다. 최근 연구에 따르면, 그 결과 지금은 침팬지가 가장 밀집한 곳에서는 이들 원숭이를 찾아보기가 힘들다고 한다.[93]

북아메리카에서 거대 동물군이 멸종되자, 뒤이어 생태계도 변했다. 작은 나무를 야금야금 먹는 종들이 줄어들면서 초원은 산림이 되었다. 산불도 더 빈번해졌다.[94] 클로비스인 역시 변했다. 집단들은 점점 더 고립되었다. 무기는 더 작아지고 복잡해졌으며, 사는 곳에 따라 식생활 차이가 생기면서 그에 맞는 먹이 사냥에 사용하는 무기도 서로 점점 더 달라졌다. 어떤 곳에서는 토끼가 매머드를 대신했고, 또다른 곳에서는 거북이나 새가 대신했다. 결국, 수백 년간 클로비스 창 촉에 찔렸던 거대 동물군 종들이 사라지면서 클로비스 창 촉도 자취를 감추었다.

아메리카를 비롯한 세계 곳곳에서 거대 동물들이 멸종되는 데에 인류가 어떤 역할을 했는지를 연구하여 발표된 논문은 지금까지 수백, 어쩌면 수천 편에 달한다. 만장일치는 아니지만(일각에서는 지금 이 발언도 불만스럽겠지만) 동물군이 멸종한 원인으로 과잉 사냥과 기후 변화를 함께 꼽는 쪽으로 의견이 모이는 것 같다. 어떤 종들은 기후 변화가 주요한 동인이었거나 심지어 유일한 동인이었을 수 있다.[7] 또다른 종들은 사냥이 주요 동인이었다. 그러나 대부분은 이 두 요인이 복합적으로 작용했다.[8] 이처럼 조건부로(어떤 때는 이렇고, 또 어떤 때는 저렇다는 식으로) 제한되는 주요한 과학적 문제를 해결할 때에는 한결같이 격론이 벌어진다. 본디 인간은 모 아니면 도처럼 양단간에 딱 떨어지는 답을 좋아한다. 과학자도 결코 예외가 아니다. 그러나 생태의 세계와 고인류의 세계에서는 이것 아니면 저것인 경우는 드물다. 합리적으로 보았을 때, 클로비스 문화의 어떤 부분도 하나로 딱 떨어지지 않는다. 먹거리와 관련된 부분도 그렇다. 가장 덩치가 큰 포유류 종들이 희귀해지기 시작한 후에도 클로비스인은 지나치게 이들을 사냥했던 것으로 보인다. 클로비스인이 거대종 사냥을 선호했다는 사실이 거대 동물군이 종말을 맞은 이유의 일부에 불과할지라도, 그 파급력은 대단했다.

생태학자들은 포식자나 사냥꾼, 먹이를 찾는 동물의 선택을 설명할 때, "최적 섭식(optimal foraging)"이라는 개념을 즐겨 사용한다. 최적 섭식 이론은 이들이 항상 열량을 중심으로 "최고의 가성비"를 따진다고 본다. 이 이론에 따르면, 사냥꾼은 하루에 섭취하는 열량을 극대화하려고 노력하기 때문에 최소의 노력으로 최대의 열량을 공급하는 먹거리를 찾는 데에 시간을 들인다. 그런데 이런 이론은 사람(그리고 동물)이 전적으로 합리적인 존재이며, 다양한 먹거리의 열량을 완벽하게 파악하고 있고, 오직 열량만 중시한다고 가정한다. 그러나 현실은 이런 가정들 가운데에 어느 하나와도 부합하지 않는다. 사냥의 경우는 특히 더 그렇다. 예를 들면 많은 문화권에서 남성 사냥꾼들은 최적의 열량보다 더 많은 열량을 소모하면서 먹이를 잡으려고 한다. 그뿐만 아니라 이들은 대체로 뿌리나 과일, 딸기류, 꿀 등을 풍부하게 채집할 수 있는 계절에 사냥을 더 많이 한다. 즉, 사냥으로 고기를 얻을 필요가 비교적 적은 시기인데도 사냥을 더 많이 한다는 뜻이다. 이러한 맥락에서 일부 인류학자들은 마초 남성들의 사냥이 열량 섭취를 최적화하는 행위이기도 하지만, 다른 남성들에게 자신을 과시할 기회가 되는 경우도 많다고 결론지었다.[95] 그러나 수렵인들이 열량 측면에서 최적과는 거리가 먼 방식으로 사냥하는 이유가 단지 과시욕 때문만은 아니다. 만약 요리했을 때, 몇몇 동물은 향미가 뛰어난데 다른 동물은 맛이 역겹다면 어떨까?

애리조나 주 파타고니아에서 클로비스 유적지를 둘러보면서(그리고 거대 동물군의 부재에 따른 반사 효과로 더욱 흔해진 덩치 작은 포유류를 요리하여 제공하는 식당에서 식사를 하면서) 우리 두 사람은 절멸된 클로비스 음식의 향미에 대해서 곰곰이 생각했다. 구석기인들이 느꼈을 쾌락을 생각하기 시작한 것이다. 우리는 다양한 종류의 고기 향미에 대한 현재의 수렵-채집인들의 선호를 연구한 사례를 찾아보기 시작했다. 과학자나 인류학자, 혹은 그 누가 한 연구라도 상관없었다. 현대 수렵-채집인의 선호가 오랫동안 누적된 향미에 대한 선호와 관련되어 있음을 입증한 연구가 분명 있으리라고 믿었다. 그러나 기본적으로 이런 연구는 존재하지 않았다. 제러미 코스터의 논문 한 편만이 예외였다.

2004년, 코스터는 니카라과 동부 해안을 찾았다. 토착민인 마양나 부족과 미스키토 부족이 함께 사는 아랑 닥 그리고 수마 피피라는 두 공동체에서 박사 논문 연구를 진행하기 위해서였다. 두 부족은 동족(同族) 언어를 사용하고, 양쪽 모두 기원전 2000년까지 오늘날의 니카라과 대부분에 해당하는 지역에서 살던 부족들의 후손이다.[96] 마양나 부족과 미스키토 부족의 사람들이 내리는 결정이, 지금으로부터 4,000년 전 그들의 조상들이 내렸던 결정과 문화적으로 연결된다고 믿을 만한 이유는 없다. 북쪽에 클로비스인이 살던 시대의 조상들과는 더더욱 그렇다. 그러나 고인류 수렵인들과 마찬가지로 마양나와 미스키토 부족의 사람들도 어떤 종을 쫓아가서 잡아먹어야 할지를 결정해야 한다. 코스터는 이런 결정을 어떻게 내리는지에 흥미가 있었다. 현생 수렵-채집인과 클로비스인에 관한 연구와 마찬가지로, 니카라과 동부의 산림 지대에 사는 수렵인들에 관한 연구들도 모두 기본적으로는 이들이 "최적으로" 섭식 활동을 한다고 가정했다. 그러나 이런 "최적 섭식" 이론을 바탕으로 한 접근방식으로는 앞서 코스터가 두 부족을 방문했을 당시에 목격했던 많은 것들을 설명하지 못했다. 가령, 수렵인들은 비교적 쉽게 죽일 수 있고 심지어는 크기도 큰 먹이를 때때로 못 본 척 무시하는 듯했다. 큰 개미핥기는 덩치도 크고 비교적 죽이기도 쉽지만 거의 잡아먹히는 일이 없다. 코스터는 전통을 따르는 수렵인들의 결정이 최적 섭식 이론이 내포하는 것보다 더 복합적일 수도 있겠다고 생각했다. 그는 수렵인들이

그림 4.3 부족민들이 좋아하는 요리인 파카 요리를 준비하는 미스키토 부족 여성. 파카는 가죽을 벗기지 않은 채 그대로 나뭇가지에 불을 지펴 그 위에서 요리한다. 최소한 수만 년, 어쩌면 그보다 훨씬 오랫동안 이어진 포유류 요리법이다.

좋아하지 않는 향미를 지닌 동물이라면 잡으려는 노력을 덜 하는 것이 아닐까 하는 의문을 가졌다. 코스터는 수렵-채집인들도 우리 모두와 마찬가지라고 생각했다. 그들은 음식을 선택할 때에 무엇을 구할 수 있는지, 무엇이 죽이기 쉬운지, 그리고 무엇이 맛있는지 또는 최소한 맛이 없지는 않은지를 복합적으로 따졌다.⁹ 이런 생각은 대수롭지 않은 것으로 들릴 수 있다. 심하게는 뻔한 결론처럼 들릴 수도 있다. 그러나 이것은 사냥꾼의 선택을 연구하던 다른 누구도 주목해본 적 없는 발상이었다. 그래서 코스터는 더 광범위한 연구의 일환으로 이 두 부족 사람들에게 그들이 먹는 다양한 동물들의 향미를 하나하나 설명해달라고 했다.[97]

코스터는 1년간 아랑 닥과 수마 피피의 사냥꾼들을 따라다니고 그들

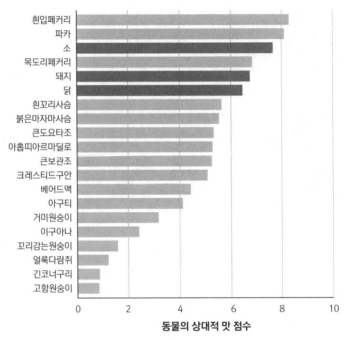

그림 4.4 니카라과 미스키토와 마양나 부족의 수렵인과 그 가족이 평가한 동물의 상대적 맛 점수. 가장 맛없는 종(고함원숭이)부터 가장 맛있는 종(흰입페커리)까지 순위가 매겨져 있다. 짙은 색의 막대는 아메리카 토종이 아닌 동물들을 뜻한다. 이 지역에서 서식하는 일부 척추동물들 중에서 상대적으로 흔한데도 두 부족민이 먹거리로 보지 않는 것들은 제외했다. 고양이와 독수리가 이에 해당한다.

과 그 가족을 면담하면서 그들이 잡아먹는 동물들의 고기 맛에 대한 경험담을 들었다. 동시에 그는 흔한 조류나 포유류 하나하나를 상대적인 맛과 요리하기 쉬운 정도에 따라서 순위를 매겼다. 맛집 순위와 비슷하게 야생 버전의 맛집 순위를 만든 것이다(순위별 점수는 그림 4.4를 참조). 또한 각각의 포유류와 비교적 흔한 조류를 발견하고 죽이는 것이 얼마나 어려운지도 계산했다. 만약 코스터가 면담하고 따라다녔던 사람들이 먹이로 얻는 열량과 그만큼의 열량을 얻기 위해서 소모하는 에너지를 고려해서 최적의 섭식 활동을 하고 있다면, 찾아서 죽이기 쉽고 가공하기 쉽고 많은 열량을 제공하는 동물이 가장 먼저 잡아먹혀야 한다. 물론, 어느 정도까지는 그런 것으로 드러났다. 찾기 쉽고 죽이기 쉬운 덩치 큰 동물들이 비교적 작고 찾아서 죽이기 힘든 동물들보다 잡아먹힐 가능성이 더 높았다. 이런 현실은 최적 섭식, 적어도 최적 섭식의 한 모습에 부합된다. 그러나 최적 섭식 이론만으로는 사냥꾼들이 내린 결정을 모두 설명할 수 없었다.

수렵인들은 퓨마와 오셀롯처럼 그들이 싫어하거나 경쟁자로 여기는 동물은 힘들더라도 일부러 죽였다. 이렇게 죽인 고양잇과 동물을 항상 먹지는 않았다.[10] 마틴의 과잉 사냥 가설 맥락에서 보았을 때, 클로비스인이 먹지도 않을 거면서 육식동물들(검치호랑이와 늑대를 죽였다는 몇몇 증거들이 있다)까지 죽였다면,[98] 덩치 큰 육식동물들의 멸종 속도가 설명될 수도 있다. 그러나 이것이 전부는 아니었다.

코스터가 관찰한 바에 따르면, 사냥꾼들은 천하일미라는 동물들을 쫓을 기회를 호시탐탐 노렸다. 흰입페커리, 목도리페커리(우리가 애리조나 주 파타고니아에서 보았던 바로 그 종이다), 파카는 그들이 가장 좋아하는 고기였다. 이 동물들은 사냥꾼에게 포착되면 100퍼센트 추격당했다. 그러므로 니카라과 동부는 페커리나 파카가 살기에는 힘든 곳이다. 이런 결과는 이들 동물이 제공하는 열량과 사냥하기 쉽다는 점을 고려하면(요컨대, 최적 섭식을 고려하면) 예견된 것일 수도 있다. 그러나 엄격한 과학적 근거가 뒷받침된 것은 아니지만, 코스터가 보기에는 이 맛있는 종들을 쫓고 싶은 추가적인 열망도 있는 것 같았다. 이와 대조적으로 사냥꾼들은 테이퍼의 휴식처를 발견해도 반드시 뒤쫓지는 않았다. 테이

퍼는 죽이기 쉽고 열량도 풍부하지만 향미 등수는 겨우 보통 수준이다 (코스터 말로는 분필 맛이 난다고 한다).

코스터는 최적 섭식 이론보다 더 명백하게(자신이나 동료 학자들이 만족할 정도로) 사냥꾼들이 가장 맛있는 동물을 사냥했다는 것을 증명하지는 못했다. 그러나 이 가설이 맞는 것 같았다. 적어도 코스터는 맛없는 몇몇 동물들이 외면당한다는 사실을 밝혔다. 고함원숭이는 비교적 죽이기도 쉽고 흔하지만, 위치가 포착되었을 때 단 10퍼센트만 사냥꾼에게 쫓겼다. 이는 고함원숭이 고기가 환영받지 못한다는 뜻이다.

코스터가 면담한 개인들의 전반적인 음식 선호도는 눈에 띌 정도로 일관적이었다. 그리고 그런 선호도의 결과 역시 일관성을 보였다. 아랑 닥과 수마 피피 공동체의 토착민 사냥꾼들 입에 맛있는 동물은 대부분 사냥이 많이 이루어지는 지역에서는 찾아보기 힘든 희귀한 존재들이다.[11] 반대로 고함원숭이는 사람들이 사는 정착촌 근처에서조차 쉽게 찾아볼 수 있을 정도로 많다. 그렇다면 요리를 했는데도 대체 왜 어떤 동물이 다른 동물보다 풍미가 더 좋은 것일까? 무엇 때문에 페커리는 그렇게 맛있는데 고함원숭이는 맛없는 것일까? 여기에서 가장 먼저 짚고 넘어가야 할 점이 있다. 복잡하기는 하지만, 이 질문에 대한 답이 섭식의 주체가 되는 종에 따라서 달라진다는 사실이다. 제1장에서 언급했듯이 재규어, 퓨마, 멸종된 아메리칸라이언(퓨마보다 2배 정도 덩치가 컸다), 집고양이는 모두 단맛 수용체가 없다. 그래서 이들이 선호하는 고기에서 나는 단맛은 이들이 그 고기를 좋아한다는 점과는 아무런 상관이 없는 것이 거의 확실하다. 마찬가지로 쓴맛 수용체도 포유류 종마다 차이가 커서, 특정 먹잇감의 쓴맛 여부는 특정 육식동물 또는 잡식동물의 미각 수용체가 화합물에 반응하는지에 따라서 좌우된다. 앞에서 언급한 사례를 계속 들자면, 고양잇과 동물의 쓴맛 수용체는 많이 소실되어서(제1장 참조) 인간이 쓰다고 느끼는 고기가 고양이에게는 쓰지 않을 수 있다. 물론, 죽이려는 본능이 있는 포식성 고양이는 애초에 맛, 더 나아가 향미에 크게 개의치 않는다고 생각할 수도 있다. 그러나 고양이가 먹는 몇 안 되는 과일 중의 하나인 아보카도는 감칠맛이 풍부하고 기름진 식감을 지닌 것이 고기와 유사하다. 어쩌면 이런 향미를 선호하는 탓에 포식성 고양이의 밀집도가 아보카도 농장에서 대체로 매우 높게 나타나는지도 모른다. 굳이 쫓아가지 않아도 되는 "고기" 같은 것에 끌려서 고양이들이 그곳으로 모이는 것이다.[99] 이렇듯 포식성 포유류가 각자의 머릿속에 선호하는 먹이 순위가 있다고 상상해볼 수 있다. 그 종을 얼마나 쉽게 죽일 수 있는지(최적 섭식 이론)뿐만이 아니라 그 종의 향미를 근거로 매겨진 순위 말이다. 그러나 여기에서는 인간이 느끼는 다양한 먹이 종의 향미만을 생각해보자.

요리한 고기의 향미 일부는 근육 내 단백질에서 나온다. 근육 향미는 근육의 식감과 단백질 내 황(黃)에서 나는 향이 결합되어 만들어진다. 익숙하지 않은 고기에서 흔히 "닭고기 맛이 나는" 부분적인 이유는 닭고기의 주된 향미가 이런 단순하고 다소 밋밋한 근육 향미이기 때문이다. "닭고기 맛이 난다"는 말은 실제로는 "근육 맛이 난다"는 의미이다. 근육 향미는 소스나 허브, 또는 빵 반죽, 기름으로 쉽게 보완되지만, 근육만으로는 상대적으로 별다른 특징 없이 밋밋한 맛이 난다.[12]

이보다 독특하고 변화무쌍하며 섬세한 향미와 질감은 근육 섬유 사이에 박혀 있는 지방과 콜라겐에서 나온다. 또한 지방(그리고 적지만 근육과 콜라겐)에 내장될 수 있는 화합물들로부터도 만들어진다. 코스터의 연구에서 포유류와 조류 종에 따라서 차이가 났던 이유는 어느 정도는 종마다 지방량과 그 지방 속 화학물질이 달랐기 때문이다. 사실, 한 동물의 몸속 지방량은 그 동물이 진화한 서식지, 그 동물의 생활방식과 모두 관련된다. 식물은 대체로 에너지를 탄수화물로 저장하는데, 탄수화물은 밀도가 그다지 높지 않다. 식물은 움직일 필요가 없어서 이렇게 밀도가 낮아도 크게 상관없다.[13] 반면, 동물은 에너지를 지방으로 저장하는데, 지방은 탄수화물보다 밀도가 2배 더 높다(그래서 열량도 높다). 기후가 추울수록 동물은 겨울을 나기 위해서 더 많은 지방을 저장하는 경향이 있다.[100] 또한 모든 조건이 동일하다면, 동물은 육지보다는 물속에 사는 경우에 대체로 더 많은 지방을 저장한다(고래 기름을 떠올리면 된다). 어린 동물들이 나이 든 동물들보다 지방이 더 많은 경향도 있다. 그리고 계절이 변하는 환경이라면, 대개 우기보다 건기에 동물의 지방이 더 적다.[14] 부엌에서 요리를 할 때에는 다양한 고기 속의 지방량 차이가 중요하다. 그러나 이것으로는 코스터가 관찰한 열대우림 동물들 사이의 차이점을 설명할 수 없다. 이곳에 사는 동물들은 대부분 날씬한 편이기 때문이다.

지방은 단독으로 섭취할 수도, 요리나 발효에 사용할 수도 있다. 지방은 여러 방식으로 향미에 기여한다. 지방은 음식에 부드러운 식감을 더한다. 혀가 입안에 들어온 음식을 탐색하고 맛보는 동안, 지방의 식감이 혀를 즐겁게 한다. 지방산은 음식에 맛을 더하지만, 제1장에서 살펴보았듯이 이 맛은 대개 불쾌한 느낌을 준다. 그러나 지방의 식감이나 지방산의 향미도 코스터의 관찰 결과를 설명해주지 못한다. 그 대신, 코스터는 한 동물이 살면서 섭취한 향미를 지방이 어떻게 가두어두는지에 따라서 선호도가 좌우되는 것 같다고 주장했다. 지방이 가두는 향미가 무엇인지는 동물의 장과 식단의 상세한 사정에 따라서 크게 달라진다.[15]

동물이 음식을 섭취하면, 음식 속에 있는 화학적 화합물의 일부가 혈류로 들어간다. 단백질, 지방, 당분뿐만 아니라 음식에 들어 있는 무수히 많은 다른 화합물들도 들어간다. 이들 화합물 일부는 그 동물의 살에 있는 세포 안에 지방과 함께 쌓인다. 일단 그곳에 쌓이면, 음식에서 나온 이 화합물 분자들은 지방을 감싼다. 이는 냉장고 안에서 블루 치즈나 양파 반쪽에서 나는 냄새가, 포장되지 않아서 그대로 노출된 버터에 들러붙는 방식과 흡사하다. 익히지 않은 날고기에 들어 있는 이들 분자의 향은 우리 입안의 후비강을 통해서 지각된다. 그런데 고기를 익히면 이 분자들이 복잡하게 섞여서 추가적으로 여러 화합물들을 형성한다. 이렇게 생긴 화합물들은 관련 연구가 부진해서 잘 알려지지 않은 경우가 많다. 그러나 이 화합물에서 나는 향은 인간뿐만 아니라 개를 포함해 고기를 먹는 다른 종들에게도 중요하다.[101]

최소한 인간의 지각력의 관점에서 보면, 지방 속에 갇힌 향에서 나는 향미는 예상대로 동물의 생활방식에 따라 다양해지는 듯하다. 육식동물들은 대체로 그들이 먹는 동물을 통해서 독특한 화합물을 접하는 경우가 비교적 적다. 또한 육식동물들은 비교적 날씬해서 이런 화합물들을 가둘 수 있는 지방도 거의 없다. 따라서 육식동물들은 대개 저지방 소고기의 홍두깨살 구이(흔히 쫄깃하다)나 이와 맞먹는 맛이 난다. 다만 육식동물들이 특별히 강한 향미가 나는 것(가령, 개미)을 먹어서 이 육식동물의 고기에서도 그 향미가 나기도 한다.[16]

폐커리나 곰과 같은 잡식동물, 초식동물의 경우에는 사정이 더욱 복잡하다. 잡식동물과 초식동물의 고기는 그들이 먹던 먹이 속 향미와 그들의 장(腸)이 그 향미를 생성하는 화합물들을 얼마나 효과적으로 처리했느냐에 따라 맛이 달라진다. 일반적으로 먹이와 먹이 속의 독소를 매우 효과적으로 소화시키는 장을 지닌 동물들은 대체로 고기에 특정한 향미가 없고 장소나 계절에 따른 변화도 비교적 적다. 이런 동물들의 고기는 즐겨 찾는 작은 음식점의 야생 버전이라고 보면 된다. 항상 즐거움을 주기 때문에 찾기는 하지만, 두근두근할 정도로 신나지는 않는 곳 말이다. 이처럼 신뢰할 수 있고 예측할 수 있는 고기를 제공하는 동물들로는 반추동물이 있다. 들소, 소, 염소, 사슴, 기린처럼 반추위(反芻胃)가 있는 초식동물 말이다. 반추위란 여러 방들이 있어서 섭취한 식물성 먹이를 천천히 반복적으로 발효시킬 수 있는 위를 말한다. 이런 반추동물의 몸속에 있는 박테리아는 식물의 탄수화물과 독소를 지방산으로 분해한다. 이 지방산은 동물의 지방에 미묘한 향미를 더하지만, 그 파급 효과는 약하고 보통은 정확히 묘사하기가 어렵다. 흔히 주방장들은 반추동물의 고기에서 "풀향"이나 "스컹크의 흔적이 흐릿하지만 불쾌하지 않게" 느껴진다고 말한다. 사슴은 반추동물이다. 마야나 부족과 미스키토 부족은 그들이 섭취하는 두 가지 종의 사슴을 맛있는 편에 놓기는 했지만, 가장 맛있다는 최고 점수를 주지는 않았다.

먹이를 소화하고 독소를 분해시키는 효율이 떨어지는 장을 지닌 동물의 고기에는 그 동물이 먹은 먹이의 향미가 배어 있을 가능성이 더 높다. 상대적으로 불완전한 소화를 하는 이런 동물의 수가 훨씬 더 많다. 이런 동물로는 뒤창자(위장 관계에서 위 다음에 오는 장)를 지닌 종, 작은 앞창자(먹이가 완전히 분해되기에는 머무는 시간이 너무 짧다)를 지닌 종, 그리고 다양한 특수 사례들이 있다. 만약 이런 동물들이 기분 좋은 향미를 풍기는 먹이, 가령 과일과 뿌리를 먹는다면 그들의 고기에서는 대개 이런 향미가 강하게 느껴진다.[17] 덴마크의 조류학자 욘 피엘드소의 말을 빌리면, 이런 종들의 향미 차이는 "그들의 식단이 반영된 결과이다." 과일을 먹는 원숭이와 멧돼지가 그렇다.[102] 말도 마찬가지일 수 있다. 말고기에는 기 드 모파상의 표현대로 "(말이) 먹은 모든 음식의 진수"가 향미로 배어 있다.[103] 포도주를 논할 때처럼 말고기에도 테루아(terroir)가 있는 것이다. 그 말이 살다가 죽은 곳, 그 땅과 그 시간의 향미, 세세한 사연과 역사, 환경이 풍부하게 담겨 있는 향미 말이다.

사냥꾼과 목축민은 모두 대개 어떤 종을 언제, 어디에서 사냥해야 그토록 원하는 향미를 얻을 수 있는지를 안다. 또한 어떻게 해야 장소와 계절의 향미를 담을 수 있는지도 안다. 가령 게리 나브한이 우리에게 들려준 말에 따르면, 레바논에서 "여름에 언덕에서 방목된 양에게서는 가을이 되면 타임과 자타르(백리향과 오레가노가 섞인 향이 나는 허브/옮긴이) 맛이 나서 맛있다. 북아메리카 남서부에 사는 인디언 나바호 부족은 세이지브러시(*Artemesia tridentata*)를 먹인 동물을 먹는 것을 좋아한다." 한편 피엘드소에 따르면, 뇌조나 들꿩은 "잡아먹기 전에 두어 주일 동안 밖에서 돌아다니게 해야 한다. 그러면 새의 몸속에 있는 블루베리와 다양한 씨앗과 식물 새싹에서 나는 향미가 온몸으로 퍼져서 경이로운 묘미를 더해준다."[18]

마양나 부족과 미스키토 부족이 선호하는 고기들에는 대부분 먹이의 향미가 배어 있고, 대체로 기분 좋은 향미를 풍기는 먹이를 먹는 동물들의 고기이다. 이들 두 부족은 야생 포유류 중에서 매우 맛있는 고기로 그들이 사냥하는 페커리 2종을 꼽는다. 페커리 2종 모두 뿌리와 과일, 씨앗을 엄청나게 많이 먹는다. 이들뿐만 아니라 아메리카를 통틀어 모든 수렵인들의 의견이 같다. 게다가 이들은 특정 식물의 구근을 먹은 페커리를 가장 선호하는데, 예를 들면 알리움(파, 양파, 부추 같은 파 속 식물/옮긴이)이나 야생 히아신스의 흔적이 느껴지는 페커리이다. 마찬가지로, 수렵-채집 생활을 하는 탄자니아의 하드자 부족은 페커리의 먼 친척뻘 되는 혹멧돼지를 맛있다고 생각한다.[19] 혹멧돼지가 야생 생강 뿌리를 먹으면(실제로도 흔히 먹는다), 생강 뿌리가 혹멧돼지의 고기에 향료를 빌려주는 셈이 된다.[20] 1700년대에 프랑스에서 가장 맛있는 동물로 꼽히던 것이 바로 야생 멧돼지(멧돼지)이다. 그 맛의 근원은 멧돼지의 야생성과 함께 용맹함에서 왔다고들 했다. 다시 말해서, 전사(戰士) 돼지의 고기가 최고로 맛있는 고기로 대접받았다.[21]

마양나 부족과 미스키토 부족이 훌륭한 향미를 지녔다고 생각하는 또다른 잡식동물은 파카이다. 파카는 크기가 고양이만 한 설치류인데 먹이로 뿌리와 과일, 견과류, 때로는 곤충도 먹는다. 또한 장이 짧고 단순하며, 고기에 향미를 더하는 과일을 많이 먹는다. 덕분에 마양나 부족과 미스키토 부족의 입맛에 파카 고기가 맛있게 느껴진다. 그런데 이들부족만 이렇게 생각하는 것이 아니다. 찰스 다윈도 파카 또는 파카와 가까운 친척뻘 되는 아구티를 맛보고서, 자신이 여태껏 먹어본 고기들 중에 단연 최고라고 했다(다윈은 아르마딜로도 매우 즐겼다).[104] 아프리카에는 파카가 없지만, 그 대신 파카와 식성이 비슷한 작은 몸집의 반추동물인 다이커영양이 있다.

영장류 중에서는 아메리카의 거미원숭이와 아프리카의 게논과 같이 과일을 먹는 영장류가 대체로 향미가 가장 풍부하다고 여겨진다. 그래서 이들 모두 지금은 찾아보기 힘들 정도이다. 박물학자 헨리 베이츠는 거미원숭이의 고기가 그가 먹어본 음식들 중에서 "최고의 풍미를 지닌 고기"라고 하면서, 소고기와 비슷하되 더 달고 풍부한 맛이 난다고 평했다. 마양나와 미스키토 부족이 들려주는 감상평도 같다. 그들 역시 거미원숭이가 비교적 맛있다고 평가한다. 적어도 다른 원숭이 종과 비교했을 때 말이다.

먹이에서 좋은 향미를 취하는 동물이 있듯이 나쁜 향미를 얻는 동물도 있다. 일반적으로 초식동물이나 잡식동물이 먹는 먹이의 향이 좋지 않을수록 그 동물의 고기 향도 좋지 않다. 욘 피엘드소에 따르면, 여름이나 가을에 먹는 뇌조와 들꿩에서는 놀라운 맛이 나지만, 겨울에는 이 동물들이 혹한기에 수지(樹脂)가 있는 나무와 관목을 먹는 덕분에 테레핀 맛이 난다고 한다. 이와 유사하게 (화학적 방어력이 상대적으로 떨어지는 풀과는 대조적으로) 화학적 방어력이 뛰어난 나뭇잎을 먹는 열대 지방의 동물들 역시 흔히 불쾌한 맛이 난다. 마양나 부족과 미스키토 부족은 고함원숭이처럼 나뭇잎을 먹는 동물을 싫어한다.[22][105] 이런 동물의 고기에는 그 동물이 섭취한 잎에 들어 있는 쓴맛 나는 화합물의 맛과 향미가 배어 있다. 고함원숭이가 아메리카에서 빈번히 금기시되는 것은 어쩌면 우연이 아니다. 무엇보다도 아무도 먹고 싶어하지 않는 종은 쉽게 금기시되기 때문이다. 아메리카를 통틀어 고함원숭이를 싫어하는 정서는 고함원숭이 고기를 최악으로 꼽은 마양나 부족과 미스키토 부족의 선호도와도 일맥상통한다.

미스키토와 마얀나 부족이 어떤 고기를 더 좋아하는 이유, 페커리와 파카를 좋아하는 이유, 거미원숭이는 좋아하지만 고함원숭이는 싫어하는 이유들을 전체적으로 살펴보았을 때, 동물의 장과 식성이 그 고기의 향미에 미친 영향과 관련이 있는 것으로 보인다. 기존 자료들을 근거로 살펴보면, 아메리카 열대기후 지대에 사는 인구 집단들의 선호도는 상대적으로 유사한 것으로 나타난다. 수천 년간 미스키토와 마얀나 부족으로부터 분리되었던 문화 집단들조차 그렇다. 에콰도르의 와오라니 부족도 마찬가지이다(그림 4.5 참조). 와오라니 부족의 포유류 고기 선호 순위는 미스키토와 마얀나 부족과 거의 똑같다. 다른 열대 지방의 자료는 드문드문 있지만, 대체로 유사하다. 그래서 합리적으로 생각해보면 맛있는 종을 꽤 예측할 수 있다. 또한 거의 예외 없이 이런 종은 매우 희귀한 편이기도 하다. 맛이 좋아 멸종 위기에 처한 탓이다.

지금까지 현생 수렵인들을 살펴보면서 알게 된 사실들을 근거로, 클로비스인 이야기로 다시 돌아가보자. 그런데 그 전에 먼저 몇 가지 한계들을 인정해야 한다. 특정 고기에 대한 선호와 관련해서 우리가 가장 잘 아는 사람들은 열대 지방에서 수렵 생활과 수렵-채집 생활을 하는 부족 사람들이다. 반면에 클로비스인들은 다양한 환경에서 거주했다. 그중에는 온대우림 지역과 온대낙엽수림 지역도 있었다. 한편 북아메리카의 많은 지역은 간간이 나무가 무리 지어 자라는 선선하고 풀이 많은 스텝 지대였다. 아쉽게도 이런 선선한 곳에 사는 현생 수렵-채집인이 선호하는 향미에 관해서는 거의 연구된 바가 없다. 또다른 한계는 고기를 먹기 전 준비 과정에 관한 것이다. 대부분 고기는 그 고기의 고유한 향미를 강조하는 방식, 즉 직화로 요리되었을 가능성이 높다. 그러나 고기

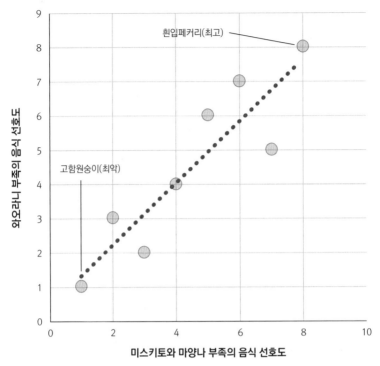

와오라니 부족의 음식 선호도

흰입페커리(최고)

고함원숭이(최악)

미스키토와 마양나 부족의 음식 선호도

그림 4.5 니카라과 미스키토와 마양나 부족의 특정 고기 선호도와 에콰도르 와오라니 부족의 선호도 사이에는 상관 관계가 있다. 양측은 문화, 언어, 현대사 측면에서 공유하는 것이 거의 없지만, 향미와 관련해서는 모두 파카와 페커리를 최고로, 고함원숭이를 최악으로 꼽는다.

를 스튜로 장기간 조리하거나 양념하거나 발효시켜서 먹었을 수도 있다. 주방장 킴 베옌도르프는 나이 든 동물의 고기가 대체로 질긴 편이지만(그래서 직화 요리에는 비교적 선호되지 않지만), 특히 스튜로 먹으면 훨씬 향미가 좋아진다고 지적했다. 그러므로 클로비스인이 천천히 스튜를 요리할 때에는 직화구이를 할 때와는 다른 (이를테면 늙은 동물의) 고기를 더 선호했을 수도 있다. 클로비스인이 끓이거나 스튜를 만들었다는 증거는 아직 없다. 클로비스인이 음식을 빻거나 가공하는 데에 사용한 것으로 보이는 돌이나 기술의 흔적이나 그릇 하나도 발견되지 않았다. 그러나 가죽처럼 고고학 기록으로 남기 힘든 재료로 만든 그릇으로도 많은 음식을 준비할 수 있다. 게다가 서로 다른 문화권뿐만 아니라 같은 문화권에 속한 서로 다른 개인들도 각자 다양한 고기와 요리법을 선호할 수 있다. 열대 지방에 사는 부족들의 경우 지역별로 선호도가 비슷한 것처럼 보이지만, 클로비스인의 경우는 달랐을지도 모른다. 가령, 이 장(章)을 읽은 행동생물학자(이자 음식 애호가) 카를로스 마르티네즈 델 리오의 지적에 따르면, 가지뿔영양을 비롯한 몇몇 반추동물은 반추동물임에도 불구하고 이와는 무관하게 고기가 맛있고 풍미가 강하다고 한다. 금세 자신의 아내 마르타는 가지뿔영양의 향미를 좋아하지 않는다고 덧붙이기는 했지만 말이다. 마지막으로, 『아메리카 최초의 요리(*America's First Cuisines*)』의 저자 소피 코에 따르면,[106] 많은 문화권에서 음식 속 지방과 고기 속 지방의 식감을 선호하지만, 식민 시대 이전에는 많은 마야인과 아즈텍인들이 이런 향미를 싫어했고 유럽인이 지방을 사용하는 것을 역겨워했다고 한다. 반면, 아메리카 북단에 사는 많은 부족들의 식단은 지방, 심지어 발효 지방에 크게 의존한다. 이렇듯 풀리지 않은 수수께끼들이 여전하다. 아니, 수수께끼들이 차고도 넘친다.

이 모든 주의사항과 수수께끼를 명심한 채, 우리는 가장 먼저 다음과 같은 가설을 세울 수 있다. 클로비스인은 그들의 먹거리에서 향미를 포착하고 이들 향미에 주목하면서 상대적으로 선호하는 향미가 생겼을 것이다. 이 가설은 명백해 보이지만, 거의 언급되지 않은 채 사라져버린 것으로 보인다. 여기에서 더 나아가 다음과 같은 가설도 세울 수 있다.

즐거움을 주지만 흔히 향미는 단조로운 거대 들소와 같은 반추동물 고기를 클로비스인이 만족스럽게 먹었을 수 있다. 그러나 이들은 비(非)반추동물의 고기를 더 선호했을 가능성이 높다. 비반추동물이 과일과 뿌리도 먹으면서 너무 나뭇잎에만 의존하지 않는 식성이었다면 더더욱 그럴 가능성이 높다.[23] 클로비스 시대에 애리조나 지역에서 서식했던 종들 중에서 각자 그 정도는 다르지만 매머드, 마스토돈, 곰포테어가 여기에 해당했을 것이다. 이들은 모두 과일과 풀이 포함된 식단(매머드)과 여기에 더해 한랭 기후에서 자라는 나무의 잎이 포함된 식단(마스토돈)을 먹었던 비반추동물이다.[24] 포유류학자 조애나 램버트가 지적했듯이, 마스토돈의 식단에 포함된 나뭇잎 종들은 독소보다는 타닌(tannin)의 방어작용으로 스스로를 보호했을 가능성이 높다. 타닌은 일종의 다목적 식물 방어 기제로, 포도 껍질, 떡갈나무 잎 등 다양한 식물들에서 발견된다. 타닌은 침을 미끄럽게 하는 단백질을 포함해서 동물의 입안 단백질과 결합하여 "상큼하면서 톡 쏘는 듯한" 감각을 촉발한다. 그래서 타닌을 먹으면 눈살을 찌푸리거나 살짝 움찔하게 된다. 그러나 더욱 강력한 다른 식물 방어 기제와는 달리, 대체로 그 식물을 먹은 고기에는 남지 않는다. 간단히 말해서, 클로비스인이 잡아먹었던 것으로 밝혀진 거대한 동물들은 아마도 모두 끝내주게 맛있었을 것이다(이와 반대로, 덩치가 가장 큰 육식동물과 썩은 고기를 먹는 동물들은 아마도 맛이 없었을 것이다[25]).

클로비스인은 단지 어떤 종을 먹을 것인지만 선택한 것이 아니다. 어떤 부위를 먹을지도 선택했다. 그들은 가장 먹고 싶은 부위만 먹고 나머지는 남겼다.[107] 동물의 고기에서 특정 부위의 향미는 그 부위의 붉은색에 따라 결정된다. 고기의 붉은 색은 살아 있는 동안 그 고기를 이루는 근육이 얼마나 많이 그리고 어떻게 움직였는가에 따라 주로 좌우된다. 근육 중에는 갑작스럽거나 폭발적인 움직임에 사용되는 것들이 있다. 애리조나 주 남부에 서식하는 메추리는 놀라면 마치 폭발하듯이 관목 밖으로 뛰쳐나와서 재빨리 짧은 거리를 날아간다. 이렇게 폭발적으로 움직이려면 달콤한 에너지원인 글리코겐이 저장된, 날개 속의 근육 섬유를 빠르게 수축시켜야 한다. 빠르게 수축하는 근육, 즉 속근(遲筋)은 산소를 사용해서 글리코겐을 태우기 때문에 산소가 떨어지면 더는 수축할 수 없다.[26] 모든 조건이 동일한 경우, 속근의 향미는 복잡하지 않다. 속근은 당분이 가미된 백색육(白色肉)이다. 다시 빨리 움직이기 위해서 근육이 당분을 사용했기 때문이다. 매머드의 다리 근육은 다른 근육에 비해서 백색을 더 많이 띠는 고기, 주로 속근 섬유로 이루어졌을 것이다. 이와 반대로 천천히 수축하는 근육, 즉 지근(遲筋)은 대체로 곳곳에 지방이 껴 있다. 이 지방은 서 있거나 천천히 걸을 때처럼 장시간 근육을 사용할 때 천천히 에너지로 전환된다. 지근은 적색육(赤色肉)이다. 적색육은 오랫동안 수많은 곳에서 많은 사람들의 사랑을 받았다. 클로비스인도 마찬가지였을 것이다. 매머드 고기 가운데 가장 붉은 부위는 등(갈비)과 어깨, 목(목살), 그리고 아마도 발이었을 것이다.

그러나 동물은 근육만 있는 것이 아니다. 추측에 따르면, 클로비스인 사냥꾼들은 그들이 잡은 동물의 내장을 즐겼을 수도 있다. 많은 문화권에서 내장의 향미는 높이 평가된다. 클로비스인 역시 동물의 내장을 먹었을지도 모른다. 내장을 먹으면 식단 측면에서 유익했을 것이다. 인간을 포함해서 단백질을 과하게 섭취하는 동물들은 다양한 건강 문제로 고통받을 수 있는데, 클로비스인은 동물의 내장을 먹음으로써 그런 문제를 피할 수 있었을 것이다. 내장과 그 속에 들어 있는 부분적으로 소화된 내용물에는 상대적으로 단백질이 적은 반면, 비타민과 지방, 탄수화물은 많이 포함되어 있기 때문이다. 유럽인이 아메리카를 식민지화하던 시절, 원주민들 사이에서는 내장을 먹는 일(위장 섭취)이 흔했다. 이 것은 전 세계적으로 수렵-채집인과 경작인에게서도 드문 일이 아니다. 동물의 내장과 그 속의 반쯤 소화된 내용물은 간단히 먹을 수 있다. 그 냥 날것으로 먹을 수도 있다. 여러 단계로 세척하거나 굽거나 심지어 발효시키는 등 더 복잡하게 요리해서 먹을 수도 있다.[108] 클로비스인이 내장을 먹지 않았다고 믿을 이유는 없다. 거대 동물은 창자도 아주 거대했으니까.

이 모든 내용을 종합해보면 머릿속에 그림이 하나 그려진다. 위풍당당한 매머드와 마스토돈이 초원을 가로지르며 코 나팔을 불고 짝짓기를 하고 먹이를 찾는 모습. 과일과 견과류, 방어력이 약한 나뭇잎을 먹은 이 동물들의 고기는 훌륭한 향미를 지녔을 것이다. 또 조건만 좋으면 지방의 식감도 느껴지리라. 한마디로 말해서 맛있었을 것이다. 이것은 부분적으로는 추정이 맞지만, 전적으로 추정인 것만은 아니다.

털매머드와 마스토돈, 곰포테어는 모두 장비목(長鼻目) 동물로 코끼리의 친척뻘이다. 몸집만 제외하면,27 지방과 근육의 생명 활동 측면에서 이들 종 사이의 차이점은 그다지 대단하지 않았을 가능성이 높다. 이들의 주요 식습관이 크게 차이 나지 않기 때문이다. 그러므로 이들의 고기에서는 장비목 향미를 본바탕으로 하고, 이런저런 흔적이 살짝 느껴졌을 것이다. 예를 들면 현재의 플로리다 주 지역에 살았던 마스토돈은 다양한 견과류, 과일과 함께 사이프러스 잎을 먹었던 것 같다. 이들의 고기에서는 허브와 견과류 향미가 풍겼을 수도 있다. 다른 곳에 살았던 마스토돈은 다른 식물을 먹었다. 매머드는 대체로 풀을 더 많이 먹었다. 그러나 전반적으로 보면 멸종된 장비목의 맛은 현존하는 장비목의 맛과 비교적 유사했을 가능성이 높다. 코끼리의 향미에 대해서는 알려진 바가 있는 만큼, 이는 유용한 정보이다.

최근에는 유럽과 중동에서 살았던 구석기인에게 코끼리가 얼마나 중요한 역할을 했는지에 관한 연구가 진행되었다. 연구 결과, 텔아비브 대학교의 하가르 레셰프와 란 바르카이는 코끼리가 지금도 그렇지만 오래 전부터도 맛있었다는 결론을 내렸다.28[109] 최소한 코끼리—아시아코끼리, 아프리카사바나코끼리, 아프리카둥근귀코끼리 할 것 없이 모두—의 몇몇 부위는 맛이 좋을 수 있다. 지금은 코끼리를 사냥해서 잡아먹는 것이 불법이지만, 늘 그러했던 것은 아니다. 레셰프와 바르카이는 케냐 동부의 리앙굴라 수렵-채집인과 남수단의 누에르 부족이 모두 코끼리를 가장 맛있는 고기로 생각했다고 지적한다. 이 부족 사람들에 따르면 코끼리 고기는 기름진 동시에 달콤했다고 한다.29

그런데 코끼리에도 다른 부위보다 맛이 더 좋은 부위가 있다. 가령 매머드 생물학자 게리 헤인스는 코끼리 엉덩이 근육이 힘줄이 많아 질기다고 했고, 레셰프와 바르카이는 코끼리 발이 아주 만족스러운 맛인 것 같다고 했다. 박물학자 새뮤얼 화이트 베이커는 코끼리 발 요리 준비 과정을 다음과 같이 묘사한다.

코끼리 발이 완벽하게 구워지면, 마치 신발을 벗기듯이 발바닥을 분리해서 그 안의 부드러운 살점을 발라낸다. 약간의 기름과 식초, 소금과 후추를 가미하면 맛있는 요리가 되어 대략 장정 50명은 거뜬히 먹는다.[30]

들다 보니, 아기가 태어난 것을 축하하며 먹는 중국의 진미인 광둥식 흑초 돼지족발과 조금 비슷한 것 같다. 코끼리 발 요리법과 마찬가지로, 돼지 족발 요리법에도 식초(흑초)와 기름(참기름), 발(돼지족발)이 들어간다. 이 중국 요리법에 추가되는 유일한 재료는 생강과 설탕이다. 어쩌면 코끼리 발에도 생강의 원기와 설탕의 달콤함이 추가되었다면 훨씬 더 맛이 좋았으리라.

새뮤얼 베이커의 경험은 프랑스의 탐험가 프랑수아 르 바이양의 경험과 무척 흡사하다. 바이양은 1800년대에 코이산 수렵-채집인 부족과 함께 둥근귀코끼리를 먹으면서, "코끼리처럼 이렇게 무겁고 거친 동물에게서 어떻게 이처럼 부드럽고 섬세한 살이 만들어질 수 있는지 상상할 수 없을" 정도라고 했다. 베이커와 마찬가지로 바이양도 발에 특히 주목하라고 했다. "나는 빵도 먹지 않고 코끼리 발을 게걸스럽게 먹었다." 코끼리는 계속 걸어야 하기 때문에 발 근육에는 지방이 가득한 붉은색 근육이 있었을 것이다. 그뿐만 아니라 발가락 아래로는 코끼리가 균형을 잡고 진동을 감지하도록 도와주는 지방질 발바닥 살도 있었을 것이다.

다른 인류 역시 코끼리 발을 즐겼을 수도 있다. 그리스에 있는 50만 년 된 고고 유적지에서는 석기를 사용해서 한쪽 발이 잘린 것으로 보이는 코끼리 한 마리가 발견되었다.[110] 최근에 발견된 이탈리아의 네안데르탈인 유적지인 포제티 베치 유적지에서는 그들이 사용한 도구들과 나란히 코끼리 여러 마리의 뼈가 출토되었다. 발견된 도구 가운데에는 긁

개와 땅을 파는 데에 썼던 막대기는 있었으나 창은 없었다. 그러나 코끼리에는 도살당한 흔적이 남아 있었고, 함께 나온 도구가 도살에 사용된 것으로 보인다. 게다가 매우 흥미롭게도 마치 떼어내서 먹기라도 한 것처럼, 코끼리의 뼈 일부가 사라지고 없었다. 사라진 부위는 갈비뼈와 발뼈였다.[111] 그런데 네안데르탈인만 이런 식으로 먹은 것이 아니다. 미국 뉴멕시코 주 클로비스에 있는 최초의 클로비스 유적지에서 나온 죽은 매머드들 중의 한 마리는 양발이 잘린 채 발견되었다. 클로비스 매머드 연구 논문의 두 저자가 추정하듯이, "지방이 풍부한 발바닥 살 부위를 발에서 떼어내려고" 노력한 것으로 보인다.[112]

레셰프와 바르카이가 강조했듯이 장비목 고기는 맛있는 듯하다. 그리고 여기에는 대가가 뒤따른다. 이는 클로비스 사냥꾼들이 거대 동물군을 사냥한 이유, 심지어 그 동물들이 귀해지기 시작했는데도 끝내 멸종할 때까지 사냥한 이유를 간단하게 설명한다. 이들을 뒤쫓는 것이 최적의 행동은 아니지만, 사냥할 가치는 충분히 있을 만큼 맛있었기 때문이다. 고대 수렵-채집인들은 쾌락을 찾는 능력이 있었고 심지어 쾌락을 위해서 먼 거리를 이동할 수도 있었다. 이러한 쾌락에는 예술이 있었다. 그런데 우리 두 사람은 음식도 하나의 쾌락이었다고 가정한다. 수렵-채집인들도 우리와 같은 혀와 코를 가졌고 우리와 같은 뇌가 있었다. 그러므로 우리가 느끼는 욕망들을 많이 느꼈을 것이다.

그렇다면 오늘날의 뉴멕시코 주 클로비스와 애리조나 주 파타고니아 일대에서 살았던 클로비스인이 시인이자 미식가였다고 한번 상상해보자. 이들은 함께 무리 지어 사냥을 하고 한자리에 모이고 하이킹을 다녔을 것이다. 모닥불에 둘러앉아서 도란도란 이야기도 나누었다. 강렬하고 감동적인 이야기, 재미있는 이야기, 그리고 지루한 이야기도 있었을 것이다. 아침, 저녁으로는 다들 모여서 채집해온 이런저런 식물을 먹었다. 운이 좋으면 아마도 매머드 발을 뜯었을 것이다. 어쩌면 야생 꿀과 과일도 곁들였을지 모른다. 이런 식사가 때로는 즐거움을 주기도 했고, 또 때로는 즐거움이 덜하기도 했다. 어떤 요리사는 솜씨가 좋았고, 다른 요리사는 솜씨가 그보다 못했다. 음식이 맛있으면 그 맛을 놓치지 않고 언급하면서 이야기를 나누었다. 어쩌면 다음과 같은 대화를 했을지도 모른다. "기억 나? 가을에 언덕에서 해가 지고 있을 때 우리가 먹은 매머드 구이. 팽나무 열매와 같이 먹었는데." 그러면 상대방은 고개를 끄덕였을 것이다. 오늘날 우리처럼, 그리고 지난 수십만 년간 전 세계에서 이와 비슷한 순간에 늘 그래왔던 것처럼 말이다.

이런 순간들 그리고 수렵-채집인과 음식, 쾌락에 관한 이야기를 살펴보다 보니, 한때 수렵-채집인들이 거대 동물군을 죽였던 고대 유적지인 프랑스의 도르도뉴 주가 다시 떠오른다. 현대의 도르도뉴 주와 바로 그 옆에 이웃한 카오르는 복합적인 맛이 나는 포도주와 수십 가지의 독특한 치즈, 송로버섯, 카술레의 고향이다. 도르도뉴 주는 인류와 음식에 관한 오래된 이야기를 할 때면 반드시 거론되는 중요한 지역이기도 하다. 네안데르탈인의 뼈가 처음으로 발견된 무스티에라는 작은 마을이 바로 이곳 도르도뉴 주에 있기 때문이다. 그래서 30만 년 전부터 네안데르탈인이 멸종한 4만 년 전까지 요리와 사냥에 그들이 사용한 석기를 무스테리안 석기라고 부르고 이 시기를 무스테리안 기(期)라고 한다. 바로 이곳 도르도뉴 주에서 발견된 초기 인류의 뼈는 동굴 안에 있었다. 프랑스 남부 지역의 언어인 오크어로 동굴을 크로(cros)라고 하는데, 뼈가 발견된 동굴은 마뇽 가문 소유의 석회암 절벽에 있었다. 그래서 이들 뼈의 주인을 크로마뇽인(Cro-Magnon)이라고 한다.[31] 도르도뉴 주에서 거의 4만 년 전에 이 크로마뇽인들이 동굴 벽과 천장에 그들의 최고 걸작들 몇몇을 그렸다.

달처럼 생긴 원, 줄지어 이어진 점, 선과 연결된 사각형, 손바닥 자국. 인류 최고(最古)의 동굴 벽화는 추상화였다. 이렇게 되면 마크 로스코와 잭슨 폴록은 추상화를 발명한 것이 아니라 이미 있던 것을 다시 살려냈을 뿐인 셈이다. 이런 추상성은 구석기 시대 예술에서 사라진 적이 없지만,[32] 시간이 흐르면서 더 묘사적인 장면들, 즉 구석기인들이 먹었던 동물을 그린 장면들이 함께 그려졌다. 이런 구상화에는 물고기나 토끼 같은 비교적 덩치가 작은 먹거리는 거의 등장하지 않았다. 구석기인들은 사람 그림도 자주 그리지 않았다(기껏 그렸을 때에도 아주 단순화했고 어떤 마법을 암시하는 특징을 담았다). 식물도 먹었지만, 식물은 딸기 한 알이나 허브 하나도 그리지 않았다. 그 대신에 대체로 이들은 순록, 말, 아이벡스, 매머드처럼 몸집이 큰 먹거리를 묘사했다. 심지어 과도한 사냥과 기후 변화가 복합적으로 작용한 탓에 이런 동물들이 희귀해진 이후에도 그중에서 가장 큰 것들을 그렸다.

동굴 벽화에 그려진 커다란 동물 그림 옆에는 같은 종의 새끼 그림이 함께 그려진 경우가 많다. 지금 그 새끼 그림을 보면, 사실적인 묘사에 충격을 받을 정도이다. 그러면서 감정 이입도 된다(아니, 그럴 수 있을 정도라는 말이다). 어미 매머드와 아기 매머드의 모습이 인간의 가족을 연상시키기 때문이다. 그렇지만 이런 가족애는 아마도 그 그림을 그린 화가의 의도가 아닌 것 같다. 유럽에서 가장 이상한 두 동굴 벽화를 살펴보자. 우리 가족이 얼마 전에 방문했던 도르도뉴 주의 루피냑 동굴에는 1킬로미터 길이의 동굴 갤러리에 그려진 많은 매머드들과 함께 새끼 매머드 한 마리가 그려져 있다. 그런데 새끼 매머드의 발이 이상하리만치 거대하다. 루피냑 동굴보다 1만 5,000년 더 오래된 쇼베 동굴 벽화도 유사하다. 이 벽화에도 발이 거대한 새끼 매머드가 묘사되어 있는데, 발이 너무 커서 약간 어처구니없을 정도이다. 이 두 동굴 그림이 그려진 시간적 간격은 마지막 매머드의 멸종으로부터 현재까지의 시간보다 더 길다. 그런데도 두 작품이 비슷하다.

이들 벽화 속 매머드의 발이 이렇게 큰 이유는 보통 다음과 같이 설명된다. 화가들이 그 동물만 보여주려고 한 것이 아니라, 발과 그 발로 남긴 발자국까지 보여주려고 했기 때문이라는 것이다. 또다른 설명도 가능하다. 이렇게 특이한 새끼 매머드 그림이 그려진 이유는 다양한 구석기 시대 화가들의 그림 수준이 차이가 나기 때문이라는 것이다. "있잖아, 안된 말이지만, 톰은 절대 발은 그리면 안 되겠어." 다른 한편으로 새끼 매머드 그림에는 신에게 바치는 기도와 애원이 담겨 있다고도 볼 수 있을 것 같다. "아, 제발 커다랗고 맛있는 발이 달린 새끼 매머드 딱 한 마리만 더 먹게 해주세요." 쇼베 동굴 시절의 신은 이런 기도에 응답했다. 그 시절에는 여전히 매머드가 잘 잡혔기 때문이다. 그러나 루피냑 동굴 시절은 매머드가 이미 거의 사라졌을 때였다. 그래서 아무리 열심히 벽화를 그렸어도 그 간청은 단지 공허한 메아리였을 것이다.

구석기 시대의 동굴 벽화 화가들이 매머드의 발을 그린 이유가 좋은 맛 때문이라고 한다면 너무 과장된 발상일지도 모른다. 그러나 거대 동물군을 그린 화가들이 맛있는 것과 맛없는 것을 알고 있었다는 말은 결코 과장이 아니다. 매머드의 발을 그린 이유가 그 향미 때문은 아닐지라도, 그들은 매머드 발의 향미를 알고 있었다. 결국, 향미와 거대 동물군 문제의 핵심은 초기 아메리카인들이 어떤 종을 먹었는지 또는 언제 그리고 왜 그 종들이 멸종했는지 그 전모를 향미가 밝혀준다는 데에 있지 않다. 문화적 금기도 중요했고, 문화적 선호도 중요했으며, 다른 종보다 상대적으로 사냥하기 쉽다는 점도 중요했다. 이런 사실을 알기 때문에 우리가 지적하고 싶은 요점은 하나이다. 넓게 말하면 사냥꾼, 좁게 말하면 수렵-채집인이 과거에 했던 선택과 지금 현재 하는 선택에 대해서 논할 때, 지금껏 향미는 거의 언제나 간과되어왔다. 니카라과에 사는 미스키토 부족민이든 태고에 북아메리카에 살았던 클로비스 수렵인이든 네안데르탈인이든 간에 말이다. 향미를 고려의 대상으로 삼으면 사람들이 했던 과거의 선택과 현재의 선택을 바라보는 우리의 시각이 달라진다.[33] 매머드에 대해서 생각할 때, 태고의 수렵-채집인들이 선호했던 것을 중요시하게 된다. 또한 열매를 생각할 때, 매머드가 선호했던 것을 중요하게 여기게 된다.[34]

5

금단의 열매

이브가 사과를 먹은 이후로 많은 것이 음식에 따라서 좌우된다.
—바이런 경, 『돈 주안(*Don Juan*)』

사과는 나무에서 멀리 떨어지지 않는다.

요리의 관점에서 거대 동물군의 멸종을 바라보면, 주로 부재(不在)라는 측면이 부각된다. 그러나 전적으로 그런 것은 아니다. 과일 샐러드에서도 거대 동물군의 유산이 꽤 자주 보이기 때문이다. 망고나 배를 먹을 때 우리는 멸종과 향미를 둘러싼 복잡한 이야기를 한 입 베어먹는 셈이다. 이것은 세상에서 가장 기름지고 달콤하고 커다랗고 향기로운 열매에 관한 이야기이다. 무엇보다도 거대 동물군이 사랑했던 향미에 관한 이야기이자, 결국 우리 인간들도 사랑하는 향미에 관한 이야기이기도 하다.

우리가 사용하는 언어만 보더라도 열매가 좋다는 인식이 기저에 깔려 있다. 가령, 어떤 일이 성과를 낼 때, 우리는 열매를 맺는다고 표현한다. 크게 투자하지 않고도 성과를 올리면 넝쿨째 굴러들어온 호박이라고 한다. 만약 성과가 없으면 결실이 없다고 말한다. 한편 "낙원(paradise)"은 울타리로 둘러싸인 곳이라는 뜻의 페르시아어에서 온 말이다. 이 단어는 히브리어에서는 과수원과 동의어가 되었다. 그러니까 낙원은 과수원인 셈이다.[1] 과수원이든 야생이든 간에 나무의 열매는 식물이 동물을 유인해서 더 좋은 장소로 씨앗을 옮기는 것, 바로 이 단 한 가지 목적을 가지고 진화했다. 사과는 결단코 이브를 유혹한 것이 아니다. 망고나 복숭아, 구아바처럼 자신의 씨를 옮겨서 (이브가 나중에 장을 비워내면서) 퍼트리게 하려고 유인한 것이다. 유혹에 넘어간 이브는 배변을 통해서 아기 나무를 잉태했다.

과실수가 동물의 장에 자신의 운명을 건다는 점이 얼핏 어리석어 보일 수도 있다. 그러나 절대 그렇지 않다. 동물이 이렇게 씨앗을 옮기면 씨앗은 새로운 지역, 새로운 서식지로 이동할 수 있다. 반면, 어미그루 밑에 떨어진 씨앗은 그늘진 곳에서 자라게 된다. 그 씨앗의 뿌리는 커다란 어미그루의 뿌리가 미치지 못한 곳에 남아 있는 영양분이라면 뭐든지 흡수하기 위해서 분투해야 한다. 게다가 어미그루 밑에서 자라면 어미의 병원체와 해충에 고통받을 가능성도 더 높다. 그래서 어미그루는 자기 때문에 자식이 죽는 일을 막으려고 씨앗에 열매를 장착시킨다.[2]

나무를 비롯한 식물이 운송수단으로 동물을 모아들이려면 어떤 요령이 필요할까? 첫째, 멀리에서부터 특정 동물들에게 "나 여기 있어요"라고 구애를 보내면서 먹을 것을 제공해야 한다. 둘째, 이 동물들이 일단 가까이 오면, 더 눈에 띄게 손짓해서 불러야 한다. "어서 나를 먹어요." 마지막으로 셋째, 동물이 과일을 베어 물어 입으로 과육을 감싸면 과일을 삼키고 싶은 마음이 들 정도로 충분히 맛있어야 한다.[113] 일반적으로 식물은 이런 생명의 춤에 참여하기 위해서 멀리에서도 매력적으로 보이는 색으로 단장하고, 가까이 왔을 때 매력적인 향을 풍기고, 먹었을 때 향미가 가득 느껴지도록 진화했다. 그런데 이런 매력을 갖추려면 대가가 따른다. 식물이 보상을 제공하려면 자신의 탄수화물과 지방, 단백질을 내어주어야 한다. 자손을 위해서 자기 자신을 내놓아야 하는 것이다. 그 결과, 식물은 조금도 더하지 않고 딱 필요한 만큼만 맛있는 열매를 만든다. 또한 식물은 할 수만 있다면 동물을 속이려고 한다. 제2장에서 살펴본 아프리카 관목 펜타디플란드라 브라제아나의 경우가 그렇다. 이 식물은 열매를 먹는 동물에게 쾌락 말고는 영양분을 거의 제공하지 않는다.

열매는 자연의 세계에서 다른 종을 유혹하기 위해서 맛있어지도록 진화한 몇 안 되는 경우이다. 물론 동물을 유인해서 베어 물게 만드는 방법은 그 유혹의 대상이 어떤 종인지에 따라 달라진다. 미끼는 사냥감 맞춤형이어야 한다. 대체로 조류는 환경과 대조되어 눈에 쉽게 띄는, 색감이 화려한 열매에 가장 쉽게 끌린다.[114] 이런 열매는 푸른색인 경우도 있지만, 호랑가시나무 열매, 체리, 레드 커런트, 로즈힙처럼 주로 붉은색을 띤다. 이에 반해서 포유류는 열매의 색에 별로 개의치 않는다(포유류를 유인하는 과일은 녹색이거나 심지어 갈색인 경우도 많다). 그 대신 "과일" 향이 강한 기름진 과일을 즐긴다. 그래서 포유류를 운송수단으로 이용하는 일부 지역의 열매들은 익어서 먹힐 때가 되면 향 화합물 생성을 증가시킨다. 잘 익은 바나나와 복숭아가 향을 발산하며 "어서 나에게 오세요"라고 부르는 셈이다. 박쥐는 테르펜과 황 화합물 냄새를 좋아해서 어둠 속에서도 쉽게 과일을 찾을 수 있다. 반면, 과일의 색에는 다른 어떤 포유류보다도 관심이 없다. 개미는 작고 기름진 과일을 선호하는데, 때로는 썩어가는 고기에서 나는 자극적이고 특이한 향도 견딘다. 이런 것들은 보편적인 규칙이라기보다는 성향이다. 그래도 이런 지식을 바탕으로 하면, 상점에서 과일을 살펴보고 냄새를 맡아보면서 그 과일의 야생 생태계를 더 많이 파악할 수 있다. 더 나아가 한 입 베어 물면 더 많이 알 수 있다.[115] 열매와 종자를 연구하는 몇몇 생태학자들은 열매가 동물을 유인하는 기본 방식을 종자 산포 "증후군"으로 분류한다. 여기에서 증후군이란 특정 산포 방법을 이용하는 열매가 대체로 가지는 일련의 특성을 말한다.3

대니얼 잔젠은 식물이 열매로 동물에게 구애하는 방법을 생각하다가 미스터리에 봉착했다. 어느 날, 그는 크고 향이 진한 열매를 맺는 나무 종을 하나 발견했다. 이 열매는 노골적으로 자신을 홍보하는 듯이 보였다. 그런데 열매가 다 익었는데도 아무도 열매를 따지 않아서 대체로 고스란히 나무에 달려 있었다. 이 나무의 열매는 누구도 원하지 않는 보상이었다. 이 이야기에는 핵심이 되는 주인공이 빠져 있었다. 바로 종자 산포자이다.

최근에 우리 두 사람은 대니얼 잔젠과 그의 아내 위니 홀워치가 (필라델피아를 떠나 있는) 반년 동안 지내는 곳을 방문했다.4 그의 집은 코스타리카의 열대건조림에 있다. 현관에서 위니를 먼저 만났는데, 대니얼이 집으로 돌아오는 중이라기에 우리는 같이 산길을 걸어 내려갔다. 그러다가 셔츠를 벗은 채 걸어오는 그를 발견했다. 가죽 같은 그의 피부는 기다란 털로 잔뜩 뒤덮여 있었다. 그의 머리는 덥수룩한 흰색 털로 만든 관을 쓰고 있는 것 같았다. 우리가 그의 모습을 관찰하는 동안, 나비가 떼를 지어 그의 주변을 빙빙 돌았다. 마치 정글의 신이 진흙과 나뭇잎을 섞어서 바로 그곳에 그를 창조한 듯 보였다. 그는 한 손에는 표본이 든 가방을 들고 다른 손으로는 한 번에 한 가지씩 주변 산림을 설명하면서 손짓을 했다. 이런 손짓을 하면서 그는 한평생 바쁘게 연구했고 그 덕분에 우리는 넓게는 세계 전반을, 좁게는 열매와 그 향미의 세계를 새로운 방식으로 이해할 수 있게 되었다.

우리가 방문했을 당시에 일흔아홉 살이던 대니얼 잔젠은 수십 년간 다양한 논문을 발표해왔다. 가령, 박테리아가 썩은 냄새를 생성하는 이유는 포유류의 접근을 막아 사체를 독차지하기 위해서이고,[116] 우림에 사는 나무가 속이 비도록 진화한 이유는 그곳에 박쥐가 서식하도록 해서 박쥐의 똥으로 땅을 비옥하게 만들기 위해서이며,[117] 열대림이 다양한 이유는 초식동물과 기생충 때문에 식물이 어미그루 옆에서 자라지 못해서 어느 식물도 우세종을 형성하지 못하기 때문이라는 등[118] 수많은 주제들을 다루었다. 그의 무궁무진한 아이디어들 중에 음식에 대한 우리의 생각에 가장 큰 영향을 준 것은 먹히지 않고 남은 열매에 관한 것이다.

잔젠이 사는 숲은 온갖 향과 맛, 소리, 감촉으로 가득하다. 그곳은 모두가 먹고 모두가 죽음을 맞는 숲이지만, 그 어떤 종도 완전히 똑같은 방식으로 먹거나 죽지 않는다. 꼬리감는원숭이, 고함원숭이, 거미원숭이, 그리고 거미를 비롯한 수십만, 어쩌면 수백만 종이 사는 숲이며 그래서 세세한 부분을 간과해도 용서받을 수 있을 법한 곳이다. 그러나 잔젠은 세세한 것도 허투루 보지 않는다. 그는 작은 것까지 수집해서 그것을 지렛대로 삼아 일반성을 끌어낸다. 구체적인 것에서부터 보편적인 것으로 옮겨가는 것이다. 잔젠에게 열매에 관한 생각을 하게 만든 사소한 사건의 주인공은 바로 아무도 먹지 않는 카시아 그란디스(*Cassia grandis*)라는 수종, 즉 "발 냄새" 나무의 열매였다. 발 냄새 나무의 열매는 길이가 50센티미터 정도에 돌처럼 단단하고 모양은 양말 신은 발처럼 생겼다. 나무 한 그루에 이런 발 모양의 열매가 수백 개씩 열리는데, 열매 안에는 체커 말 모양의 씨가 들어 있다(크기는 체커 말의 절반 정도이다). 씨는 끈끈하고 달콤한 과육으로 덮여 있다. 과육은 당밀과 비슷한 농도이며 먹을 수 있는 데다가 향이 매우 강하다. 향미도 강한데, 주방장 앤드루 지머먼은 좋은 의미로 "엔초비와 피시 소스를 당밀과 섞은 것"과 비슷하다고 표현한다.

발 냄새 나무는 엄청난 에너지를 쏟아부어서 이 낯설고 냄새나고 (누군가에게는) 맛있는 열매를 만들지만, 누구도 먹지 않고 종자를 산포하지도 않는다.[119] 그 대신에 이 열매는 몇 주일이든 몇 달이든 나무에 매달려 있다. 그러는 동안 곰팡이가 올라와 껍질을 뚫고 들어간다. 그런 다음 열매가 땅으로 떨어지면 딱정벌레가 씨에 구멍을 뚫는다. 그러면 개미와 설치류가 조각들을 집어서 사방으로 옮겨준다. 그 덕분에 이들 카시아 그란디스 나무 중에 어미그루 밑에서 자라는 모종이 거의 없다.

그런데 잔젠이 숲속을 거닐다 보니, 이 나무만 그런 것이 아니었다. 야생 아보카도의 종자도 어미그루 아래에 떨어져 썩은 과육 안에서 죽어가고 있었다. 게다가 야생 아보카도와 발 냄새 나무만 그런 것도 아니었

그림 5.1 카시아 그란디스, 즉 발 냄새 나무의 열매. 벨리즈에서 사용되는 이 명칭이 열매의 모양과 관련 있는 것인지 아니면 씨를 싸고 있는 과육의 향과 관련 있는 것인지는 불분명하다.

다. 야생 파파야, 메스키트꼬투리, 사포딜라, 커스터드애플, 루쿠마(캐슈와 유사하다), 히카로(호리병박/옮긴이), 호그플럼, 호박 그리고 이것들과 비슷하게 커다랗고 특이한 많은 열매들이 곤충과 곰팡이, 박테리아의 먹이로 남아 있었다.

산포되지 않은 이들 열매는 각자 고유한 향과 맛과 모양, 즉 각자 나름의 정밀하고 유일무이한 생화학적 매력을 지니고 있었다. 망고나 아보카도 같은 열매의 중앙에 있는 커다란 씨는 딱딱해서 깨물어 먹을 수가 없고 독성이 있는 경우가 많다. 파파야 같은 열매에는 작고 부드러운(간혹 미끄러운) 씨가 많다. 어떤 열매는 과육이 기름지고, 또 어떤 열매는 달콤하며, 또다른 열매는 다육질에 다소 맛이 밋밋하다. 한마디로 말해서 이런 열매들은 각양각색이었다. 그러나 거의 모두가 크기가 컸고, 여물어도 열개하지 않았으며(스스로 열려서 씨를 방출하지 않았다), 향기로웠다. 이들 열매에는 덩치 큰 종자 산포자가 없는 것처럼 보였다. 확실히 잔젠의 눈에는 이 열매들이 아프리카에서 코끼리를 비롯한 거대 동물군이 먹는 과일과 같은 종류로 보였다.

잔젠이 나무에 매달려 여물어가는 발 냄새 나무 열매에 주목하기 몇 해 전, 폴 마틴은 지구 야생의 역사를 근본적으로 새로 써서 발표했다. 그는 클로비스인과 그 후손이 아메리카에 진출해서 거대 동물군을 사냥하기 시작하면서 급기야 멸종시켰다는 자신의 가설을 주장하기 시작했다. 잔젠과 마찬가지로 마틴도 거대한 발상, 즉 장대하고 우아하면서도 세부적인 사항을 중시하는 발상을 좋아했다. 마틴의 발상은 다른 사람들이 당연하게 여겼던 현상들을 주의 깊게 관찰한 결과를 바탕으로 한 것들이 많았다. 이렇듯 이 두 과학자는 전반적으로도 잘 어울리는 짝이었고, 특히 잔젠이 골몰하던 특정한 아이디어를 고려해보면 더할 나위 없이 궁합이 잘 맞았다.

마침 잔젠은 발 냄새 나무 열매가 나무에 남은 채 시들어가는 이유가 이 열매를 먹을 거대 동물군의 입과 장이 없어졌기 때문이라는 생각을 떠올린 터였다. 그는 큰 열매가 달리는 나무의 종자가 코스타리카에서 확산하지 않는 이유가 아마도 이런 열매를 먹고 배 속에 담아서 새로운 장소로 옮긴 후에 장을 비우는 산포자 역할을 할 포유류 종이 사라졌기 때문이라고 가정했다. 다시 말해서 멸종 때문이라는 가설을 세운 것이다. 거대하고 맛있는 포유류가 사라지면서, 이들의 부재 때문에 거대하고 때로는 맛있는 열매가 그대로 매달려 있게 되었다는 말이다.

이렇게 보면 누구도 따 먹지 않는 열매의 크기가 대체로 큰 이유가 설명된다. 이런 열매는 거대 동물군을 유혹하기 위해서 진화했기 때문이다. 많은 열매들의 겉껍질이 단단해서 깨뜨리기 힘든 이유도 설명된다. 비교적 작은 포유류가 껍질 속의 과육을 침범하지 못하도록 진화했기 때문이다. 또한 많은 종자들이 크고 단단한 이유 역시 설명된다. 포유류의 몸을 빠져나온 후에 발아할 수 있게 최대한 커졌고, 거대 동물군의 거대한 이빨로부터 다치지 않을 정도로 단단해진 것이다. 심지어 단단하지 않은 몇몇 종자가 크기가 작고 물렁물렁한 이유까지 설명된다. 치아 표면에서 미끄러져서 떨어져 나가거나 이빨 사이를 매끄럽게 빠져나가는 식으로 거대한 이빨의 공격을 피할 수 있게 진화했기 때문이다. 그래서 이들 거대한 열매들 사이의 차이점은 멸종된 거대 동물군 사이의 차이점과 이들의 세세한 장, 코, 맛 선호도 차이와 맞아떨어질 수 있다.

그런데 잔젠이 이런 발상을 발전시키는 데에는 문제가 하나 있었다. 그는 멸종된 포유류, 특히 중앙아메리카에서 멸종된 포유류에 대해서는 필요한 만큼 잘 몰랐던 것이다. 1977년 10월, 그는 폴 마틴에게 편지를 보내서 입이 거대한 거대 동물군과 거대한 열매에 관한 논문을 함께 작성하자고 제안했다. 그 편지는 이렇게 시작되었다. "저에게 좀 엉뚱한 생각이 떠올랐는데요.……같이 논문 씁시다." 마틴도 그의 계획에 동의하며 이렇게 답장을 보냈다. "정말 재미있는 편지에 재미있는 아이디어 군요. 제가 멸종된 몇몇 배고픈 초식동물 귀신을 불러낼 테니, 그 녀석들이 떨어진 과일을 먹는지 어디 한번 봅시다." 그리고 대략 이 계획대로 일이 진행되었다. 잔젠은 마틴의 도움으로 거대 농물군 중에서 어떤 종이 코스타리카에서 사라졌고 이들이 무엇을 먹었을지 구체적인 내용을 추가하여 아이디어에 살을 붙일 수 있었다.

마틴이 잔젠에게 들려준 바에 따르면, 7,000년 전만 해도 코스타리카에서 살며 열매를 먹었던 거대 동물들 중에는 여러 종의 거대한 땅나무늘보도 있었을 것이라고 한다. 이들은 거대한 열매가 나무에 달려 있는 동안 열매를 따 먹었을 수도 있다. 이들보다 크기가 작아서 곰 정도 되는 땅나무늘보는 땅에 떨어진 열매를 먹었을 것이다. 이외에도 다양한 코끼리들(장비목)도 있었다. 가령, 마스토돈과 곰포테어는 어디에서든 열매를 먹을 수 있었을 것이다.[120] 글립토돈이라고 불리는 곰만 한 크기의 아르마딜로, 자이언트페커리, 자이언트거북, 열대 말 등도 그 시절의 야생동물 무리에 포함되었다. 마틴은 이들 중에서 어느 동물이든지 만약 발 냄새 나무 열매를 먹는다면, 특히나 마스토돈이나 곰포테어가 먹는다면, 그 열매의 종자는 "거름이 될……커다랗고 훌륭한 똥 속에서" 자랐을 것이라고 했다.[121]

그렇게 이 두 과학자는 고대 포유류에 관한 마틴의 지식과 잔젠의 아이디어를 활용해서 논문을 함께 집필했다. 공동 작업을 시작한 지 4년

만인 1982년에 논문은 "신열대구에서 발견된 시대착오 : 곰포테어가 먹었던 열매"라는 제목으로 「사이언스(*Science*)」에 발표되었다. 이 논문은 슬프면서도 기상천외하고 경이로웠다. 이 논문의 핵심 개념은 「사이언스」 편집자의 말처럼 거의 "영화 각본처럼" 독특했다.

잔젠과 마틴의 생각이 옳다면, 이들의 아이디어는 실질적인 영향을 미칠 수 있었다. 거대 동물군이 사라져서 거대 동물 과실수가 확산되지 못했다면, 어쩌면 거대 동물군을 돌아오게 하면 이들 나무를 확산시킬 수 있을지도 모른다. 이를 확인하기 위해서 잔젠에게는 거대 동물이 필요했다. 그러나 멸종한 동물을 복제할 수는 없는 노릇이었다. 그 대신, 이들 종과 친척뻘 되는 동물들, 아니 최소한 그중 하나를 이용하면 될 것이었다. 한때 코스타리카에는 야생 말들이 살았다. 이 멸종된 야생 말은 유라시아에서 가축화되어 스페인 사람들에 의해서 아메리카로 건너온 말과는 먼 친척뻘이었다. 잔젠은 이 말의 혀, 코, 입, 장이 멸종된 말과 유사하므로 일종의 복제품, 즉 충분히 대역이 될 수 있다고 생각했다.[5]

잔젠은 히카로 나무(*Crescentia alata*)에 열린 거대 동물 과실수의 열매를 말에게 주었다. 히카로 나무에는 큰 오렌지만 한 크기와 모양의 열매가 달린다. 오래 전부터 중앙아메리카 원주민들은 히카로 열매를 잘라서 그릇으로 사용했다. 처음에는 석기를 사용해서 잘랐고 나중에는 마체테 칼을 썼다. 그러나 이런 도구를 사용해도 워낙 딱딱해서 열매를 쪼개기가 힘들다. 잔젠은 이 열매를 말에게 주었다. 만약 말이 열매를 쪼

개어 열 수만 있다면, 말은 열매도 먹고 똥으로 씨앗을 확산시킬 수도 있다.[122]

일반적으로 말은 입으로 약 550킬로그램의 압력을 발생시킬 수 있다 (이해를 돕기 위해서 비교하자면, 인간이 입으로 물어서 발생시키는 압력은 최대치가 약 70킬로그램이다. 그것도 어금니로 물었을 때에나 나오는 수치이다). 이 정도 압력이면 잔젠의 실험에서 충분히 히카로 열매 대부분을 깨뜨려 열고 씨를 싸고 있는 검은색 과육을 먹을 수 있었다. 그런데 히카로 열매 몇몇은 너무 질겨서 말이 껍질을 잘 깰 수가 없었다. 이 열매는 적어도 말만큼은 강한 입을 가진 포유류를 종자 산포자로 삼도록 진화한 것이다. 히카로 열매가 단단한 것은 가장 덩치가 큰 종자 산포자를 제외한 모든 것으로부터 종자를 비교적 안전하게 지킬 수 있게 적응한 결과이다. 그 결과, 이 열매의 과육은 말보다 크기가 작다면 어떤 포유류도 거의 먹을 수 없다.

말들은 히카로 열매 가운데 비교적 부드러운 것들을 먹은 후에 들판을 돌아다니다가 씨앗을 배출했다. 이렇게 나온 씨앗들은 영양분 덩어리인 말똥 안에서 싹을 틔웠다. 그리고 뒤이어 숲이 만들어졌다. 물론 이렇게까지 단순하게 진행되지는 않았지만, 그래도 거의 비슷했다. 사육된 말이 야생 말과 곰포테어, 글립토돈, 자이언트땅나무늘보가 했던 일을 어느 정도 대신해서 숲을 조성했고, 이제는 그 숲의 나무 그늘 아래로 야생동물들이 걸어다닌다.[6] 오늘날 코스타리카에 있는 히카로 나무들 대부분은 지난 수백 년에 걸쳐 말들이 활약한 결과물일 수도 있다. 오래된 과나카스테 나무(*Enterolobium cyclocarpum*, 코스타리카의 국가목), 서인도 느릅나무(*Guazuma ulmifolia*), 몽키포드 나무(*Pithecellobium saman*)

등도 마찬가지이다. 이들 모두 거대 동물 과실수이며, 지금은 말이나 소가 때때로 이들 나무의 열매를 먹는다. 말과 소가 자이언트땅나무늘보를 대체할 수는 없지만, 그래도 이제는 사라져버린 땅나무늘보의 역할 몇 가지는 대신할 수 있다. 특히 나무들이 잘려나가면서 숲이 훼손되어, 종자 하나하나를 심어서 복구해야 하는 곳에서 대신 활약할 수 있다.

이런 실험을 통해서 잔젠은 조금이나마 숲을 복구하는 데에 일조한 동시에, 거대 동물군과 이들이 먹었던 열매에 관한 그의 생각이 옳았다는 확신을 얻었다. 그는 다른 아이디어들로 넘어갔다. 연구해야 할 아이디어는 많았다. 그러면서 그는 검증 가능한 새로운 예측들을 많이 내놓았다. 그러나 이런 예측을 검증하는 데에 집중하지는 않았다. 그가 우리 두 사람에게 보낸 이메일에서 언급했듯이, 그는 "살라미를 더 얇게 써는 데에" 여생을 바칠 "생각이 없었다." 우리가 짐작하기에, 이 말은 그가 열매와 거대 동물군에 대한 전체적인 큰 그림을 스스로 만족할 만큼 완성도 있게 그렸다는 뜻이다. 그러나 여전히 풀리지 않은 커다란 수수께끼가 하나 있었다. 애초에 잔젠이 거대 동물 열매가 열리는 나무를 연구하게 된 계기는 어미그루 아래에서 열매 속 씨가 죽어가는 모습을 발견했기 때문이다. 그런데 왜 이런 나무들이 진작 멸종하지 않은 것일까? 거대 동물군이 멸종하고 1만 년에서 1만2,000년이 흘렀는데, 그가 조사했던 나무 개체들은 그만큼 오래되지는 않았다. 그동안 수많은 세대 교체를 거쳤다는 뜻이다. 어떻게 된 일인지는 모르지만, 충분한 종자가 살아남은 덕분에 싹을 틔우고 자라고 나무가 되어 지금까지 존속한 것이다. 대체 어떻게 된 것일까?

아마 나무들 일부는 소나 말이 산포한 종자에서 자라났을 것이다. 그러나 이것만으로는 모든 종이 살아남은 과정을 설명하지 못한다. 왜냐하면 소나 말이 먹지 않는 종도 있기 때문이다. 더군다나 거대 동물군의 멸종 시기와 유럽으로부터 말과 소가 도착한 시기 사이에는 대략 1만 년의 시차가 있었다. 나무들 가운데 또다른 일부는 설치류나 앵무새처럼 크기가 더 작은 동물에 의존해서 종자를 옮겼을 수도 있다.[123] 브라질에 있는 야자수 한 종은 입이 큰 조류 종이 그 지역에서 멸종되자, 열매의 크기를 줄이는 방향으로 진화했음이 최근에 밝혀졌다.[124] 커다란 열매 일부는 어쩌다 강에 떨어져 떠다니다가 새로운 장소로 흘러갔을 수도 있다.⁷ 그런데 이러한 종자 산포 방법들이 정말로 거대 동물 열매를 맺는 모든 수종의 나무가 살아남은 이유를 설명할 수 있을까? 여기에는 아직 한 가지 가능성이 더 남아 있다.

거대 동물군이 멸종된 이후, 아메리카를 비롯한 지구 전역에서는 인류의 인구밀도가 그 어느 때보다 높아졌다. 그러면서 인류는 한때 거대 동물군이 먹었던 열매를 훨씬 더 많이 먹기 시작했을 것이다. 발 냄새 나무와 히카로 열매처럼 많은 열매들이 영장류를 포함해서 몸집이 작은 포유류에게는 먹히지 않는 방어력을 지니도록 진화했다. 그러나 이런 방어력은 석기에 속수무책이었다. 게다가 이 열매들은 영양분이 많이 필요한 동물들을 유인하도록 진화했기 때문에 대체로 맛이 달았고 때로는 기름지거나 단백질이 풍부하기도 했다. 금단의 열매가 정말로 있었다면, 바로 이 열매들이었을 것이다. 향도 강하고 대체로 과육도 맛있는 이들 열매는 수백 년간 영장류가 접근할 수 없는 금단의 열매였다. 그러나 거대 동물군이 사라지자 이 열매들은 누구도 따 먹지 않고 나무에 고스란히 달려 있었다. 그리고 날카로운 돌을 사용하면 이 열매들의 껍질을 깔 수가 있었다.

한때 자이언트땅나무늘보와 마스토돈, 매머드 같은 동물이 했던 생태적 역할을 어쩌면 인류가 이어받았을지도 모른다. 이런 가설을 바탕으로 하면 검증 가능한 간단한 예측을 하나 할 수 있다. 만약 이들 열매의 생존에 인류가 중요한 역할을 했다면, 인류가 먹는 과실수가 인류가 먹지 않는 과실수보다 오늘날 더 흔해야 하지 않을까?

잔젠이 1980년대에 다양한 거대 동물 과실과무의 보편성이나 희소성을 검증하기는 어려웠을 것이다. 당시에는 열대식물 종의 분포 자료가 질적으로도 취약했고 제대로 통합되지도 않았기 때문이다(그리고 어쨌든 그는 살라미를 얇게 썰 마음도 없었다). 이 자료들은 지금도 여전히 질적으로 비교적 열악하다(게다가 자료 수집이 시작되기 전에 멸종된 종들은 모두 빠져 있다. 다시 말해서 1만 년 전부터 약 1920년 사이에 멸종된 종들에 대한 자료가 없다). 그래도 현재는 자료들이 최소한 통합되기는 했다. 최근에는 여러 연구진들이 이들 최신 통합 자료를 다양하게 활용해서 거대 동물 열매와 다른 열매들의 희소성을 비교했다. 그 결과, 거대 동물 열매를 맺는 나무들이 다른 방식으로 종자를 산포하는 나무들보다 멸종 위기에 처할 가능성이 대체로 더 높은 것으로 나타났다.[125] 예를 들면 (거대한 콩깍지가 열리는) 거대 동물 과실수인 켄터키커피나무(*Gymnocladus dioicus*)는 지금은 어디에서든 찾아보기 힘들어졌다. 어쩌다가 종자가 강물에 쓸려 땅으로 올라오면 강가를 따라 여기저기에서 발아해서 살아남는다.[126] 그런데 한 연구진이 훨씬 더 특별한 사실을 발견했다.

코스타리카에도 연구소가 있는 국제 연구기관인 국제 다양성 연구소에서 마르턴 판 조네벌트가 이끄는 연구진은 아메리카에 서식하면서 거대 동물 열매를 맺는 것으로 알려진 열대 수종 목록을 작성했다. 그런 다음, 이 나무들을 (아메리카 전역의 산림 지대에 사는 사람들에 관한 연구를 바탕으로) 인간이 먹지 않는 종, 인간이 먹는 종, 인간이 먹고 경작하는 종 등 세 가지 집단으로 분류했다. 그후에 각 집단의 평균 종의 지리적 범위를 계산했다. 판 조네벌트는 만약 고인류가 거대 동물 과실수의 열매를 먹고 그 종자를 뿌리는 방법 또는 일부러 심는 방법으로 그 나무가 살아남는 데에 일조했다면, 사람들이 맛있다고 생각한 종들이 맛없어서 먹지 않는 종들보다 지리적 범위가 더 넓을 가능성이 높다고 예상했다.

이런 예상과 비슷한 경우가 주엽나무(Gleditsia triacanthos)이다. 주엽나무는 콩과에 속하는 나무로, 잔젠이 연구했던 발 냄새 나무처럼 길고 딱딱한 콩 모양의 꼬투리가 열매로 달린다. 꼬투리 안에는 달콤한 과육이 씨를 감싸고 있다. 발 냄새 나무처럼 주엽나무의 꼬투리도 대개 땅에 떨어진 곳에서 썩는다. 그래도 주엽나무는 이곳저곳에서 무리를 이루고 있어서 흔히 찾아볼 수 있다. 노스캐롤라이나 주 서부와 테네시 주 동부에 특히 많다. 이런 무리는 대체로 축축한 서식지나 강가 서식지에 조성된다. 그러나 나무 자체는 살짝 더 건조한 고지대에서 발아를 가장 잘한다. 최근에 뉴욕 주립대학교 버팔로의 생태학자 로버트 워런은 주엽나무가 흔한 이런 지역들이 거의 예외 없이 한때 아메리카 원주민들의 정착촌이었다는 사실을 밝혀냈다. 특히, 대략 1450년에서 1840년 사이에 체로키 부족의 정착촌이었다.[127] 체로키 부족은 주엽나무를 음료에 사용했고 과육은 감미료로 썼다. 주엽나무에서 쾌락을 발견한 것이다. 이

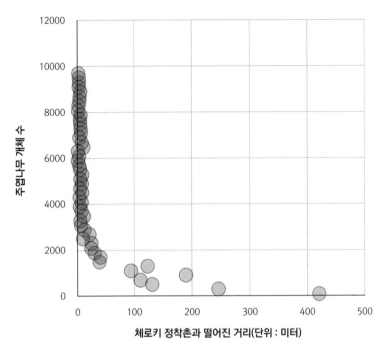

그림 5.2 과거 체로키 정착촌이었던 곳과 떨어져 있는 거리에 따른 주엽나무 밀집도.

렇게 함으로써 체로키 부족과 그들의 조상은 주엽나무의 생존을 도왔던 것으로 보인다. 그들은 주엽나무의 종자를 심기까지 한 것 같다. 그 결과 체로키 부족이 살았던 곳에서는 주엽나무가 살아남았다. 만약 (인간의 입맛에) 맛있는 거대 동물 열매들에도 일반적으로 이와 유사한 일이 일어났다면 어떨까? 판 조네벌트가 검증하고 싶었던 것이 바로 이 문제였다.

아메리카에서 살았던 고인류의 맛 선호도에 관한 자료들은 존재하지 않는다. 그러나 판 조네벌트는 지난 100여 년에 걸쳐 아메리카 열대림과 그 주변에 살던 공동체 사람들이 먹었던 열매에 관한 자료를 발견할 수 있었다. 예를 들면 발 냄새 나무와 그 친척뻘 되는 2종(카시아 레이안드라[Cassia leiandra]와 카시아 오키덴탈리스[Cassia occidentalis])의 열매를 사람들이 먹었다는 기록이 있었다. 그러나 그 이상의 정보는 없었다(가령 누가, 어디에서, 얼마나 오랫동안 그 열매를 먹었다는 정보는 없었다). 판 조네벌트의 연구진이 작성한 목록에는 그런 정보가 필요했을 것이다. 그의 연구진이 인간이 먹은 열매들과 먹지 않은 열매들을 비교하자, 인간이 먹은 열매들의 지리적 범위가 먹지 않은 거대 동물 과실수의 지리적 범위보다 1.5배 더 넓다는 것이 발견되었다. 거대 동물 과실수들 중에 현재 인간이 경작하는 나무들의 지리적 범위는 이보다 더 넓다.[128] 이와는 반대로, 발 냄새 나무의 친척뻘 되는 몇몇 종을 포함해서 과거나 현재에 인간이 먹지 않는 열매가 달리는 종들은 지리적 범위가 좁을 뿐만 아니라 점점 줄고 있다. 이것으로 보아, 인류는 거대 동물 열매를 게걸스럽게 먹는 방법으로 그 열매를 맺는 많은 나무들을 살리는 데에 일조했던 것으로 보인다. 좋은 맛이 이 종들을 구한 셈이다. 아니, 정확히 말하면 맛있음에 대한 인류의 자각이 그 종들을 구한 것이다. 반면에 다른 종들은 상황이 더 나빠졌다. 해마다, 날마다, 열매에서 거대 동물을 유혹하는 향을 발산해도 그들은 결코 다시는 오지 않았기 때문이다.[8]

6

향신료의 기원에 관하여

향미는 그 수가 무한히 많다. 녹일 수 있는 덩어리마다
그 무엇과도 온전히 닮지 않은 특별한 향미를 지니고 있기에…….
—장 앙텔므 브리야-사바랭

돼지는 마저럼(달콤하면서 상큼한 향이 나는 향신료/옮긴이) 기름을 피
해서 도망치고, 연고라면 종류를 막론하고 다 무서워한다.
때때로 우리에게는 새로운 생명을 주는 것처럼 보이더라도
뻣뻣한 털북숭이 돼지에게는 악취 나는 독으로 여겨지기 때문이다.
—루크레티우스, 『사물의 본성에 관하여』

포유류의 진화가 이루어진 처음 3억 년 동안, 인류 조상들은 그들이 구
할 수 있는 종들 가운데에서 먹이를 골라 먹었다. 고함원숭이는 외면하
고 매머드를 먹었듯이, 어떤 향미는 제쳐두고 다른 향미를 선택했다. 조
상들 중에는 다른 이들보다 더 많이 가리는 자들도 있었다(우리가 서로
다르듯이 그들도 서로 달랐다). 그러나 자연에서 나지 않는 향미를 선택
할 수 있는 자는 아무도 없었다. 게다가 따뜻한 그릇과 같은 입속에서
무심코 향미가 혼합되던 것을 제외하고는, 그 누구도 일부러 향미들을

섞지는 않았던 것으로 보인다. 요리는 새로운 향미를 선사했지만, 그 가능성에는 한계가 있었다. 매머드 발을 직화로 구울 때 고기를 더 촉촉하거나 덜 촉촉하게 구울 수 있고, 껍질을 더 바삭하게도 덜 바삭하게도 구울 수는 있었다. 그러나 결국 매머드 발은 어디까지나 매머드 발일 뿐이었다. 그러다가 요리한 음식에 향신료를 첨가하기 시작하면서 향미의 세계에 획기적인 발전이 일어났다. 이 과정에서 인류 조상들은 거의 모든 향미를 즐길 줄 아는 능력과 식물의 다양한 화학물질들을 활용했다. 그들은 새로운 향과 맛의 혼합을 창조했다. 그다음, 이런 혼합물을 좋아하는 법을 터득했다.

　지금까지 알려진 바로는 다수의 재료를 한데 섞어서 먹을 줄 아는 종은 인간이 유일하다. 침팬지는 고기에 콩을 더하지도 않고 향신료를 첨가하지도 않는다.[1] 그뿐만 아니라 인간들 사이에서도 향신료를 가미한 음식이 보편적이지는 않다. 일부 인구 집단에서는 어떤 향신료도 사용하지 않는다. 예를 들면『긴 활을 든 유목민(Nomads of the Longbow)』을 쓴 앨런 홈버그는 볼리비아의 시리오노 부족이 어떤 종류의 향신료도 넣지 않고 요리하는 것을 목격했다.[129] 마찬가지로, 야노마모 부족을 포함해서 아마존의 다른 수렵-채집 사회에서도 전통적인 식단에는 향신료가 들어가지 않는 듯하다. 몇몇 식물을 태운 재를 소금 대신 사용하는 것이 얼마 되지 않는 예외인 것 같다.[130] 이것은 아마존 유역에 사는 사람들만의 이야기가 아니다. 많은 인구 집단들이 전통적으로 음식에 향신료를 전혀 넣지 않거나 아주 조금만 넣는다.

　우리 두 사람은 이 책에서 "향신료"라는 용어를 넓은 의미로 사용한다. 그래서 영양가 때문이 아니라 다른 이유로 음식에 사용되는 여러 식

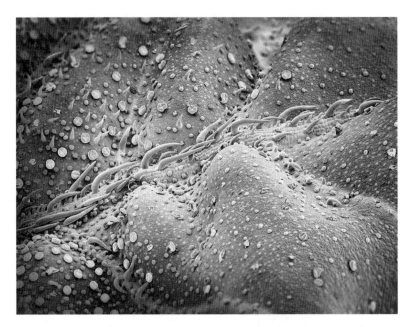

그림 6.1 민트 잎. 잎 표면에 있는 몹시 쭈그러든 구슬들은 허브 대부분이 그렇듯이 민트의 화학무기를 보관하는 작은 용기이다. 누군가가 잎을 물거나 찢거나 부스러트리면 이 용기 속의 내용물이 분출된다.

물 부위들을 향신료로 본다. 이들은 주로 소량으로 사용되지만, 그러면서도 고유의 향과 맛을 드러낸다. 우선, 흔히 "허브"라고 불리는 향신료들은 식물 부위 가운데에 잎으로 된 것들을 말한다. 페퍼민트, 스피어민트, 오레가노, 바질, 베이, 레몬그라스 등이 모두 허브이다. 많은 허브 잎 위에는 작은 구슬 같은 것들이 붙어 있는데, 식물은 그 안에 화학물질을 저장한다. 우리 입안에서 혹은 허브 잎을 따거나 찢을 때 이 구슬들이 소형 폭탄처럼 터지면 그 속에 있던 화학물질들이 폭발하듯이 공기 중으로 나온다. 다음으로 겨자나 커민, 아니스와 같은 향신료는 씨앗이다. 이외에 고추, 후추, 레몬, 라임과 같은 향신료는 열매이다. 반면, 마늘과 양파를 비롯한 그 친척뻘 되는 많은 향신료들은 알뿌리이며, 정향은 꽃눈, 사프란은 크로커스 꽃의 암술이다.

향신료를 사용하는 행위는 기만적으로 느껴질 만큼 간단하다. 이 특별한 것을 냄비나 팬, 그릇에 소량 첨가하면, 결과물로 나오는 음식의 향미가 달라진다. 그런데 실제로는 그렇게 간단한 문제가 아니다. 대부분의 경우, 향신료를 넣어서 섞을 냄비나 팬, 그릇, 아니면 최소한 재료를 담을 수 있는 용기가 필요하다(물론, 요리하려는 고기의 표면에 비비는 식으로 향신료를 뿌릴 수도 있다). 아니면 구멍을 파고 밀봉해서 그릇처럼 사용하는 방법으로 문제를 해결할 수도 있다(여기에 뜨거운 돌을 더하면 액체를 끓일 수도 있다). 그런데 다른 문제가 하나 더 있다. 오늘날 음식에 향미를 더하기 위해서 사용하는 모든 향신료를 본질적으로 강한 냄새가 나는 식물 부위에서 얻는다는 사실이다. 그 부위가 알뿌리든 잎이든 씨앗이든 상관없이 다 그렇다. 대부분의 경우, 이런 식물이 우리가 냄새가 강하다고 인식하는 화학물질 생성 능력을 진화시킨 목적은 천적을 물리치기 위해서였다.

수억 년 전, 최초의 식물이 육지에 서식하기 시작했다. 훨씬 후에 최초의 동물이 물가로 기어올라오자, 이들 식물은 상대적으로 무방비 상태가 되었다. 최초의 육상동물들에게 지구는 끝없는 샐러드와 같았다. 그러나 그것도 잠시였다. 이런 환경에서는 식물들 중에서도 잎과 씨 등의 생식기관이 독성을 지니도록 진화시킨 식물들이 훨씬 더 살아남을 가능성이 높았다. 그리고 결과적으로도 그렇게 되었다.

결국에는 대부분의 식물들이 방어력을 진화시켰다. 어떤 방어력은 물리적인 것이었다. 가령, 초지식물에 있는 소량의 실리카는 가장 덩치가 큰 초식성 포유류조차도 무릎을 꿇게 할 수 있다. 실리카 때문에 풀에서 끔찍한 식감이 느껴지기 때문이다. 실리카가 많이 함유된 식물을 먹으면 마치 상추를 깔고 그 위에 모래를 뿌려 먹는 느낌이 든다.[131] 많은 경우에는 화학적 방어를 사용한다. 식물은 경련, 구토, 사망이라는 방법을 통해서 초식동물을 벌주는 방향으로 화학적 방어력을 진화시켰다. 이 같은 방어법은 주로 초식동물을 단념시키는 동시에 식물의 병원체를 죽이는 이중적인 역할을 했다. 그러자 이런 화학물질에 맞서서 (일부 병원체가 그러했듯이) 각각의 동물들이 대항책을 진화시켰다. 어떤 종들은 일부 화학적 방어력을 무력화하는 전문 능력도 길렀다. 그러자 이번에는 식물이 새로운 방어력을 진화시켰다. 이렇게 전진과 후퇴를 반복하면서 지구에 사는 식물과 식물을 먹고 사는 동물의 다양성이 크게 높아질 수 있었다.[132] 그리고 이런 전진과 후퇴는 지금도 진행 중이다. 지중해 연안 일대에는 많은 백리향, 즉 타임(*Thymus*)과 그 변종이 야생에서 자란다. 다양한 타임 변종들은 다양한 방어 향을 만든다. 흔히 한 언덕에서 자라는 품종은 근처의 다른 언덕에서 자라는 품종과는 다른 향을 만들어낸다. 이렇게 언덕에 따른 차이는 그곳에 어떤 초식동물 혹은 천적이 가장 많은지에 따라 어느 정도 결정되는 것으로 밝혀졌다.[2] 양은 드문데 민달팽이는 흔한 곳에서는 민달팽이를 퇴치하는 향을 만드는 타임 품종이 잘 자란다. 양을 흔하게 볼 수 있는 곳에서는 양이 싫어하는 향을 생성하는 품종이 가장 흔하다. 마찬가지로 지중해 연안에서 자라는 타임 바질[3]은 염소와 양이 접근할 수 없는 지역에서 자랄 때에는 향이 강력한 화합물을 훨씬 적게 생성한다. 경고를 보낼 대상이 없으면 경고를 적게 보내는 것이다. 이런 사실을 비롯해서 여러 관찰 결과들을 바탕으로, 일부 과학자들은 지중해 연안과 중동 지역에서 자라는 식물의 향이 수천 년간 양과 염소가 초식을 한 결과라고까지 주장한다. 지금까지 남아 있는 종과 변종은 가장 강력한 방어력으로 보호된 것들이다.[133] 예를 들면 오늘날 유럽에서 지리적으로 가장 널리 퍼져 있는 타임은 가장 강력한 화학적 방어력을 갖춘 변종이다.[134]

어디에서든지 초식동물과 식물 사이의 전쟁은 결코 끝나지 않았다. 그리고 앞으로도 이들 사이에 종전은 절대 없을 것이다. 그러나 인류의 몸은 많은 식물 종, 식물 계통과 휴전협정을 체결했다. 우리는 입안에서 느끼는 쓴맛으로 휴전을 실감한다. 인류 조상들을 포함해서 동물의 쓴맛 수용체는 해독할 수 없는 식물이니 피하라는 경고를 보내게끔 진화했다. 쓴맛 수용체는 동물마다 해독 가능한 대상이 무엇인지에 따라 조금씩 다르다. 쓴맛 수용체 덕분에 동물은 먹어서는 안 되는 것을 쉽게 알아낼 수 있게 되었다. 가령, 인간에게는 스트리크닌 성분이 있는 식물을 피하라고 알려주는 쓴맛 수용체도 있고, 카페인을 피하라고 경고하는 쓴맛 수용체도 있다. 홉에 함유된 15가지의 다양한 화합물들은 인간의 쓴맛 수용체 3개 중에 최소한 1개를 작동시킨다.[135] 이에 대한 보답으로 식물은 향이라는 선물을 준비했다. 향 그 자체에는 독성이 없지만, 식물에는 독소가 있다는 것을 경고하는 향을 생성하도록 진화한 것이다. 제왕나비의 경계색이 새들에게 "날 잡아먹지 마"라고 이야기하듯이 몇몇 식물의 향도 그런 역할을 한다. 그러면 동물은 독 냄새가 나는 식물을 피함으로써 쓴맛 나는 식물을 맛볼 상황을 면하면서 자신의 생존 가능성을 높일 뿐만 아니라, 그 식물을 비교적 평화로운 상태로 남겨둘 수 있게 된다.

이런 측면에서 보면, 향신료를 사용하는 것은 자연의 경고를 무시하는 행위이다. 인간은 고농도의 화학적 방어물질이나 경고성 향을 지닌 식물을 일부러 채집해서 대체로 소량을 음식에 첨가한다. 가령 민들레와 딜의 쓴맛을 내는 화학물질들은 사실 독이다. 마늘, 민트, 타임, 딜의 향긋한 향은 독이 있다는 경고이다. 이들은 조금의 모호함도 없이 이렇게 말하는 셈이다. "끔찍하게 이를 갈고 고약한 입 냄새를 풍기는 이 짐승아, 꺼져버려. 안 그러면 큰코다친다." 이러한 경고에도 불구하고 그 식물을 먹는다는 것은 대담한 행동이다. 그런데 우리는 이런 행동에 무뎌져버렸다. 향신료의 향미와 향에 너무도 익숙해진 나머지, 이제는 이들 향신료를 섭취하는 것이 이례적이라고 여기지 않는다. 그렇다면 향신료와 관련해서 설명해야 할 것이 두 가지 있다. 첫째, 인간이 이렇게 선뜻 향신료가 쾌락을 준다고 어떻게 확신하게 되었는지를 우선 설명해야 한다. 둘째, 인간이 왜 그렇게 확신하기 시작했는지, 왜 음식에 향신료를 첨가하게 되었으며, 왜 향신료를 가미한 음식을 즐기기 시작했는지를 파악해야 한다.

인간이 어떻게 향신료를 즐길 줄 알게 되었는가 하는 첫 번째 질문은 사실 두 번째 질문보다 답을 찾기 쉽다. 아기는 자궁 내에서부터 특정 향신료의 향(그리고 종국에는 향미)을 즐기는 법을 배우기 시작한다. 그런 다음, 이렇게 학습한 내용은 아기가 태어나면서 강화된다.

임신 기간에 태아는 어머니가 섭취하는 음식의 맛과 향을 경험한다.

음식에서 나온 화학물질들은 양수로 들어가 태아의 코로 이동한다. 태아는 양수라는 작은 바다를 떠다니면서 그 안에서 쿵쿵거리며 냄새를 맡을 수도 있다. 태아는 어머니의 향 속에서 헤엄치면서 그 향이 즐거움을 준다는 것과 세상에 태어나면 찾을 만한 가치가 있는 향이라는 것을 배우게 되는 것 같다. 심지어 그 향이 식물의 방어작용을 담당하는 화합물이라고 해도 마찬가지이다. 가령, 어미 양이 마늘을 먹으면 양수에서는 마늘에 들어 있는 방어작용을 하는 화학물질 냄새가 난다.[4] 그러면 어미 양의 배 속에 들어 있는 태아 상태의 새끼 양이 그 향을 맡는다. 이렇게 그 향에 노출된 양은 태어난 후에 그 향을 선호한다. 한편, 임신한 쥐의 양수에 마늘을 주사하면, 그 쥐의 새끼는 태어나자마자 마늘을 주면 자기도 모르게 젖을 빨려고 한다. 분홍색 입술을 오므리고 어미 쥐를 찾는 것이다. "마늘 냄새가 나는 우리 엄마, 어디 있어요?"

인간을 대상으로 한 연구에서는 동물 대상 연구와 달리 비침습적 실험(피부를 관통하거나 신체에 상처를 내지 않고 진행하는 실험/옮긴이)이 진행되었는데 그 실험 결과는 비슷했다. 프랑스 국립과학연구소(Centre National de la Recherche Scientifique, CNRS)에 소속된 브누아 샤알과 동료 연구자들은 프랑스 알자스 지방에 사는 여성들을 두 집단으로 나누어 비교했다. 한 집단은 임신기 마지막 열흘 동안 아니스 향미가 나는 박하사탕과 쿠키, 시럽을 원하는 만큼 먹게 했다. 다른 집단에는 아니스 향미가 나는 음식을 주지 않고 그런 음식을 삼가달라고 했다(이들은 이 요청을 잘 따라주었던 것으로 보인다). 그런 다음, 연구자들은 두 집단의 여성에게서 출생한 아기들이 아니스 향의 원인이 되는 화합물인 아네톨을 좋아하는 정도가 다른지를 시험했다. 아니스를 먹지 않았던 여성이 낳은 아기는 많이 희석시킨 아네톨 표본을 주자 대체로 불쾌하다는 표정을 지었다.5[136] 반면, 아니스를 먹었던 여성의 아기는 아네톨 냄새가 나는 쪽으로 고개를 돌려서 혀를 내밀고 마치 입술을 핥듯이 혀를 움직이려고 했다.

인간을 대상으로 한 또다른 연구에서는 임신 중에 마늘을 먹은 여성의 아기가 마늘 향을 맡자 젖을 빨 듯이 입술을 오므렸다. 최근에는 완두콩, 그린빈, 그리고 까망베르나 묑스테르, 에푸아스 같은 유황화합물을 함유한 치즈의 자궁 내 향미 효과도 입증되었다. 임신 중에 완두콩, 그린빈, 기타 녹색채소를 먹었던 여성의 생후 8개월 아기는 녹색채소 냄새와 관련된 향(2-이소부틸-3-메톡시피라진)을 선호하는 모습을 보였다. 임신 중에 유황화합물을 함유한 치즈를 먹은 여성의 생후 8개월 아기는 (유황 치즈와 마늘에 모두 들어 있는) 디메틸 설파이드 냄새를 선호하는 모습을 보였다. 모유 수유 중에 생선을 먹었던 여성의 아기는 생선 향, 아니면 최소한 생선 향을 내는 화합물인 트리메틸아민을 즐기는 경향을 보였다.[137] 이 경우에는 트리메틸아민이 생선을 먹은 여성의 양수와 모유에서 모두 발견되었다. 항상 그런 것은 아니지만, 양수와 모유 수유와 관련된 이런 효과는 간혹 유년기와 그 이후까지 존속되기도 하는 것으로 보인다.[138]

자연은 인간을 비롯한 동물들에게 어머니를 믿고 어머니가 먹은 음식에서 나는 향을 신뢰하라고 가르친다. 인류 조상들이 살았던 작은 공동체 안에서는 소수의 예외를 제외하면 대체로 어머니의 음식에서 나는 향과 어머니의 공동체의 음식에서 나는 향이 같았다.6

포유류인 우리가 출생 전후에 경험하는 후각 학습의 최종 결과는 무엇일까? 바로 출생 후에 따로 가르치지 않아도 유익한 음식과 위험한 음식에 대한 지식을 대물림해서 축적할 수 있다는 것이다. 여기에서 잠시 침팬지의 요리 전통 이야기로 돌아가보자. 침팬지 역시 출생 전 학습만으로도 새끼 침팬지에게 이들이 먹어야 하는 많은 먹이들, 특히 향이 강한 먹이들에 대해서 충분히 가르칠 수 있다. 이는 600만 년 전 인류와 침팬지의 공통 조상들도 마찬가지였을 것이다. 그리고 오늘날의 우리도 마찬가지이다. 다만 우리에게는 한 가지 특성이 추가되었다. 우리는 말하는 능력 덕분에 선호라는 아주 오래된 뼈대 위에 복합성을 쌓을 수 있다. 어머니는 몸으로 우리에게 무엇을 좋아할지 가르쳐주고, 부모님은 말로 우리에게 무엇을 좋아할지 다시 일깨워준다. 그후 공동체가 행동과 요리를 통해서 이 두 가지 영향력을 강화시킨다. 덕분에 우리는 공동체 사람들이 무엇을 좋아하는지 다시 떠올릴 수 있다. 그 결과로 인류 조상들은 비교적 쉽게 향신료를 좋아하는 법을 터득했을 것이며, 이와 동시에 과거에는 그렇지 않았다는 사실을 쉽게 잊었을 것이다.

그런데 대체 언제 그리고 왜 몇몇 인간들이 향신료를 사용하기 시작했을까? 그리고 무슨 이유로 향신료를 좋아하는 법을 배워야 했을까?

고고학 기록을 여기저기 살펴보면, 향신료를 사용했는지(그리고 사용하지 않았는지)에 대한 증거를 찾을 수 있다. 예를 들면 시리아의 데데리예 동굴에서는 6만 년 전 네안데르탈인이 사용한 화로 안에서 팽나무(Celtis) 열매가 발견되었다.[139] 이 지역에서 나는 팽나무 열매는 북아메리카산 열매와 마찬가지로 다소 불쾌한 맛이 나서 단독으로 먹기에는 그다지 좋지 않다. 미국 남서부 사막 지대에 사는 아메리카 원주민들은 이와 비슷한 팽나무 열매를 향신료로 사용하는데, 말린 후추를 사용하듯이 고기를 조리하는 동안 팽나무 열매를 첨가한다. 네안데르탈인들도 고기에 향미를 더하기 위해서 요리하기 전에 팽나무 열매를 고기 위에 뿌렸을까? 아직은 아무도 모른다.

향신료 사용 사례에 관한 가장 오래된 기록 중의 하나는 놀랍게도 그다지 오래된 것이 아니다. 기껏해야 6,600년 전으로 추정되는 고고 유적지에서 나왔기 때문이다. 그 증거는 요크 대학교의 고고학자 헤일리 솔과 올리버 크레이그(솔의 지도교수이기도 하다), 그리고 스페인과 덴마크의 동료 학자들이 공동으로 진행한 연구에서 나왔다. 이 연구에서는 많은 고고 유적지들을 연구 대상으로 삼았는데, 그중에서 가장 면밀한 작업이 이루어진 곳은 독일 북부에 있는 유적지였다. 이곳은 농경 문화가 북쪽으로 확산되고 수렵-채집인들의 식습관이 과도기를 겪던 시기의 유적지이다. 이 노이슈타트 유적지는 기원전 4600년경에 수렵-채집인들이 살다가, 이들이 농경 문화로 이행하면서 800년을 더 살았던 곳이다. 그래서 솔과 크레이그, 그리고 동료 학자들은 수렵-채집 생활방식이 농경 생활방식으로 어떻게 이전되었는지를 이곳에서 연구할 수 있었다. 이를 알아내기 위해서 그들은 이 유적지에서 제작된 토기와 먹었던 음식이 시간이 지나면서 어떻게 달라졌는지를 바탕으로 연구를 진행했다. 이곳에 가장 먼저 거주했던 수렵-채집인들은 "에르테볼레" 양식의 커다란 토기를 만들어서 썼기 때문에 에르테볼레인으로 불린다. 그후 농경 시대의 거주자들은 이보다 크기가 더 작은 이른바 "푼넬비커" 양식의 토기를 만들어 사용해서 푼넬비커인이라고 불린다(이런 식의 고고학 명명법을 따른다면, 현재의 우리는 아마도 "플라스틱컵인"쯤 될 것 같다).

솔, 크레이그와 동료 학자들은 에르테볼레 토기 안에서 고고학자들이 "푸드크러스트(용기 표면에 붙어 있는 까맣게 탄 퇴적물/옮긴이)"라고 부르는 것을 발견했다. 무엇보다도 이것은 고대 북유럽인들이 요리를 썩 잘하지는 못했다는 증거였다. 그러나 그 사람들이 무엇을 먹고 살았는지를 연구하는 데에도 활용될 수 있었다. 에르테볼레 수렵-채집인의 푸드크러스트 안에는 고기도 있고 식물도 있었다(반면, 더 나중에 만들어진 푼넬비커 토기는 대개 고기용, 식물용 등 따로 구분해서 사용되었다). 솔은 다양한 실험적 접근법으로 에르테볼레 푸드크러스트 속의 고기가 야생동물의 고기라는 사실을 파악했다. 대략 절반은 해상동물이고 절반은 육상동물이었는데, 말하자면 생선과 사슴 고기가 반반이었다고 보면 된다. 한편, 식물성 재료 일부는 몇몇 기본 먹거리(크레이그가 보낸 이메일에 따르면 아마도 헤이즐넛과 도토리로 추측된다)에 함유된 전분이었는데, 그중에는 마늘냉이(*Alliaria petiolata*) 씨에서 나온 전분이 많았다. 마늘냉이는 마늘이나 부추와는 아무런 관련도 없고, 겨자 집단에 속하며 마늘 냄새가 나는 식물이다. 연구진은 냄비에 딱딱하게 붙어 있는 상태로 발견된 이 마늘냉이가 향신료로 사용되었을 것으로 추측한다. 다시 말해서 연구진은 에르테볼레 수렵-채집인들이 고기, 지방, 약간의 전분, 마늘냉이 향신료가 들어간 고대 스튜 요리를 먹었다는 증거를 발견한 것 같다. 이 스튜의 요리법은 다음과 같이 간단했을 것이다.

물고기나 포유류의 고기를 준비한다. 토기 안에 물을 붓고 고기를 뼈, 힘줄과 함께 넣는다. 요리되는 동안, 헤이즐넛이나 뿌리를 첨가한다. 마지막으로 마늘냉이를 넣고 섞어서 맛을 낸다. 다 함께 나누어 먹는다.

솔과 크레이그의 연구진이 몇몇 요리용 토기에서 밀랍도 발견한 것을 보면 요리법에 꿀이 추가되었을 가능성도 있다. 크레이그는 이메일에서 에르테볼레 수렵-채집인들이 토기를 사용하기 시작하면서 이런 종류의 요리를 만들어 먹을 수 있었던 것 같다고 추정했다. "만약 저들이 요리용 냄비를 발명해서 사용한 주된 이유가 요리 미학의 일환으로서 음식의 향미와 질감을 새로운 방식으로 결합하기 위해서였다면 어떨까요?"

우리 두 사람은 요리용 냄비 안에서든 다른 맥락에서든 간에 향신료를 포함한 요리 미학이 다양한 문화권에서 다양한 향신료를 가지고 다양한 이유로 시작되었을 것이라고 생각한다. 어떤 향신료는 색다른 미학적 문화의 발현을 나타내는 것일 수도 있다. 다른 향신료는 요리를 통한 일종의 예방 의학으로 시작되었을 수도 있다. 코넬 대학교의 명예교수 폴 셔먼은 향신료가 처음에는 음식 속의 병원체를 죽이기 위해서 사용되었을 것이라고 주장했다. 또한 향신료는 남은 음식에 (또는 완전히 깨끗하게 씻지 않은 그릇에 무심코 남은 음식에) 병원체가 하룻밤이나 며칠 동안 자리 잡지 못하게 막는 역할을 했을 수도 있다. 인류는 남은 음식을 잘 보존하려고 향이 강한 식물 부위를 특별히 향신료로 사용했을 것이다.[140] 이렇게 식물을 향신료로 사용하는 일은 더 오래 전에 식물을 약으로 사용하던 일이 확장된 것일 수도 있다. 오늘날에도 많은 향신료가 약으로도 쓰이고 향신료로도 쓰인다. 가령, 쓴잎(*Vernonia amygdalina*)이라는 이름의 식물은 약으로도 쓰고 향신료로도 사용한다. 나이지리

아식 고기 스튜인 에구시에 쓴잎을 넣는 것이 그 좋은 사례이다.7[141]

앞에서 살펴보았듯이 자궁 내에서나 출생 이후에 우리가 어떻게 향을 좋아하거나 싫어할 줄 알게 되는지에 대해서는 어느 정도 알려져 있다. 셔먼의 가설은 이렇게 알려진 내용과 잘 맞아떨어진다. 앞에서 우리가 살펴보았듯이 출생 전 학습으로 인간은 다양한 종류의 향(그리고 이와 관련된 향미)을 좋아하는 법을 배운다. 그런 다음, 이렇게 학습된 내용이 살면서 다시 학습을 통해서 보완된다. 제3장에서 언급했듯이 우리는 새로운 향을 알게 되면 어느 정도는 그 향과 관련된 기억이 좋은지 또는 나쁜지에 따라 순위를 매긴다. 좋은 기억이 많은 향은 좋은 향으로 순위에 오른다. 가령 이렇게 상상해보자. 자궁 속 태아가 아니스에 노출되면 아기는 태어나서 아니스 향과 향미를 좋아하게 된다. 그러다가 이 아이가 유년기를 거치고 계속 살아가면서 아니스와 관련된 긍정적인 경험을 많이 하게 되면, 태어났을 때부터 아니스를 좋아하던 그 마음이 강화된다. 역으로 아픔과 관련된 향은 순식간에 부정적인 향으로 각인된다. 인간은 단 한 가지 사건만으로도 어떤 향을 싫어하게 될 수 있다. 가령 구토와 관련된 향이 그렇다(이를 가르시아 효과[Garcia effect]라고 한다). 우리는 음식을 상하지 않고 안전하게 유지해준 향신료들을 자궁 안에 있을 때나 태어나서 사는 동안이나 즐거움을 주는 존재로 알게 될 것이다. 반면 같은 요리이지만 향신료를 넣지 않은 경우, 그 요리 때문에 한 번이라도 식중독에 걸리면 그 요리의 향은 나쁜 것으로 학습될 수 있다.

셔먼의 아이디어로는 일련의 예측도 가능하다. 그중에는 미묘한 예측도 있다. 예를 들면 향신료는 항균성 화학물질이 가장 활성화된 형태로 사용되었을 가능성이 가장 높다. 그렇다면 가열 요리 과정을 거쳐도 화

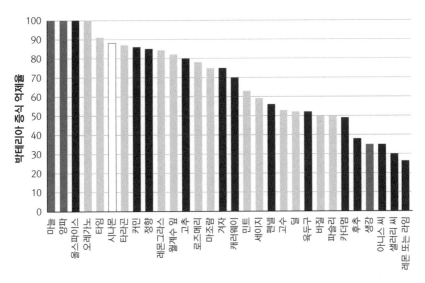

그림 6.2 향신료나 향신료의 화학적 화합물이 억제할 수 있는 식품 매개성 병원체의 비율. 향신료로 사용된 식물 부위는 막대 그래프의 진하기로 구분했다. 회색 막대는 구근이나 뿌리 혹은 알뿌리를, 흑색 막대는 씨앗이나 열매를, 딱 하나 있는 백색 막대는 나무 껍질을, 밝은 회색 막대는 잎을 사용한 경우이다.

학 작용이 유지되는 향신료는 가열 요리에 사용되었을 것이다. 반면 가열하지 않았을 때 화학 작용이 가장 크게 일어나는 향신료는 익히지 않은 상태로 사용되었을 가능성이 높다. 가장 단순하게 예측하자면 향신료는 탈이 날 수 있는 음식에 들어 있는 박테리아를 죽일 수 있어야 한다. 최소한 실험실 환경에서는 많은 향신료가 정확히 그런 역할을 한다. 페트리 접시에 특정 향신료가 들어 있는 경우와 들어 있지 않은 경우로 나누어 박테리아를 증식시키는 실험을 했다. 그림 6.2에서 확인할 수 있듯이 실험실 연구 결과, 향신료로 사용된 **일부** 식물들은 항균 작용을 하는 것으로 나타났다. 적어도 실험실 연구에서 사용된 농도에서는 항균성을 지녔다(이와 반대로, 다른 식물들은 이 농도에서도 항균 작용을 하지 않았다). 항균성을 지닌 이런 향신료들 중에 마늘을 비롯한 파 속 식물 (예를 들면 양파와 부추)에 관해서는 비교적 활발히 연구가 진행되었다.

마늘을 비롯한 파 속 식물은 방어력의 원천이 되는 독특한 화학무기를 장착하고 있다. 마늘의 경우 이 무기는 두 가지 핵심 화합물, 즉 알린과 알리나제에 의해서 작동된다. 이들 화합물은 마늘 구근 속 별도의 공간에 저장되어 있다가 구근이 훼손되면 그때에서야 서로 접촉한다. 알리나제는 효소이다. (곤충이나 설치류, 인간이) 마늘 구근을 깨물면, 알리나제가 알린과 접촉하면서 순식간에 알린이 알리신으로 전환된다. 마늘의 톡 쏘는 향이 바로 이 알리신에서 나온다. 양파도 마늘과 거의 유사하다. 다만 양파에서는 제2차 반응이 일어나서 양파에 있는 알리신과 같은 화합물이 한 번 더 변형되어, "최루성 물질(눈물 제조기)"로 알려진 화학물질이 된다. 파 속 식물들 가운데 양파만 최루성 물질을 생성하는 것은 아니지만 양파가 가장 많이 만들어낸다. 이런 최루성 물질이 우리 (혹은 숲속에 사는 설치류)의 눈에 들어가면, 신경 말단을 자극하면서 유황산을 비롯한 더 성가신 화합물로 다시 분해된다.[8]

이렇듯 마늘을 비롯한 파 속 식물은 먹히지 않기 위한 강력한 방어 수단을 갖추고 있음에도 불구하고, 전 세계의 요리법에 많이 등장한다. 파 속 식물은 아마도 그 항균성 때문에 우리가 (대대로 어머니로부터) 좋아하도록 배운 향신료 후보에 들어가는 듯하다. 그런데 마늘을 넣은 고대 요리와 마늘을 넣지 않은 고대 요리를 만들어서 이들 요리에 어떤 일이 벌어지는지 알아보는 실험은 아무도 한 적이 없었다. 그래서 우리가 직접 해보기로 했다. 이를 위해서 우리는 얼마 전 노스캐롤라이나 주 롤리에 소재한 고등학교 두 곳의 학생들과 푸하디(양고기 스튜/옮긴이) 요리를 만드는 실험을 진행했다.9 물론 파 속 식물을 첨가해서 만들고, 첨가하지 않고도 만들었다. 그런 다음, 상온에 두고 스튜 안에서 무엇이 자라는지를 보기로 했다. 우리는 예일 대학교의 바빌로니아 소장품에 속한, 3,600년 전의 점토판에 설형문자로 적힌 요리법대로 푸하디를 만들었다.10[142] 최근에 하버드 대학교와 예일 대학교 석학들이 이 요리법들을 재구성해서 『고대 메소포타미아가 말하다(*Ancient Mesopotamia Speaks*)』라는 제목의 책으로 출간했다.[143] 이 책을 보면, 거의 모든 요리에 하나 이상의 파 속 식물이 등장한다. 우리가 그중에서 푸하디를 선택한 이유는 이 요리에 양파, 샬롯, 마늘, 부추 등 다양한 파 속 식물이 네 가지나 등장하기 때문이다. 요리법은 다음과 같이 적혀 있었다.

양고기 스튜. 고기를 사용한 요리이다. 물을 준비한다. 기름을 첨가한다. 고운 소금과 말린 보리빵, 양파, 페르시아 샬롯, 우유를 넣는다. 부추와 마늘을 다져서 첨가한다.

고대 바빌로니아 시절보다 훨씬 전에도 바빌론 지역과 기타 지역에서는 이와 비슷하게 마늘이 들어간 스튜를 먹었던 것 같다.11

이번 실험을 위해서 학생들은 푸하디 요리법을 여러 가지로 새로 변형했다. 여러 파 속 식물들을 넣고 빼고 하면서 여러 차례 1인분의 요리를 만들었다. 그런 다음 어떤 일이 벌어지는지를 관찰했다. 학생들의 기대에 부응해서 기쁘게도, 파 속 식물이 들어가지 않은 푸하디는 금세 상했고(못 먹게 되었고) 고약한 냄새를 풍겼다. 파 속 식물이 들어간 푸하디는 며칠 동안 거의 변하지 않았다.

이처럼 역사 속의 파 속 식물 활용법은 일부 향신료가 처음에는 향균제로 쓰였을지도 모른다는 예상과 궤를 같이하는 것 같다. 파 속 식물은 오늘날에도 요리법에서 항균 역할을 한다. 그래서 인간은 파 속 식물을 피하려는 성향을 아무리 타고나더라도 (그리고 파 속 식물에 그런 의지가 있더라도) 이들을 좋아하게 된다. 그런데 만약 향신료와 음식의 보존 사이에 더욱 일반적인 연관성이 있다면, 향신료를 사용하는 장소와 방법 측면에서도 좀더 폭넓고 전반적인 경향이 나타날 것이라고 예상해야 한다. 덥고 습해서 병원체가 빠르게 자라는 환경이라면 향신료 사용이 더 흔할 것이라고 예상할 수 있다. 그런데 이런 예측은 하기는 쉽지만 제대로 검증하기는 어렵다. 셔먼이 그의 제자인 제니퍼 빌링과 함께 한 가지 접근법으로 검증을 시도했다. 전 세계에서 요리법을 모아서 다양한 요리에 사용된 향신료의 평균 개수를 비교해본 것이다. 그 결과, 그들의 예상대로 더운 지역일수록 평균적인 요리에 사용되는 향신료의 종류가 더 많은 것으로 나타났다(그림 6.3). 그런데 이런 경향을 예상할 수 있는 데에는 다른 이유도 있다. 따뜻하고 습한 곳에서는 향신료로 사용될 식물들이 더 다양할 수 있다는 점이다. 이론적으로는 이 두 가지 설명을 통계적으로 구별하는 것이 가능해야 한다. 그러나 현재로서는 그런 연구가 진행된 바 없다.

셔먼과 빌링은 향신료가 (역사적으로 보았을 때 고기보다 병원체가 훨씬 적었을) 채소 요리보다는 (식품 매개성 병원체가 더 많은) 고기 요리에 사용될 가능성이 더 높을 것이라는 예측도 했다. 이들의 예비분석 결과만을 보면 이런 예측이 맞는 것으로 보인다. 그러나 요리책에 등장하는

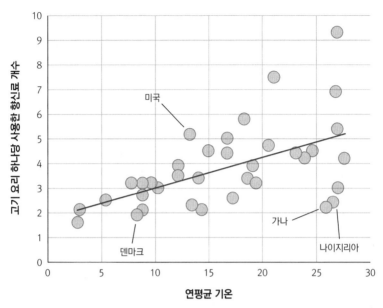

그림 6.3 향신료를 사용한 국가의 연평균 기온과 그 국가에서 요리 하나당 평균적으로 들어가는 향신료 개수의 관계. 좌표상의 원은 각각의 국가를 나타낸다. 대체로 더운 지역일수록 요리에 더 많은 종류의 향신료가 포함되는 것으로 나타났다. 특히, 고기 요리일 때에 더 그렇다. 선 아래에 있는 국가들은 기온을 바탕으로 예상한 것보다 적은 향신료를 사용하는데, 덴마크와 가나, 나이지리아가 여기에 속한다. 미국을 포함해서 선 위에 있는 국가들은 예상보다 더 많은 향신료를 사용한다.

문화와 요리가 전 세계의 모든 문화와 요리들 가운데에서 무작위적으로 선택된 것이 아닐 수도 있다. 아마존이나 북극의 수렵-채집인들처럼 고기에 대한 의존도가 가장 높은(또는 높았던) 민족들 중에는 향신료를 거의 또는 조금도 쓰지 않는 민족도 있다. 그런데도 이런 문화는 요리책에서는 과소대표된다. 그러나 셔먼과 빌링의 분석을 통해서 적어도 고기에 향신료를 쓰는 일이 흔하다는 것을 알 수 있다.

고기에 향신료를 넣는 것은 근대 이전에는 찾아볼 수 없던 진기한 특성이 아니다. 고대 로마의 유명 미식가 마르쿠스 가비우스 아피키우스(약 기원전 80-기원후 20)가 그의 저서 『요리에 관하여(*De re coquinaria*)』에서 언급한 고기 요리를 살펴보자.

[이 요리에는 오직] 고추, 로바지, 파슬리, 말린 민트, 회향, 포도주에 적신 꽃만 있으면 된다. 폰투스(지금의 터키에 해당하는 지역)에서 난 구운 견과류나 아몬드, 약간의 꿀, 포도주, 식초, 육수를 첨가해서 맛을 낸다. 냄비에 기름을 두르고 가열한 후 소스를 저으면서 샐러리 씨와 개박하를 첨가한다. 닭고기를 썰고 그 위에 소스를 뿌린다.

단 하나의 요리에 적어도 일곱 가지 향신료가 사용되었다. 향신료 없이도 풍미가 가득했을 요리인데, 장시간 병원균으로부터 안전하게 보호하기 위해서 흥미진진한 화학 작용으로 가득한 요리를 한 것이다.

이런 사실을 증거로 삼으면, 일부 향신료를 사용하는 이유가 식품 매개성 병원체를 통제하는 데에 유용하기 때문이라는 합리적인 추론이 가능하다. 사람들은 건강에 좋은 향신료의 가치를 높이 평가하도록 배웠다. 반대로 향신료를 비롯한 재료들 중에서 대체로 사람들을 아프게 하는 것들은 피하라고 배웠다. 향을 배우고 향마다 긍정적이거나 부정적인 감정을 부여하는 인간의 능력은 이러한 학습 과정에서 핵심적인 역할을 했다.

그러나 이것이 전부는 아니다. 우선, 한때는 약으로 사용되었던 많은 향신료들이 지금은 실질적으로 약으로서의 가치가 거의 없다. 예를 들면 이탈리아 남부에서 마리나라 피자를 즐기고 있다고 상상해보자. 피자 위에 뿌려진 현지 특산 올리브유가 빛을 받아 반짝이고 향긋한 마늘 냄새가 코를 찌른다. 금방 구워낸 이 피자는 요리하자마자 금세 배 속으로 들어갈 참이다. (고기가 들어 있지 않은) 이 피자로부터 식품 매개성 질병이 생길 위험은 확연히 제로에 가깝다. 마늘 때문에 그 위험이 낮아 졌을 리도 없다. 아마도 특정 향신료가 처음에는 기능 때문에 사용되었 다가, 기꺼이 새로운 역할을 맡게 된 경우일 것이다. 음식에 새로운 지평을 열어주는 역할, 흥미롭고 신나는 무엇인가를 추가하는 역할 말이다. 그런데 우리(여기에서 우리란 서구 사회를 일컫는다)는 마늘 하면 즐거움을 떠올리지 않을 수가 없을 정도로 마늘을 좋아한다. 그래서 또다른 향 신료인 홉을 예로 삼아서 이 현상을 고찰하는 편이 아마도 더 쉬울 것 같다.

홉은 후물루스 루풀루스(*Humulus lupulus*)라는 독특하고 재미난 이름을 가진 식물의 꽃이다. 이 (솔방울 모양의) 꽃은 처음에는 먹거리 안전을 위한 조치로 맥주에 첨가되었다. 우리가 이 사실을 아는 이유는 중세에 홉을 사용한 이유가 기록으로 남아 있기 때문이다. 홉을 첨가하면 맥주 속의 박테리아를 죽이는 데에 도움이 된다. 홉을 첨가하지 않으면 맥주가 상했을 것이다. 그 결과, 홉이 첨가된 전통 방식의 맥주는 오랫 동안 상하지 않아서 장시간 배에 싣고 다니기에도 더없이 좋았다. 그러 나 홉 맥주의 향미가 처음부터 사람들의 입맛을 사로잡았던 것은 아니 다. 심지어 오늘날에도 홉 향미가 약한 맥주에 익숙한 사람들에게는 홉 맥주가 그다지 매력적이지 않다. 그러나 시간이 지나면서 홉에 대한 선 호가 증가했다. 홉은 맥주에 새롭고 색다른 차원을 더해주었다. 맥주를 마시는 사람들의 일부가 홉과 쾌락을 연결지을 줄 알게 되었다(아무래도 술이기 때문에 학습이 자궁 내에서 일어나지 않았기를 바라지만, 그러했을 가능성도 있다). 지금은 맥주의 보존이라는 측면에서는 홉의 유용성이 그다지 크지 않다(맥주 양조 과정에서 여러 방식들로 골치 아픈 박테리아의 접근을 방지한다). 그래서 이제는 맥주의 독특한 향미를 내기 위해서 홉을 첨가한다. 약간 쓴맛도 나고, 경고의 의미도 품고 있고, 우리에게 저리 가라고 하는데도 여전히 우리가 좋아하는 바로 그 향미 말이다.

한 걸음 물러서서 보면 몇몇 향신료의 기능적 가치가 더 중요한 경우를 그려볼 수 있다. 덥고 습한 환경일 때(그래서 병원체가 빨리 증식하는 환경일 때) 또는 음식을 냉장 보관할 수 없는 곳이라면 그럴 것이다. 이외에도 병원체가 특히 문제가 될 여건들은 많다. 그런데 맛이 밋밋한 요리에 새로운 차원을 더하는 것을 가치 있게 생각하는 지역과 문화에서는 향신료가 더 자주 사용될 것이라고 예상해볼 수도 있다. 곡식을 재배하게 되고 인류의 식습관, 특히 도시민의 식습관이 다양성을 잃고 쌀이나 밀, 수수, 옥수수 같은 개별 곡식을 주식으로 삼는 경우가 더 많아지면서 그렇게 되었을 수 있다. 다시 말해서 향신료는 우리가 준비한 음식에서 더 많은 즐거움을 얻게 만드는 또 하나의 도구였을 것이다. 이렇게 보면 단순한 쌀 요리에 풍미를 더하기 위해서 향신료를 사용하는 행위는 침팬지가 개미를 먹기 위해서 도구를 사용하는 것과 크게 다르지 않다. 이런 주장은 아주 그럴듯하게 들리지만 역사적인 맥락 안에서 그 가능성을 실제로 연구하는 데에는 큰 어려움이 따른다. 음식이 주는 즐거움을 배가시키는 향신료의 역할을 가장 손쉽게 살펴보려면, 아마도 항균 작용을 하지 않는 향신료들을 들여다보면 될 것이다.

그림 6.2를 보면 항균성을 지닌 향신료가 많기는 하지만 다 그런 것

은 아니라는 사실을 알 수 있다. 음식 보존과 식품 매개성 병원체 예방 측면에서 거의 가치가 없는 듯한 향신료로 후추가 있다. 고대든 현대든 후추는 유럽 향신료의 아이콘이다. 얼마 되지 않는 향신료들 중에 콜럼 버스가 인도로 가는 새로운 항로를 개척하게 만든 것도 바로 이 후추였 다. 역사적으로 다양한 관점에서 살펴보았을 때, 후추는 금보다도 상당 히 가치가 높았다. 그러나 오늘날 나의 동료 벤 채프먼과 같은 식품 안 전 전문가들은 후추가 식품 매개성 병원체의 잠재적 근원이라고 생각한 다.[144] 말린 후추 열매의 갈라진 틈은 일부 병원체가 행복하게 활보할 수 있는 공간이 되어주기 때문이다. 그러니 후추를 사용한다고 해서 식 품 매개성 병원체가 통제될 것으로는 보이지 않는다. 아마도 후추는 음 식의 향미에 새로운 차원을 더해주기 위해서 사용되기 시작했을 것이 다. 후추에는 뚜렷한 향과 향미가 있다. 게다가 또다른 효과도 있다.

후추는 혀에 있는 여러 미각 수용체들 중의 하나를 작동시키는 향신 료이다. 이 수용체는 완전히 다른 종류의 미각과 관련되어 있다. 이 맛 은 워낙 독특해서 의미가 뚜렷이 와닿지도 않고 다소 창의적이지도 않 은 과학적 명칭, 케메스테시스라는 이름으로 불린다. 케메스테시스는 음식 속의 화학물질이 통감이나 촉감과 관련된 수용체를 작동시킬 때 생긴다. 후추 속의 활성 성분은 피페린이다(피페르[Piper]는 후추가 속한 후추 속이고, 후추를 뜻하는 라틴어 단어이기도 하다). 피페린은 우리 입 안에 있는 TRPV1이라는 수용체와 완벽하게 잘 들어맞는다. 이 수용체 는 실제 온도와 열에 반응하도록 진화했다. 만약 너무 뜨거운 커피를 마 시면 TRPV1이 뇌로 신호를 보낸다. 큰일 났어, 입에 불났어! 후추 속의 피페린은 바로 이 수용체에 내려앉아서 정확히 불이 난 것처럼 수용체를 흥분시킨다. 후추가 뜨겁고 매운맛이 나는 이유는 피페린의 "열쇠"가 TRPV1 수용체의 자물쇠에 들어맞기 때문이다. 이렇게 함으로써 후추는 입을 속이고 정말로 뜨거운 열을 경험하고 있는 것처럼 믿게 만든다. 그러면 몸은 마치 뜨거운 돌덩이를 입에 넣은 것과 똑같이 반응한다.

TRPV1 수용체의 자물쇠를 작동시키는 화학물질이 후추 속의 피페린만 있는 것은 아니다. 고추 속의 활성 성분인 캡사이신도 마찬가지이다. 이것이 끝이 아니다. 계피 껍질에도 비록 약하기는 하지만 캡사이신이나 피페린과 매우 유사한 효과를 내는 화합물이 들어 있다.[12] 이 물질도 캡사이신과 피페린처럼 같은 수용체에 결합한다. 서양고추냉이, 고추냉이, 겨자 속의 화학물질도 모두 이 같은 수용체에 결합한다. 그런데 입보다 코(인간의 코에도 TRPV1 수용체가 있다)에서 더 활발히 결합한다(그래서 혀가 타는 듯이 매울 뿐만 아니라 코도 얼얼해진다). 이런 음식을 너무 많이 먹으면 입에서도 불이 나고 코도 얼얼해지고 불이 난다. 비록 다소 반대되는 경우이기는 하지만, 민트를 먹을 때에도 이와 유사한 일이 벌어진다. 스피어민트와 박하를 포함한 대부분의 민트에는 멘톨(menthol)이 함유되어 있다. 멘톨은 향도 나지만, 일단 입에 들어가면 차가움을 감지하는 수용체(TRPM8, 여러분이 여기까지 잘 따라와주고 있기를 바란다)와 결합한다. 그래서 멘톨 때문에 입안이 시원한 느낌이 드는 것이다. 이름과 달리 후추나 고추와는 무관한 산초는 열 수용체(TRPV1)도 작동시키지만, KCNK와 TRPA1 수용체도 작동시킨다. 이 두 수용체는 아직 파악되지 않은 모종의 이유로 인해서 수용체 작동이 촉발되면 그 즉시 얼얼한 감각을 느끼게 만든다.

이러한 화합물을 생성하는 식물들 중에서 적어도 일부는, 자신의 열매를 특정한 종자 산포자에게 보내기 위해서 그렇게 하는 것 같다. 고추가 그런 경우이다. 조류의 입안에는 열을 감지하는 수용체가 있다. 그러나 포유류의 수용체와는 아주 살짝 다른데, 캡사이신이 이 수용체의 작용을 촉발하지 않을 만큼의 차이이다. 그 결과 조류는 고추를 먹어도 아무런 열감을 느끼지 않는다. 이를 보면 고추는 어느 정도는 조류를 목표물로 잡기 위해서 고추 열매 속에 캡사이신을 생성하도록 진화한 것으로 보인다. 캡사이신이 들어 있지 않은 고추는 대개 설치류가 갉아먹는데, 설치류는 고추씨를 멀리까지 옮겨줄 가능성이 희박하다. 그러나 설치류는 캡사이신이 함유된 고추는 외면한다. 설치류는 입에서 느껴지는 타는 듯한 감각이 실제로는 아무런 위험이 없다는 사실을 알 만큼 의식이 발달하지 않았다. 반면 조류는 열감을 전혀 느끼지 않는다. 그래서 열매를 따서 섭취한 후에 배 속에 넣어서 다른 들판으로 옮긴 다음, 그곳에서 씨를 "심는다." 보너스로, 캡사이신이 함유된 고추는 곰팡이에 대한 방어력도 더 뛰어나다. 따라서 고추는 목적지까지 잘 도착할 가능성도, 도착한 후에 잘 생존할 가능성도 높다.[13]

그러나 이 모든 설명들 가운데 그 어느 것도 왜 인류가 고추나 후추를 향신료로 사용하는지 그 이유를 설명하지 못한다. 그 대신에 그와 반대되는 사실을 우리에게 알려준다. 즉, 식물이 유사한 효과를 촉발하는 고추, 후추 및 다른 향신료들 속의 활성 성분을 생성하는 이유가 그저 하나의 경고 신호가 아니라는 점이다. 특히 우리와 같은 포유류에게 보내는 경고 신호이다. "어이, 포유류들, 썩 꺼지시오." 우리가 이들 향신료를 사용하는 이유들 중의 하나는 향신료가 음식에 특별한 새로운 차원을 열어주기 때문이다. 바로 요리의 위험이라는 차원 말이다.

우리가 번지점프를 즐기는 이유는 번지점프용 밧줄을 시험하기 위해서가 아니다. 이와 마찬가지로, 케메스테시스 덕분에 우리는 번지점프와 똑같은 종류의 전율을 매일 느끼기 위해서 위험해 보이지만 실제로는 위험하지 않은 많은 것들을 우리 입에 넣는다. 이것은 심리학자 폴 로진이 수집한 증거를 바탕으로 세운 가설이다. 그는 돼지와 개, 쥐, 인간, 침팬지 2마리를 연구해서 증거를 모았다. 후추 열매나 산초였다면 쉽게 연구했을 텐데, 그 대신에 그는 고추에 초점을 맞추었다.

로진은 고추가 매운 것과 맛있다고 인지되는 것 사이에 어떤 관련이 있는지를 파악하기 위해서 인간을 대상으로 연구하기로 했다. 그는 매운 음식을 즐기는 사람들과 즐기지 않는 사람들을 모아 한 집단을 구성했다. 그런 다음, 그들에게 고추의 캡사이신이 함유된 크래커를 계속해서 제공했다. 크래커 속 캡사이신의 양은 사람들이 "이제 그만"이라고 할 때까지 천천히 늘렸다. 그런 후에 사람들에게 어떤 크래커가 가장 맛있었는지를 물었다. 그들은 뭐라고 대답했을까? 그냥 매운 크래커가 다 싫다고 했을 수도 있다. 아니면 모두가 같은 정도의 맵기(가장 효과적으로 먹거리가 보존되는 맵기 정도)가 가장 맛있었다고 골랐을 수도 있다. 또는 각자 선호하는 바가 무작위로 달랐을지도 모른다. 땡, 전부 틀렸다. 사람들은 대체로 그들이 견딜 수 있는 가장 매운맛의 크래커가 가장 맛있다고 골랐다. 사람들은 극도의 고통에 살짝 못 미치는 정도의 맵기를 좋아했다. 고추를 먹는 이유가 위험이 선사하는 생화학적 쾌락을 즐기기 위해서라면, 이런 행동을 할 것으로 예상된 바였다. 통증과 공포는 각기 우리에게 하던 일을 멈추고 달아나라고 말한다. 그러면서 다른 한편으로는 엔도르핀을 비롯한 뇌 화학물질의 분비도 촉진한다. 아마도 고추를 먹으면, 성가시게 애쓰거나 실제 죽음의 위협을 받지 않으면서도 위험을 피할 때의 황홀감을 느끼게 되는 것 같다. 로진이 연구 대상으로 삼은 표본의 수가 많지는 않았지만, 그의 연구 결과는 흥미로웠다. 로진은 이 연구와 이와 비슷한 다른 연구들을 근거로, 고추가 사랑받는 이유는 위험해 보이지만 실제로는 위험하지 않기 때문이라고 추정했다. 그의 표현을 빌리면, 고추는 "온순한 자학"을 우리에게 선사하는 셈이다.[145] 그는 이런 온순한 자학이 인간만의 독특한 특성이라고 주장한다. 로진의 생각을 간단히 정리하면 이렇다. 인간은 자신을 조금 아프게 함으로써 얻는 결과를 즐길 정도로 단순하면서도, 이와 동시에 그 아픔이 진짜가 아니어서 결국에는 사라진다는 사실을 알 정도로 똑똑하다는 것이다.

로진은 포유류가 고추를 좋아하려면, 학습을 통해서 위험 신호를 무시하고 그 신호가 가짜라는 것을 알 수 있어야 한다고 주장한다. 그는 이런 능력이 인간만의 유일무이한 능력이거나, 만약 인간만의 능력이 아니라면 최소한 인간과 인간을 신뢰할 줄 아는 종들에게만 국한된 능력일 것이라고 가정한다.[14] 인간이 아닌 동물들 중에는 분명 학습을 하는 동물이 많다. 그러나 고추에 대한 사랑이 싹트려면 평범한 학습으로는 충분하지 않다. 케메스테시스 유발 향신료를 사랑하는 법을 배우려면 비범한 자의식이나 비범한 신뢰가 있어야 한다. 로진은 반려견과 반려돼지를 대상으로 이런 발상을 더 깊이 탐구해보기로 했다. 이를 위해서 반려견과 반려돼지가 매운 음식을 즐기는 법을 배울 수 있는지, 그리고 이것이 자의식이나 신뢰, 또는 이 두 가지가 함께 작용해서 가능한지를 시험하기로 했다. 개는 많은 향을 좋아할 줄 아는 학습 능력이 있는 것으로 유명하다. 돼지도 마찬가지이다. 그러나 개와 돼지는 어느 모로 보나 인간보다 자의식이 약하다. 향신료를 좋아하는 법을 배우기 위해서 향신료 때문에 입안에 불이 나더라도 이것이 가짜라는 사실을 알 수 있어야 한다면, 개와 돼지는 아무리 매일 매운 먹이를 먹더라도 끝내 향신료를 즐기지 못할 것이다.

로진은 멕시코의 오악사카 지방에 있는 한 마을을 찾았다. 이곳 사람들이 먹는 음식은 거의 모두가 매워서, 개와 돼지에게 주는 먹다 남은 음식도 거의 다 맵다. 로진은 마을 주민 22명에게 집에서 키우는 개와 돼지가 매운 음식을 선호하는지를 물었다. 황당한 질문이었는데도 사람들은 로진에게 성실히 대답해주었다. 면담했던 22명 가운데 단 2명만이 그렇다고 답했다. 이 두 경우는 모두 개였다. 그런 다음, 매운 음식을 좋아한다고 지목된 개 2마리에게 고추가 들어간 음식과 들어가지 않은 음식을 주는 실험을 했다. 그런데 이 개들이 두 가지 음식 중에서 하나를 선택할 가능성이 똑같이 나왔다. 즉, 이들은 고추를 좋아한 것이 아니라, 그저 고추가 있어도 상관하지 않은 것뿐이었다. 결론적으로 20마리는 고추가 든 음식을 싫어했고, 2마리는 고추가 들어 있든 말든 신경 쓰지 않았다.[146] 이런 결과를 아마 예상했을 것이다. 고추를 음미하려면 고추를 좋은 음식이라고 연결해야 할 뿐만 아니라 위험한 통증처럼 보이는 것이 입이 만들어낸 한낱 환상이라는 자각, 즉 의식적인 자각도 있어야 한다.

추가적인 검증 작업으로, 로진은 쥐를 대상으로 고추 실험을 시도했다. 쥐를 두 집단으로 나누어서 한 집단은 태어날 때부터 고추로 양념한 먹이를 먹여 키웠고, 다른 집단은 처음에는 고추가 들어가지 않은 먹이를 주고 키우다가 시간이 지난 후에 서서히 먹이에 고추를 첨가하기 시작했다. 태어나면서부터든, 서서히 그 이후부터든 두 집단 모두 고추를 좋아하는 법을 배울 기회는 충분했다. 그러나 고추로 양념한 먹이와 고추가 들어가지 않은 먹이 중에서 선택할 수 있는 상황이라면, 두 집단 모두 여전히 고추가 들어가지 않은 먹이를 선호했다. 실험 결과에 따르면, 쥐에게는 고추가 좋다고 배울 능력이 없는 것으로 추정된다. 확신을 얻기 위해서 로진은 판을 더 크게 벌였다. 이번에는 고추가 들어간 먹이와 들어가지 않은 먹이를 모두 주었다. 단, 고추가 들어가지 않은 먹이에 쥐에게 구토를 유발하는 화학물질을 추가했다. 그런 다음, 쥐들이 어떤 먹이를 선호하는지를 시험했다. 쥐들은 매번 구토를 하면서도 고추가 들어가지 않은 음식을 여전히 선호했다.[147] 이 대목에서 잠깐 여담을 해야겠다. 혹시나 폴 로진이 음식을 주거든 부디 조심하기를 바란다.

일반적으로 포유류에게는 고추를 좋아하도록 배우는 능력이 없는 것 같다. 다만, 두 가지 예외가 있다. 당연히 하나는 인간이다. 다른 하나는 인간에게 포획된 포유류 가운데에 극히 일부로, 고추의 통증이 진짜가 아니라는 것을 깨달을 정도로 영리하거나 매운 먹이가 안전하다는 것을 알 정도로 그 먹이를 주는 사람을 신뢰하는 경우이다. 지금까지 이런 포유류 목록에 오른 동물은 인간의 보살핌을 받는 침팬지 2마리와 반려동물인 마카크원숭이 2마리, 그리고 사람을 깊이 신뢰하는 무스라는 이름의 미국 반려견 1마리가 전부이다.[148] 로진은 후추나 산초, 민트로 실험을 반복하지는 않았지만, 아마도 결과는 거의 같았을 것이다.

이제 다시 향신료와 인류라는 더 광범위한 이야기로 돌아가보자. 우리 두 사람은 더 많은 연구를 진행한다면 향신료가 인류의 역사시대와 선사시대에 여러 가지 역할을 했다는 사실을 알게 되리라고 생각한다. 향신료 속의 화학물질이 자연에서 여러 가지 역할을 하고 있듯이 말이다. 인류가 장기간 음식을 저장하고 더 오랫동안 한곳에 정착하기 시작하면서—농경 문화가 출현하기 전이지만 아마도 그다지 오래 전은 아닐 것이다—몇몇 향신료가 음식에 첨가되어 음식이 상하지 않도록 도왔을 것이다. 인간은 코와 뇌에서 일어나는 무의식적인 학습 덕분에 사람들의 안전에 도움이 되는 향신료를 좋아하도록 쉽게 배울 수 있었다. 몇몇 향신료는 음식에 즐거움도 더해주었다. 정착촌이 점점 확장되고 가장 맛있는 종들이 희귀해져가던 시기에 이는 특별한 혜택이었다. 어떤 경우에는 즐거움을 주는 맛이나 향미, 복합적인 것들의 조화로움이 쾌락이 되었다. 또 어떤 경우에는 전율이 쾌락이 되었다. 곡식을 재배하게 되고 정착촌이 넓어지면서 (그리고 식품 매개성 질병이 늘어나면서) 그리고 이와 동시에 쌀이나 카사바, 옥수수, 밀처럼 비교적 단조로운 기초 식량이 점차 주식이 되면서, 향신료가 주는 건강상의 혜택, 향미, 전율이 모두 커졌다. 일단 널리 쓰이기 시작하자, 시대에 따라 향신료의 쓰임새는 예상 밖의 변화를 겪었다. 일부 향신료는 희소성 덕분에 가격이 비싸졌다. 또다른 향신료는 마법의 물질이나 성적 작용을 하는 물질, 또는 이 두 가지가 복합적으로 섞여 있는 물질로 여겨지기도 했다. 그러나 기본적으로 모든 향신료는 존속을 위한 식물의 투쟁과 관련된 화학물질을 바탕으로 한다. 우리가 향신료의 화학적 성질을 어떻게 활용하든지 간에 그것은 어디까지나 방어와 전쟁, 생식의 화학이다. 향신료의 화학은 이제 막 베일을 벗기 시작했지만, 그 존재감은 우리가 섭취하는 모든 요리에 거의 다 등장할 정도로 막강하다.[15]

7

치즈 맛 말고기와 신맛 맥주

독주는 죽을 사람에게나 주어라. 포도주는 상심한 사람에게나 주어라.
그것을 마시면 가난을 잊고 괴로움을 생각지 아니하리라.
―「잠언」, 31장 6–7절

이 책을 쓰는 동안 우리 두 사람은 많은 석학들과 한자리에 앉아서 수많은 측면에서 음식을 화두로 대화를 나눌 기회가 있었다. 잠시 대화를 나누다 보면 금세 인류의 집단적 이해에 존재하는 커다란 간극이 명확히 드러나는 경우가 많았다. 때때로 우리는 다 함께 힘을 합쳐서 그 간극을 완전히 메우지는 못하더라도 조금이나마 좁힐 수는 있었다. 신맛의 경우가 그러했다.

우리가 미각을 다룬 제1장에서 신맛을 상세하게 설명하지 않은 이유는 신맛이 다른 맛들과 다르기 때문이다. 인간에게 신맛은 단맛처럼 단순하게 매력적으로 느껴지지 않는다. 그렇다고 쓴맛처럼 혐오스럽지도 않다. 쓴맛은 몇몇 쌉쌀한 음식에 대해서는 그 쓴맛을 즐기는 법을 배우기도 하지만 보통은 나이가 들어야만, 그리고 다른 보상을 주는 음식―

쌉쌀한 초콜릿, 쌉쌀한 차, 쌉쌀한 커피, 쌉쌀한 홉—과 연관이 있어야만 그렇게 즐길 수 있다. 그러나 신맛은 조금 다르다. 아기들은 태어나면서부터 신맛에 반응할 수 있다(입술을 오므린다).[149] 아이들은 대부분 신맛을 좋아하는데, 반면 성인들은 개개인과 문화에 따라서 신맛에 다양하게 반응한다. 이런 반응들 중의 일부는 학습의 결과이며, 또다른 일부는 유전적인 것이다. 신맛에 대한 우리의 느낌은 후천적인 것과 선천적인 것을 뚜렷이 구별하기 어렵게 뒤섞여 있다.1 애초에 우리에게 신맛 수용체가 있는 이유도 아직 규명되지 않았다. 신맛 수용체에 대한 기존의 설명들은 모두 불완전해서 좌절감이 느껴질 정도이다.

한 가지 가설에 따르면, 신맛이 진화한 이유는 동물이 자신에게 해로울 수 있는 산성 먹이를 섭취하지 못하게 막기 위해서이다. 이 가설이 맞을 수도 있지만, 동물에게 해를 끼칠 만큼 산도가 높은 먹이는 자연에는 비교적 드물다. 몇몇 과일과 위산, 여기저기에 있는 간헐 온천 정도가 여기에 해당한다. 이외에는 거의 없다. 게다가 이 가설은 신맛이 쓴맛과 마찬가지로 혐오감을 유발한다고 전제한다. 그러나 인간처럼 최소한 몇몇 종에게는 신맛이 혐오스럽지만은 않다. 두 번째 가설은 비타민 C와 관련된 것이다. 모넬 화학감각 연구소의 미각 진화 전문가인 폴 브레슬린은 몇몇 동물들이 신맛에 이끌려서 비타민 C를 함유한 새콤한 과일을 찾아나선다고 주장한다. 비타민 C는 아스코르브산으로도 알려져 있다. 아스코르브산은 스스로 신맛이 나는 물질을 만들 수 있다. 예를 들면 괭이밥 속(Oxalis)에 속하는 몇몇 종은 아스코르브산과 옥살산이 섞여 있어서 인간의 입맛에는 시게 느껴진다. 먹이 속의 비타민 C를 감지하는 능력은 영장류를 포함해서 스스로 비타민 C를 합성하지 못하는 동물에게는 특히나 중요하다. 비타민 C를 얻기 힘든 초원 지대에 사는 동물들에게는 더 그렇다.[150] 이 가설은 매우 흥미롭기는 하지만 신맛에 매력을 느끼는 일부 종에만 해당하는 이야기이다. 이외에도 신맛의 진화를 설명하는 수박 겉핥기식 주장들이 존재하지만, 면밀하게 연구되거나 앞의 두 가설보다 설득력 있는 것은 없다. 신맛은 아직 풀리지 않은 수수께끼이다. 이 책에서도 그 수수께끼를 풀지 못한다. 그래도 지난 200만 년간의 선사시대에 신맛이 어떤 역할을 했을지 꿰뚫어볼 어느 정도의 통찰력은 제공할 것이다.

지난해에 롭은 웨너-그렌 재단이 후원한 회의에 초대를 받았다. 이 회의는 포르투갈 신트라에 있는 성에서 1주일간 진행되었다. 세계 각국에서 온 6개 분야 석학들이 모여서 1주일간 발효 음식에 관한 이야기를 나누고 발효 음식을 먹고 마시는 자리였다. 롭의 의견으로는 아주 멋진 회의였다고 한다. 바로 그곳에서 롭은 노스웨스턴 대학교의 영장류학자 케이티 아마토를 만났다. 두 사람이 나눈 대화를 계기로, 우리는 포유류의 진화 전반은 아니더라도 최소한 지난 3,000만 년간 진행된 영장류의 진화에 신맛이 담당했을 법한 역할들의 한 측면을 이해하기 시작했다. 그 회의에서 케이티는 발효의 기원에 관한 놀라운 이야기를 들려주었다. 그녀는 수백만 년 전에 호미닌이 의도적으로 과일을 발효시키기 시작했을 것이라고 가정했다. 이 가설을 바탕으로 생각하자 (신맛 수용체의 기원까지는 아니더라도) 신맛 수용체가 가져온 결과들의 일부가 비로소 명확하게 이해되기 시작했다.

미생물학자들이 말하는 발효란 대개 산소가 없는 상태에서 미생물이 탄소 화합물을 에너지로 전환하는 과정을 일컫는다. 인간이 먹는 먹거리라는 맥락에서는, 인간이 섭취하는 음식과 음료를 생산하는 에너지 전환 과정의 일부를 발효라고 이야기한다. 사워 비어(의도적으로 발효를 통해서 신맛을 더한 맥주/옮긴이)와 자우어크라우트(양배추를 발효시킨 독일 요리/옮긴이), 미소(곡물을 발효시켜서 만드는 일본 된장/옮긴이)와 사케(쌀을 발효시켜서 빚는 일본 양조주/옮긴이)처럼 말이다. 알곡, 뿌리, 열매를 비롯한 식물 부위들은 비범할 정도로 다양하게 발효될 수 있다. 그러나 흔히 이루어지는 발효는 산성 음식을 생산하는 발효와 알코올성 음식을 생산하는 발효, 이 두 가지이다. 산성 결과물을 내는 발효는 대개 유산균과 아세트산균에 의해서 좌우되고, 알코올성 결과물을 내는 발효는 이스트에 의해서 좌우된다. 실제로는 이 두 가지, 즉 산성과 알코올성 발효가 섞여 있는 경우가 많다. 특히 야생 미생물에 의존하는 발효는 더욱 그렇다. 가령 사워 비어, 콤부차(차에 발효균을 섞어 마시는 음료/옮긴이), 사워도 빵(sourdough bread : 반죽을 발효시켜 만든 빵/옮긴이)이 그런 사례이다.

음식의 역사 모형들 중에서 식물학자 조너선 사워가 처음으로 주장한 모형이 있다. 이 모형에 따르면, 인간이 최초로 사육한 종은 사워 비어와 사워도 빵을 만드는 데에 사용한 미생물이다. 이런 미생물들을 사육할 수 있게 되자, 이들의 먹이로 쓸 든든한 원료가 필요해졌다. 그러자 인간은 맥주를 만드는 미생물에게 먹이를 주기 위해서 곡물을 재배하기 시작했다. 이 주장에서는 미생물이 주연이고 곡물이 조연이다.[151]

이런 관점과 연대순은 어느 정도 맞아떨어지는 것처럼 보인다. 스탠퍼드 대학교의 고고학자 류리와 동료 학자들은 수렵-채집인이 1만3,000년 전에 살았던 이스라엘의 한 고고 유적지에서 땅바닥의 기반암에 있는 구멍들과 이와 별개로 둥글고 반들반들한 바위를 파서 만든 구멍들을 발견했다. 둥근 바위에 난 구멍들은 곡물을 비롯한 식물 재료를 담은 바구니들을 저장하는 용도로 사용되었다. 바구니를 넣은 다음에는 그 위를 돌로 덮었다. 한편, 류리와 동료 학자들은 기반암에 있는 구멍들은 보리맥주 같은 것을 발효시키는 데에 사용되었다고 생각한다. 류리의 추정에 따르면, 이 맥주는 다소 시큼한 맛이 나고 알코올 함량은 낮았을 것으로 보인다.[2] 맛을 보아 발효가 되면, 작은 용기를 사용하거나 손을 컵처럼 오목하게 만들어서 구멍 속의 맥주를 퍼냈을 것이다.[152] 이 이스라엘 유적지는 지금까지 발견된 가장 오래된 맥주 발효의 증거이다. 게다가 최초의 농경을 입증하는 증거보다도 앞선 시대의 것이다.

고고학계에서는 이 이스라엘 유적지에서 발견된 발효의 증거를 두고 논란이 분분하다(돌로 만든 고대 그릇들이 맥주를 만드는 데에 사용되었다는 것을 확실히 증명하기가 힘들기 때문이다). 그러나 이야기를 나누어 보니 이 유적지에 대해서 회의적이었던 고고학자들조차도 1만3,000년 전에 맥주를 양조했다는 주장 자체는 타당하다고 생각했다. 농경보다 맥주 양조가 앞선다는 주장은 다른 지역에서도 타당하다고 여겨진다. 브리티시 컬럼비아 대학교의 인류학자 존 스몰리와 마이클 블레이크의 주장에 따르면, 아메리카에서는 옥수수 재배를 시작하기 전에, 먼저 알코올 발효 음료를 만드는 데에 옥수숫대를 사용한 것으로 보인다. 옥수수의 친척뻘 되는 야생 종 테오신트는 그 알갱이의 가치를 인정받기도 전에, 줄기 속에 있는 발효 가능한 당분 덕분에 귀한 대접을 받았던 것 같다.[153] 또한 스몰리와 블레이크의 지적처럼, 아메리카 원주민들이 가장 먼저 발효를 시도했던 것은 옥수숫대가 아니었던 듯하다. 줄기보다는 열매를 발효시키지 않았을까?

보리, 옥수수, 쌀이 실제로 재배되기 시작한 이유는 발효 음료의 재료가 되는 당분을 더 대량으로 공급하기 위해서였을지도 모른다. 발효 음료는 인류 조상들에게 적어도 다른 대체재에 비해서 깨끗하고 영양가 있는 액체를 음료로 제공했다. 게다가 음료에 함유된 알코올은 기분을 좋게 해서 더 많이 마시고 싶게 만들었다. 이런 가설에서 보면 발효는 농경 이전에 시작되었으나 농경과 함께 정교하게 발전된 것이다. 이런 논리에 따르면 음식과 향미의 발전이라는 큰 시간적 흐름에서 발효가 발명된 시점이 최초로 향신료를 사용한 때와 농경이 출현한 시기 사이에 편안하게 맞아떨어진다. 그런데 케이티 아마토는 포르투갈 신트라에서 자신이 이런 논리가 틀렸거나 그렇지 않더라도 최소한 불완전하다고 생각하는 이유를 설명했다.

케이티는 고함원숭이를 쫓아서(고함원숭이들의 장내 미생물 연구를 위한 분변을 얻기 위해서였다) 중앙아메리카의 열대우림 전역을 누비며 학위를 받았다.[154] 그녀는 영장류 생물학과 관련해서 다른 사람들이 놓치기 쉬운 관찰 결과에 주목하고, 이것을 더 광범위한 영장류 이야기의 맥락에 적용하는 능력이 뛰어나다. 그녀는 자신이 주목한 관찰 결과를 롭에게 들려주었다.

케이티는 신트라 회의를 준비하면서 전 세계 연구자들에게 영장류가 발효된 먹이와 상호 작용하는 모습을 관찰한 경험을 공유해달라고 요청했다. 그녀의 요청에 응답한 연구자들 중에는 리즈 맬럿도 있었다. 리즈는 코스타리카에서 연구를 하다가 흰얼굴꼬리감는원숭이(*Cebus imitator*)가 알멘드로 나무(*Dipteryx panamensis*)의 거대한 열매를 범상치

그림 7.1 코스타리카에 있는 리즈 맬럿의 연구 현장에서 흰얼굴꼬리감는원숭이 한 마리가 발효된 알멘드로 열매를 즐기고 있다. 이 원숭이의 탁발한 머리를 눈여겨보기 바란다. 이 모습이 가톨릭 카푸친회 탁발수도승과 비슷하다고 해서 영어명으로는 카푸친 원숭이라고 부른다.

않게 다루는 모습을 목격했다. 그런데 리즈의 이야기를 쉽게 이해하려면 알멘드로 나무에 대한 지식 세 가지를 짚고 넘어가는 편이 좋다. 첫째, 이 나무는 키가 보통 약 30미터 이상으로 굉장히 크다. 둘째, 이 나무에는 커다란 열매가 달리는데, 땅나무늘보와 같은 거대 동물군에 의해서 종자가 산포되도록 진화한 것으로 보인다. 아마 거대 동물군은 이 열매가 땅에 떨어지면 채집해서 먹었을 것이다.[155] 셋째, 이 나무는 한 해 걸러 한 번씩 열매를 맺는다. 그래서 어느 해에 열매를 아주 많이 맺으면 그다음 해에는 하나도 맺지 않는다.

리즈가 정보를 모으기 시작한 그날도 여느 때와 다를 바 없는 하루였다. 리즈는 아침 식사로 코스타리카 전통 요리인 가조 핀토(전날 먹다 남은 콩과 쌀을 섞어서 볶은 음식)와 스크램블 에그를 먹었다. 그런 다음, 관찰할 원숭이들을 찾아나섰다. 그러다가 알멘드로 나무 근처에 있는 원숭이들을 발견했다. 나무에는 열매가 잔뜩 열려 있었다(열매를 맺는 해였던 모양이다). 그러나 거대한 멸종 포유류의 힘을 빌려 종자를 산포하도록 진화한 이 열매들은 꼬리감는원숭이의 이빨로는 대개 깨뜨릴 수 없는 딱딱한 겉껍질로 싸여 있다. 간혹 턱이 큰 원숭이들이 깨무는 데에 성공하지만, 그것도 간혹가다가 일어나는 일인 데다가 보통은 불쾌해하는 모습을 보인다. 그런데 리즈가 관찰해보니 다 자란 원숭이 몇 마리가 30여 미터 높이의 나무 꼭대기까지 올라가더니 알멘드로 열매를 아래로 던지기 시작했다. 원숭이들이 껍질이 딱딱하고 거대한 열매를 땅으로 던지는 모습은 쉽게 눈에 띄기 마련이다. 특히나 원숭이들 바로 아래에 서 있다면 말이다. 대체로 중력은 영장류학자 편이 아닐 때가 많다.

원숭이가 열매를 땅으로 던지는 일 자체는 드문 일이 아니다. 그러나 그러려고 이렇게 큰 노력을 들인다는 것이 예사롭지 않았다. 꼬리감는원숭이가 이런 노동의 결실로 얻은 열매를 먹을 수가 없기 때문이었다. 결국 피곤해진 원숭이들이 나무 꼭대기에서 내려왔다. 어느새 나무 아래는 원숭이들이 먹을 수 없는 열매로 뒤덮여 있었다. 원숭이들은 땅에서 조금 뒹굴고 서로 휘파람으로 신호를 보내더니 자리를 떴다. 그러나 자리를 영원히 뜬 것은 아니었다. 그후 며칠이 지나자 리즈는 이들이 한시적으로만 떠났다는 것을 알 수 있었다. 며칠이 지나고 땅에 떨어진 열매들이 썩기 시작하자, 원숭이들이 알멘드로 나무로 돌아왔다. 그러더

212

니 떨어진 열매들을 살펴보았다. 그리고 잘 부패한 열매—그러면 갈색 껍질이 짙은 색으로 변하고 닳아서 떨어져 나가면서 솜털이 난 초록색 과육이 드러난다—만을 먹었다.

리즈는 열매 던지기, 기다리기, 썩은 열매로 돌아오기로 이어지는 일련의 사건을 세 번 이상 목격했다. 그녀가 도달할 수 있는 결론은 단 하나였다. 열매가 땅에서 발효될 수 있도록 꼬리감는원숭이들이 일부러 열매를 땅으로 던진다는 것이다. 발효된 열매는 더 부드러워져서 소화하기 쉬워졌다. 또한 유산균의 작용으로 약간 신맛이 나는 것 같았으며, 리즈가 생각하기에 발효 콩과 비슷한 좋은 향도 났다.[3] 이스트의 작용으로 약간의 알코올 성분도 생겼을 수 있다.[156] 요컨대 이 열매는 씨에서 나는 커민 비슷한 향(그 일대 지역 주민들은 이 열매의 씨를 향신료로 사용한다)이 가미된, 콤부차와 유사한 음식을 담은 작은 그릇과 같았다. 리즈의 생각을 한마디로 말하자면, 거대 동물군을 종자 산포자로 삼도록 진화한 이 열매를 발효시키면 먹을 수 있다는 사실을 꼬리감는원숭이가 터득한 것이다. 그렇다면 원숭이들은 미생물을 도구로 사용하는 셈이다.

리즈의 관찰 결과와 다른 분야 영장류학자들의 관찰 결과를 바탕으로, 케이티 아마토는 인류 조상들이 수백만 년간 열매를 발효시켜왔을 것이라고 생각한다. 케이티의 생각이 옳다면, 이스라엘에서 발견된 초기 발효의 증거가 검증되면, 이는 더 크고 오래 가는 그릇이 필요할 정도로 발효가 발전했다는 증거가 된다. 그런데 이런 발상에는 작지만 흥미로운 틈이 보인다. 꼬리감는원숭이는 열매가 안전하게 발효된 상태라는 것을 어떻게 알 수 있을까? 열매를 발효시키는 것은 다른 도구를 사용하는 것보다는 쉽다. 가령, 야자 열매를 대장간에서 쓰는 모루 같은 평평한 돌 위에 올려놓고 잘 골라둔 다른 돌로 쳐서 열매를 까는 것보다 어렵지 않다는 말이다(꼬리감는원숭이의 또다른 종은 이렇게 도구를 사용하는 법을 터득했다).[157] 한 가지 일을 할 수 있을 만큼 영리한 동물은 다른 일도 할 수 있을 것이다. 관건은 미생물의 작용에 있다. 발효는 기본적으로 썩는 일이다. 그런데 전반적인 먹거리 안전 체계의 핵심은 부패를 통제하는 것이다. 잘못 부패한 먹거리는 매우 위험할 수 있다. (인간의 관점에서) 제대로 잘 부패한 먹거리는 맥주와 빵, 콤부차, 햄이 된다. 그렇다면 꼬리감는원숭이는 위험하게 썩은 먹거리와 안전하게 썩은 먹거리를 어떻게 구별할 수 있을까? 혹은 수백만 년 전 인류의 조상들은 이것을 어떻게 구별했을까? 오랜 역사를 지닌 정글 열매에는 "유통기한" 표시도 없는데 말이다.

이런 의문에 대해서 케이티가 회의에서 한 가지 가능성을 제기했다. 영장류 종들은 발효된 먹이의 산도를 근거로 그 먹이의 안전성을 판단한다는 것이다. 과일에는 익어도 산도가 높은 것들이 있다. 레몬, 자두, 야생 사과, 심지어 포도도 그렇다. 그러나 열매가 일단 썩기 시작해서 박테리아에 의한 발효가 이루어지면, 달콤한 과일이라도 산도가 높아진다. 부패한 음식 속에 있는 산은 그 음식이 고기든 과일이든 간에 두 가지의 박테리아, 즉 (유산을 생성하는) 유산균 또는 (아세트산을 생성하는) 아세트산균 중의 하나에 의해서 생성된다. 유산균과 아세트산균은 둘 다 경쟁자들을 죽이기 위한 방어 수단으로 산을 만들어낸다. 이들과 경쟁하는 종들에는 포유류에게 위험한 종들도 있다. 그 결과, 산도가 높은 음식에는 거의 항상 병원체가 없다. 사워도 빵이나 피클, 사워 비어를 만드는 사람들은 이런 사실을 오래 전부터 파악하고 있었다. 이를 바탕으로 케이티는 아마도 영장류가 신맛을 이용해서 썩은 먹이 가운데 위험한 것과 좋은 것을 구별하는 것 같다고 단정했다. 신맛을 안전하게 썩은 먹이를 판별하는 판관으로 활용하는 일은 신맛에서 즐거움을 느끼기도 하는 영장류에게는 특히 쉬웠을 것이다. 그렇다고 신맛이, 혹은 신맛에 대한 선호가 애초에 발효된 먹거리의 안전을 시험하는 데에 사용될 목적으로 진화했다는 뜻은 아니다. 그보다는 신맛이 다른 여러 이유들로 인해서 진화했지만, 이외에 일종의 발효용 산도 측정기 역할도 하게 되었다는 뜻이다.

문제는 그 누구도, 신맛 수용체를 사용해서 산성을 감지하는 종들의 목록을 정리하지 않았다는 것이다. 더 나아가 그런 종들이 신맛을 좋아하는지 싫어하는지에 대한 연구도 없었다. 최근에 신맛 수용체를 제어하는 유전자(OTOP1)가 발견되었지만, 유감스럽게도 이 유전자는 체내에서 여러 역할들을 하는 것으로 밝혀졌다. 가령 이 유전자는 전정 기능, 즉 평형감각에도 관여한다. 그래서 연구 과정에서 이 유전자에 변이가 포착되더라도, 이를 신중하게 해석할 필요가 있다. 그런 변이가 신맛과는 아무런 관계가 없을 수도 있기 때문이다.

롭은 포르투갈에서 돌아오자마자, 오래된 방식으로 이 문제에 접근해보아야겠다고 마음먹었다. 다양한 과학 분야에서 이루어진 오래된 연구들을 철저히 검토하는 것부터 시작하기로 한 것이다. 얼마나 힘든 작업이겠는가? 롭의 부추김을 받아서, 향미를 다루는 롭의 강의를 듣는 학생인 해나 프랭크가 신맛을 느끼는 동물에 관한 문헌 기록들을 살피기 시작했다. 그런 다음에 이들 중에서 어느 종이 신맛을 좋아하고 어느 종이 싫어하는지를 확인했다. 결과는 분명하고도 놀라웠다. 먼저, 어떤 동물들이 신맛을 느낄 수 있는지가 분명하게 드러났다. 지금까지 시험한 모든 포유류와 조류, 어류, 양서류가 신맛 수용체를 사용해서 산성을 감지할 수 있는 것으로 보인다. 수억 년 전부터, 즉 모든 육상 척추동물의 최초의 조상인 어류가 육지로 기어올라오기 전부터 척추동물은 신맛을 느낀 것 같다. 적어도 지금까지는 그런 듯하다. 왜냐하면 아직 한 번도 검증되지 않은 포유류와 조류 무리가 많기 때문이다. 가령 육식동물이나 썩어가는 고기를 먹는 동물을 검토 대상으로 삼은 연구는 없다. 딱 한 가지 예외가 집에서 키우는 개에 대한 오래 전의 연구인데, 이 연구의 결과도 모호했다. 그래도 해나는 신맛 감지 능력 연구의 대상이 되었던 동물 30종을 찾아냈다. 이 정도면 꽤 괜찮은 목록이었다. 다음으로, 이 연구 결과들 가운데 놀라웠던 부분은 이들 동물의 신맛에 대한 반응이었다. 거의 모두가, 즉 30종 가운데 26종이 아주 살짝 시기만 해도 혐오를 유발하는 먹이라고 판단했다. 이들은 신맛 나는 먹이 말고는 아무것도 없는 상황에서도 먹이를 거부했다. 심지어 먹이에서 신맛과 단맛이 같이 나더라도 먹이를 거부하는 종이 많았다. 생쥐, 쥐, 젖소, 염소, 양, 검은손타마린, 다람쥐원숭이를 비롯한 20-30여 종의 경우가 그러했다. 그런데 예외도 있었다.

그중 하나가 가축 돼지였다. 돼지의 조상은 잡식성이었다. 그들은 닥치는 대로 뒤지면서 먹이를 찾아다녔다. 땅 위도 자주 뒤지고 다녔다. 그런데 땅 위에서는 신선한 열매보다는 썩은 열매를 만날 가능성이 더 높았을 것이다. 두 번째 예외는 돼지꼬리마카크였다. 이들도 대체로 야생 멧돼지와 비슷한 식습관이 있다.[158] 세 번째 예외는 올빼미원숭이였다.[159] 이들은 야간에 열매를 찾아다니기 때문에 향에 의존한다. 그래서 썩은 열매가 어둠 속에서 냄새 때문에 상대적으로 더 찾기 쉽다면, 이들은 다른 영장류보다 썩은 열매를 더 많이 먹었을 것이다.

네 번째 예외는 바로 인간이다. 인간은 날 때부터 신맛을 좋아하거나, 신맛을 좋아하는 법을 매우 쉽게 배운다. 고농도의 구연산(오렌지)이나 아세트산(식초), 유산(자우어크라우트)에서 나는 신맛조차도 인간에게는 즐거움을 준다. 그렇다면 과연 고릴라와 침팬지는 어떨까? 고릴라와 침팬지가 신맛이 나는 먹이를 좋아한다면 이들과 인간의 공통 조상들도 그렇지 않았을까 하는 짐작이 가능하다. 만약 이들이 좋아하지 않는다면, 신맛 나는 음식에 대한 인간의 선호는 아마도 최근에 학습되었거나 최근에 일어난 진화적인 변화인 셈이 된다. 그러나 해나가 찾은 자료들에는 침팬지나 고릴라에 관한 자료가 전무했다. 우리 두 사람 역시 문헌을 뒤져보아도 아무것도 찾을 수 없었다. (산성 먹이에 대한 침팬지 뇌의 반응을 연구한 결과를 바탕으로) 침팬지가 신맛을 감지할 수 있다는 것은 알려졌지만, 과연 신맛을 좋아하는지 싫어하는지는 모른다. 우리 두 사람은 침팬지 연구자 12명에게 이메일을 보내서 문의했지만, 침팬지에게 다양한 산도의 먹이를 주고 어떤 산도를 선호하는지 확인하는 실험이 있었는지 아는 사람은 아무도 없었다. 그래서 롭이 크리스토프 뵈슈에게 문자를 보냈다(정확하게는, 롭이 미미 아란젤로비치에게 문자를 보내자, 미미가 크리스토프에게 연락했고, 크리스토프가 보낸 답을 미미가 롭에게 전해주었다).

침팬지가 신맛 나는 먹이를 좋아하느냐는 롭의 질문에 크리스토프는 "완전 좋아하죠!"라고 답을 보내왔다. 그런 다음, 침팬지가 레몬을 좋아한다는 것을 증명한 논문을 우리에게 소개했다. 우리는 침팬지가 좋아하는 과일 맛에 관한 니시다 도시사다의 연구를 살펴보았다. 침팬지가 선호하는 과일에는 달콤하면서 새콤하거나 아니면 달콤하면서 아주 새콤한 과일들이 많았다. 신맛을 논하면서 니시다는 호르디 사바테르 피가 적도 기니에서 일찍이 진행했던 연구를 언급했다. 침팬지와 고릴라 모두 신맛이 극도로 강한 먹이를 좋아한다는 것을 밝힌 연구였다. 게다가 세네갈의 퐁골리처럼 사바나에서 서식하는 침팬지가 주로 먹는 과일은 모두 새콤하거나 새콤달콤한 맛이었다(혹은 적어도 같은 과일을 먹는 인간의 입맛에는 새콤달콤하다).

이런 맥락에서 볼 때, 침팬지와 고릴라는 신맛 나는 먹이를 좋아하도록 타고나거나 아니면 좋아하는 법을 매우 쉽게 학습하도록 타고나는 것 같다. 사바테르 피는 이들이 신맛을 좋아하는 것이 침팬지, 특히 고릴라가 땅에서 보내는 시간이 늘어난 것과 관련이 있다고 추정한다. 그가 일찍이 50여 년 전에 했던 주장에 따르면, 침팬지와 고릴라는 땅에서 보내는 시간이 많아지면서 신선한 열매에 접근할 기회가 줄었을 가능성이 있다. 이들에게는 나무에 매달린 열매보다 떨어진 열매가 눈에도 잘 보이고 채집하기도 더 쉽다. 또한 떨어진 열매는 썩었을 가능성이 더 높다. 신맛을 활용해서 유산균이나 아세트산균의 작용으로 부패한 열매를 골라낼 수 있는 능력은 살짝 썩은 열매를 주식으로 삼는 동물 종에게 유용했을 것이다.

여기에서 다시 케이티의 발효 가설로 돌아가보자. 만약 고인류가 이미 신맛을 좋아했다면, 열매를 안전하게 발효시키는 방법을 터득하는 일은 이들에게 특히 쉬웠을 것이다. 그리고 그렇게 함으로써 콤부차와 비슷한 향이나 향미가 있는 음료나 음식을 만드는 것도 누워서 떡 먹기였을 것이다. 고인류는 이런 향과 향미를 건강, 쾌락과 연관시킬 줄 알았다. 더 나아가서 신맛을 더 많이 좋아할수록 개체가 생존할 가능성도 더 높아진다고 짐작할 수 있을지도 모른다. 만약 신맛을 좋아하는 성향이 유전적이라면, 그런 유전자를 대대로 물려줄 가능성 역시 더 높아질 테니까. 그런데 케이티는 포르투갈 회의에서 이것이 다가 아니라고 지적했다. 열매를 비롯한 썩은 음식 안에서는 유산균과 아세트산균이 다른 박테리아와 경쟁을 벌인다는 것이다. 이들은 이스트와도 경쟁한다.[4]

이스트는 당분을 먹이로 삼는다. 그 과정에서 포도당 분자($C_6H_{12}O_6$) 1개를 이산화탄소 분자(CO_2) 2개와 에탄올 분자(C_2H_5OH) 2개로 전환시키는데, 이때의 에탄올은 사과주, 맥주, 포도주에 들어 있는 알코올의 한 종류이다. 이런 생화학적 마법을 통해서 이스트에 필요한 에너지가 생산된다. 그런 다음, 이스트 세포에서는 에탄올을 찌꺼기로 배출한다. 그렇다. 우리가 즐기는 술은 곰팡이의 분변인 셈이다. 그런데 꼭 이런 과정을 거칠 필요는 없다. 사실 이스트가 에탄올을 생성하지 않는 대신 당분을 더 완전하게 분해하면, 과즙이나 열매로부터 더 많은 에너지를 얻을 수 있다. 그렇다면 이스트는 대체 왜 에탄올을 만드는 것일까? 그 이유는 박테리아가 다른 박테리아와 이스트를 죽이기 위해서 산을 생성하는 이유와 동일하다. 즉, 이스트는 박테리아를 죽이기 위해서 알코올을 생성한다.[160] 그 결과, 열매를 비롯해서 알코올 성분이 있는 기질(基質 : 효소와 작용하여 화학반응을 일으키는 물질/옮긴이)은 대체로 동물이 먹기에 안전해진다. 알코올도 산처럼 병원체를 죽인다. 다만 감춰진 문제점이 하나 있다. 알코올은 박테리아 대부분을 죽이지만(흥미로운 한 가지 예외가 아세트산균이다. 아세트산균은 알코올이라는 이 독소를 에너지로 바꾸고 그 과정에서 식초를 만드는 능력을 진화시켰다), 영장류를 포함한 포유류 대부분을 아프게 하기도 한다.

영장류 대부분은 알코올을 비교적 적게 섭취하더라도 취할 수 있다 (이것은 나무에 올라가 있을 때에는 참 위험한 문제이다). 아세트알데하이드와 아세트산을 포함해서 알코올 대사 산물은 간에 쌓인다. 아직 잘 밝혀지지는 않았지만, 알코올 대사 산물이 이렇게 쌓이면 야생 영장류의 몸 상태가 나빠질 수 있다. 구토와 두통, 말하자면 전형적인 유인원 특유의 숙취를 앓을 수 있는 것이다. 그렇다면 인류 조상들이 안전하게 썩은 음식을 구별하는 부가적인 신호로서 알코올을 활용했을 가능성은 배제되어야 할 것이다. 그러나 이야기는 여기에서 끝나지 않는다. 침팬지와 고릴라, 인간에게는 알코올을 무독성 형태로 분해하는 강력한 능력을 지닌 간이 있다. 모든 포유류의 간에서 알코올은 알코올 탈수소효소(ADH)라는 효소에 의해서 아세트알데하이드로 변환된다.[5] 이 아세트알데하이드는 또다른 효소에 의해서 아세테이트로 전환된다. 침팬지와 고릴라, 인간의 간에서 이런 과정을 수행하는 효소들은 다른 영장류보다 총 40배나 빠르게 작용한다. 그 결과, 이들은 더 많은 알코올을 안전하게 섭취할 수 있고, 그 과정에서 알코올의 열량과 혜택을 누리면서도 부정적인 영향은 잠재적으로 거의 받지 않는다. 어느 시점부터 인류의 조상들은 알코올을 마시면서 행복감도 경험하기 시작했다. 현재로서는 알코올에 대한 이런 반응이 언제 진화했는지 불분명하다. 그리고 이것이 적응의 결과인지, 아니면 단순히 알코올과 뇌 사이의 복잡한 상호 작용 과정에서 우연히 일어난 사고인지도 확실하지 않다.

이 모든 사실들을 종합해보면, 원숭이는 열매를 발효시키는 법을 터득할 수 있는 것으로 보인다. 케이티 아마토는 고인류도 그러했을 것이라고 상상한다. 더욱이 고인류는 그들이 발효시킨 열매의 신맛과 복합적인 향만이 아니라 거기에서 나온 알코올도 즐길 줄 알았던 것 같다. 고인류에게는 혀와 코, 뇌의 인도를 받아 락토바실러스(*Lactobacillus*)에 의해서 신맛이 나고 이스트에 의해서 알코올 성분을 지니게 된 열매를 발견할 잠재력이 있었다. 케이티는 숲에서 살던 호미닌이 점점 축소되는 우거진 산림에서 나와 삼림 지대와 사바나의 땅 위로 내려오기 시작한 기간에 발효를 시작했다고 생각한다. 그렇게 내려온 땅 위에는 신선한 과일은 드물었기 때문에 비교적 먹기 곤란한 열매와 뿌리를 발효시키는 능력이 있다면 생존에 유리했을 것이다. 이 시기는 인류 조상들이 강력한 에탄올 대사 능력을 진화시킨 시기와도 대략 맞물린다.[161] 효과적인 발효 제어기술은 호모 에렉투스가 커다란 뇌를 가동하는 데에 필요한 에너지를 마련하고 커다란 턱과 치아를 포기하게 만든 결정적인 발명이었을지도 모른다(어느 날 밤에 아마토가 이렇게 자신이 추정한 내용을 설명하는 동안 우리는 포트와인을 마시며 둘러앉아 있었다. 우리는 입을 즐겁게 하는 그 달콤함과 풍부함, 약간의 시큼함을 음미하면서, 이들이 만들어내는 화학 작용이 우리 마음을 흥겹게 하는 상태를 즐겼다).

첫 시작이 언제였든 간에 썩은 열매, 뿌리, 줄기를 처음으로 일부러 섭취하자 음식에 대한 경험, 즉 음식의 맛과 향미, 즐거움이 향상되었을 것이다. 많은 열매들도 그러했겠지만, 특히 뿌리와 줄기는 더 그러했을 것이다. 꼬리감는원숭이의 사례에서 보았듯이, 음식이 썩으면 씹기도 쉬워지고 씹는 즐거움도 더 커진다. 가열해서 요리할 때와 마찬가지로 발효도 씹기 힘든 음식을 부드럽게 만든다. 발효가 흔히 글루탐산 생산을 촉진한다는 점을 고려할 때, 발효된 음식에서는 감칠맛이 나는 경우가 많았을 것이다. 발효는 음식 속 쓴맛을 일부 파괴하기도 하고 음식의 향에 복합성을 더해주기도 한다. 멀린 셸드레이크는 아이작 뉴턴이 만유인력을 발견했던 사과나무를 삽목하여 키워낸 사과나무에 열린 사과들을 성공적으로 발효시켰던 일을 자주 언급했다. "놀랍게도 맛있었어요. 사과의 쓴맛과 신맛이 변신하는 데에 성공했죠. 꽃 같은 그 맛은 섬세하고 달지는 않았지만 부드러운 거품을 품고 있었어요. 많은 양을 마시니 흥도 나고 가벼운 행복감이 느껴졌어요." 셸드레이크는 이 사과주를 "중력"이라고 불렀는데, 뉴턴을 생각하면 썩 어울리는 이름 같다.

인류의 조상들이 열매나 뿌리를 발효시키기로 한 이유는 발효로 얻은 결과가 만족스럽고 즐거웠기 때문일 것이다. 그러나 발효의 혜택을 본 이유는 발효의 결과로 음식의 영양가가 높아졌기 때문일 것이다. 발효는 (요리가 그렇듯이) 열량을 더 쉽게 얻을 수 있게 한다. 또한 음식에 비타민 B_{12}와 같은 몇몇 영양분을 더해주기도 하고, 어떤 경우에는 질소도 첨가해준다.[162] 마침내 인류가 한곳에 정착하기 시작하자 발효는 음식을 저장하는 하나의 방편이 되었다. 산성이나 알코올성을 띠게 되면, 발효된 열매와 채소는 몇 달, 심지어는 몇 년 동안 저장될 수 있는 잠재력을 얻게 된다. 이렇게 저장된 음식은 먹을 것을 구하기 어려운 계절, 즉 열대 지방에서는 건기에, 한대 지방에서는 겨울에 먹을 수 있었다.

맛은 처음으로 유산균 발효를 찾아나설 때에 사용한 일종의 현장 설명서였다. 즉, 위험한 음식과 안전한 음식을 구별할 하나의 방편이었다. 그리고 코도 도왔다. 마음의 생화학 작용 역시 일조했다. 인류 조상들은 약간 알코올성이 있는 열매를 섭취하면 기분이 좋아졌다. 뇌에서는 쾌락을 경험했고, 콧속 도서관 덕분에 이런 쾌락을 특정한 향과 연결지었다. 여기에서 특정한 향이란 알코올 향과 알코올과 대개 함께 발생하는 화합물의 향을 말한다. 요약하자면, 맛과 콧속 도서관 덕분에 인류 조상들 중에서 살짝 신맛이 나고 살짝 알코올 성분이 있는 발효 열매를 선택한 자들이 즐거움을 느꼈으며, 더 나아가 이들은 동족들보다 살아남을 가능성이 아마도 더 높았을 것이다.[6]

우리 두 사람이 추측하기에 시점 측면에서는 케이티 아마토의 의견이 맞는 것 같다. 열매와 뿌리를 의도적으로 발효시키기 시작한 것은 고인류가 숲을 벗어나 사바나로 나오면서부터였을 것이다. 이곳에서는 사워비어를 마시는 것이 그만한 가치가 있는 일이었을 것이다. 고인류가 복잡한 석기를 제작할 수 있었다면, 열매나 뿌리를 바가지에 넣고 며칠을 기다리는 법 역시 터득할 수 있었을 것이다. 그러나 아마토의 아이디어는 인류가 어떻게 발효에 의존하기 시작했는지를 보여주는 하나의 모형에 불과하다. 나머지 다른 모형들은 이보다 더 단순하다. 강이나 호수, 남은 고기, 석기, 큰 돌덩어리 두어 개, 그리고 당연히 신맛을 좋아하는 성향만으로도 충분히 설명된다.

1989년, 고생물학자 대니얼 피셔는 그의 연구 인생에서 일생일대의 순간을 맞았다. 그는 북아메리카와 유럽의 북쪽 끝단에 남아 있는 매머드 유적을 10년간 연구하면서, 아메리카에서 살았던 선사시대 사람들의 생활상에 대한 참신한 논문을 여러 편 쓰고 있었다. 당시 그는 미시간 대학교 지리학과 부교수이자 고생물학 박물관의 부기획자로 일하고 있었다. 그러면서도 자신이 연구하며 관찰한 내용을 두고 내내 고민했다. 그처럼 호기심 많은 사람이라면 밤을 꼬박 새우지 않고는 못 배길 만한 내용이었기 때문이다. 바로 북아메리카 5대호 일대에 있는 클로비스 고고 유적지와 관련된 것이었다. 피셔는 호수나 연못에서 아메리카 마스토돈의 뼈대가 발견된 여러 유적지를 연구했다. 이런 유적지에서는 모두 마스토돈이 도축되었다는 증거가 나왔는데, 그 마스토돈들에서 이상한 특성이 발견되었다. 피셔는 마스토돈의 뼈 옆에서 함께 발견된 많은 자갈과 돌멩이의 위치로 볼 때, 이 돌들이 마스토돈의 장 속에 채워졌던 것 같다고 생각했다.[163] 게다가 한 연못에서는 수직으로 박힌 말뚝도 발견되었다. 마치 "여기에 마스토돈이 잠들다"라고 표시해두기라도 한 것 같았다. 피셔는 처음에는 어리둥절했다. 그러다가 이런 것들이 클로비스 수렵-채집인들이 겨우내 마스토돈을 물속에 저장했음을 보여주는 정황 증거라고 생각하게 되었다. 그들은 마스토돈이 떠내려가지 않도록 한자리에 고정시키기 위해서 창자 속에 자갈과 돌을 채워서 닻처럼 활용했던 것으로 보였다.

고기를 저장하고 발효시킬 수 있다는 것이 얼마나 가치가 크고 유용했을지는 쉽게 상상이 간다. 이는 열매와 채소를 발효할 수 있게 된 것과 비슷하지만 그 잠재적인 효과는 훨씬 더 크다. 만약 소규모 집단이 마스토돈 한 마리나 그보다는 작은 커다란 말 한 마리를 잡았다면, 한번에(혹은 여러 번에 걸친다고 해도) 다 먹기에는 고기의 양이 너무 많았을 것이다. 그러면 이동할 때 고기도 가지고 가야 했을 것이다. 이런 상황을 피셔의 표현을 빌려서 묘사해보자. "어찌어찌해서 마스토돈이나 매머드 한 마리를 죽였다고 합시다.……하룻저녁이나 심지어 1주일 안에 수백 킬로그램에 달하는 고기를 처리할 방법은 없습니다. 그렇다면 그 고기를 다 어떻게 하겠습니까? 육포를 만들까요? 그러고서 육포가 든 거대한 짐을 등에 지고 다닐까요? 곰만 한 이리 떼와 코뿔소만 한 곰들이 반색하며 그 고깃덩이에 달려들 텐데요?"[164] 그런데 만약 이 고기를 장기간 저장할 수 있고 다시 돌아와서 먹을 수 있다면, 돌아오자마자 당장 사냥하러 나갈 필요가 없어진다. 또한 마스토돈을 맛보려고 하는 굶주린 늑대나 곰과 싸워야 할 필요도 줄어든다.

이런 편리함을 가정하는 것은 어렵지 않지만, 실제로 해내기는 힘들었을 것이다. 피셔에게는 클로비스 수렵-채집인들이(또는 이 사안에 관해서 이들보다 앞선 수렵-채집인들이) 고기를 성공적으로 발효시키고 저장하는 방법을 과연 터득했을지가 불분명했다. 특히나 독이 되거나 목숨을 앗아가지 않도록 고기를 발효시키고 저장하는 방법이어야 했다. 클로스트리듐 보툴리누스균(*Clostridium botulinum*)과 클로스트리듐 페르프린젠스(*Clostridium perfringens*)는 신선하고 안전한 고기를 치명적인 고기로 냉큼 변하게 한다. 이들 박테리아가 살코기를 섭취할 때에 독소를 생산하는 이유는 죽은 동물을 먹는 동물들과 경쟁하기 위해서라고 한다. 썩은 고기를 먹이로 삼는 동물들은 잘 썩은 살코기를 활용하도록 진화했음에도 이 미생물들에 대한 면역력이 없다. 그런데 한 연구에 따르면, 표본으로 삼은 터키콘도르의 90퍼센트와 아메리카까마귀의 42퍼센트, 코요테의 25퍼센트, 만주집쥐의 17퍼센트에게서 보툴리누스균 항체가 생겼다고 한다.[165] 썩은 고기를 먹는 이들 척추동물은 모두 이 병원체에 충분히 노출된 덕분에, 이들의 면역계에서 이 균을 기억할 가치가 있는 위협적인 존재로 판단한 것이다.[166]

그런데 과연 클로비스 수렵인들은 위험한 박테리아가 목숨을 앗아가지 못하게 고기를 저장하는 방법을 터득할 수 있었을까? 열매를 그대로 두어서 발효시키는 것과 마스토돈 같은 거대한 포유류를 안전하면서도 식욕을 자극하도록 저장하고 발효시키는 것은 완전히 다른 문제이다. 그래서 피셔는 직접 실험을 해보기로 마음먹었다. 일단, 작은 규모로 시작했다. 그는 1989년 가을에 미시간 주 남동부 일대에 있는 연못과 산성 물이끼 습원에 사슴의 머리를 넣었다(나중에는 양의 다리를 넣었다). 그런 다음, 결과를 살펴보고 표본을 채취하기 위해서 계속해서 현장을 찾았다. 물속을 들여다보는 그의 습관을 두고 그의 제자와 동료들은 "아기 사슴 밤비 찾기"라고 불렀다. 진흙과 물이끼가 가득한 연못에 잠긴 지 한 달이 지났다. 요리하지 않은 상태로 방치된 사슴 머리는 먹어도 안전할 것 같았다. 표면은 일종의 미생물이 자라서 만들어진 점액질로 한 겹 덮여 있었다. 그러나 점액층 아래에 있는 고기는 선홍색이었다. 냄새는 고약한 치즈 같았다. 그런데 이 냄새가 기분 나쁘지 않고 오히려 매력적이었다. 우리 두 사람에게 보낸 이메일에서 피셔는 이 냄새가 스틸턴이나 카브랄레스처럼 향미가 강한 "블루 치즈 같았다"라고 표현했다. 이 고기를 먹어도 안전한지는 몰랐지만, 풍기는 향으로 보아 안전할 것 같았다. 대체로 신맛이 나는 음식에서 나는 향이었다. 시간이 지나면서 확신이 커지자, 피셔는 더 야심찬 실험을 시도하기로 마음먹었다.[7]

실험을 위해서 피셔는 무게가 680킬로그램에 달하는 짐수레 말 한 마리를 "빌렸다." 이 말은 자연사한 지 얼마 되지 않은 신선한 상태였다.

게다가 이 말은 사려 깊게도 좋은 시기에, 즉 초겨울에 눈을 감아주었다. 선사시대의 수렵-채집인들은 늦가을과 초겨울이 되면 마치 다람쥐가 도토리를 모으듯이, 먹이가 가장 귀한 시기를 앞두고 먹거리라면 뭐든지 비축해야 했을 것이다. 실제로 연못에서 돌과 함께 발견된 마스토돈 한 마리를 초겨울에 물에 넣었다는 증거도 있었다.[167] 피셔는 말을 도축하는 작업을 시작했다. 이를 위해서 먼저 선사시대 석기의 모조품을 만들었다. 그런 다음 이 석기로 말의 가죽을 벗기고 몸통을 해체했다. 그의 계획은 연못에 말 전체를 수몰시키되, 보통 냉동고에 고기를 보관할 때처럼 조각을 내어 물속에 넣는 것이었다. 그러려면 여러 문제들을 해결해야 했다. 그중 하나가 고기가 물 위로 떠오르지 않게 가라앉히는 방법을 찾는 것이었다. 피셔는 클로비스인들이 사용했을 법한 방법을 그대로 따라해보기로 했다. 말의 창자 부위에 자갈과 돌을 집어넣고 이것을 닻처럼 사용하기로 한 것이다. 그런 다음, 얼마 전에 연못 수면을 뒤덮은 얼음판에 조심스럽게 구멍을 내고 조각낸 말을 구멍 속으로 빠뜨렸다. 몇몇 조각은 꽤 부피가 컸다. 이 작업을 하는 데에는 시간이 꽤 걸렸지만, 그렇다고 아주 많은 시간이 필요하지는 않았다. 기술적으로는 쉬운 작업이었다. 적어도 구석기 수렵인들이 애초에 말을 죽이며 겪었을 도전적인 상황에 비하면 힘들지 않았다. 그는 그후 몇 달에 걸쳐 현장으로 돌아와서 얼음에 새로 구멍을 뚫고 물속의 말고기 조각들을 끌어올려서 미생물 분석을 위한 표본을 뜨고 냄새를 맡아보기로 계획을 세웠다.

피셔는 2주일이 지난 후에 첫 번째 표본 수집에 나섰다. 그는 현장의 얼음 위로 걸어가서 말고기 한 조각을 끌어올렸다. 코를 이용해서 고기의 상태를 판단했다. 쿵쿵거리며 냄새를 맡았는데, 냄새는 괜찮았고 심지어 신선하게 느껴졌다. 아직 먹을 수 있는 상태였다. 그는 이 고기를 친구가 키우는 셰퍼드와 늑대의 교잡종 3마리에게 먹이로 주었는데, 모두 아무 탈이 없었다. 그는 직접 조금 먹어보기도 했다. 그런 다음, 다시 2주일이 흘렀다. 이제 2월이 되었다. 호수는 조금씩 따뜻해지고 있었다. 피셔는 다시 고기 표본을 수집했다. 양 다리와 사슴 머리가 그러했던 것처럼 이제 고기에서는 시큼하고 치즈 같은 냄새가 나기 시작했다. 나중에 미생물 분석 결과를 보니, 세균 수는 높았지만 고기에서 나는 향으로 짐작하건대 그 세균은 유산균 같았다. 그렇다면 고기는 여전히 안전한 상태였다(이때 피셔는 클로비스 수렵인들이 사용했을 방법 그대로, 즉 코를 도구로 삼아 고기의 상태를 판단했다). 피셔는 얼음 위에 불을 피우기로 했다. 예전에 연구했던 클로비스 유적지에서 겨울에 얼음 위에서 불을 피웠던 증거를 본 적이 있었기 때문이다. 그런 다음, 그때까지 블루치즈 냄새가 났던 말고기 한 조각을 막대기에 꽂아 불 위에 올렸다. 고기는 천천히 요리되었다. 그런데 너무 천천히 요리되는 것 같았다. 피셔는 다른 요리법을 시도하기로 했다. 일단 불이 모두 사그라들기를 기다린 다음, 두꺼운 고기 조각을 숯 속에 그대로 집어넣었다. 이 방법이 더 나았다. 그의 취향대로 미디엄 레어로 고기가 구워지자 그는 고기를 먹기 시작했다. 소고기 맛이 났는데, 단맛이 더 강했고 약간 신맛도 났다.

그쯤에서 연구가 일단락될 수도 있었지만, 피셔는 집요함을 빼면 시체인 사람이다. 4월이 되자 그는 말고기 표본을 다시 수집했다. 고기가 해초로 덮이기 시작한 상태였지만 해초 아래는 여전히 식용이 가능했다. 향은 여전히 매우 강했는데 어쩐지 전보다 좀더 즐거움을 주는 것처럼 느껴졌다. 6월에도 그는 다시 현장을 찾았다. 고기는 더욱 치즈처럼 변해 있었지만 그래도 여전히 먹을 수 있었다. 어느 시점이 되자 피셔는 호수 밑에서 장기간 발효된 고기와 그가 집의 냉동고에서 보관한 고기의 세균을 비교하도록 실험실에 의뢰했다. 호수 속 고기보다 그의 냉동고 고기에서 문제가 있는 세균 종의 세포가 더 많이 검출되었다. 반면에 호수 속 고기에는 유산을 생산하는 박테리아인 락토바실러스가 지배 종이었다. 이 유산 덕분에 호수 속 고기는 봄이 될 때까지 병원체에 오염되지 않을 수 있었던 것 같다. 선사시대 수렵인들은 봄이 되면 다시 손쉽게 사냥도 하고 채집도 할 수 있었을 것이다. 그러면 저장된 고기는 중요성이 떨어졌을 것이다. 아마 이 시점에서 버려졌을 수도 있다. 그래도 호수 속에서 무슨 일이 일어났을지 확인하기 위해서 피셔는 실험을 계속 이어갔다. 그는 7월에도, 8월에도 고기의 상태를 확인했다. 8월이 되자, 고기가 흐늘거리기 시작해서 더는 수집할 수 없었다. 그러나 처음 물속에 말을 빠뜨린 지 약 7개월이 지난 그때에도 고기는 여전히 먹어도 안전할 것으로 보였다. 단지 너무 원자화된 상태여서 모을 수 없었을 뿐이다. 미시간 대학교의 인류학자 존 스페스 교수는 이 실험에 대해서, 만약 연못이 아니라 물 구덩이 안에서 고기가 발효되었다면 몇 달이 더 지나도 식용과 수집이 모두 가능했을지도 모른다고 지적했다.[168] 피셔는 마스토돈 단 한 마리만으로 일가족이 7개월 이상, 어쩌면 8개월 동안이나 먹을 수 있었다는 것을 보여주었다.[8]

피셔가 이 실험으로 증명한 것은 선사시대 클로비스인들이 연못에서 고기를 발효시켰다는 사실이 아니다. 초기 구석기인이나 다른 호미닌들이 그렇게 했다는 것도 아니다(심지어 그렇게 추정하지도 않았다). 다만 그는 인류나 다른 호미닌들이 고기를 발효시키는 일이 복잡하지 않았으리라는 것을 보여주었다. 매우 간단한 일이었을 것이다. (발효가 언제부터 시작되었든 간에) 초창기의 발효는 마치 초보자들이 추는 어설픈 춤과 같았을 것이다. 구석기 시대 요리사들은 눈에 보이지 않는 (그러나 감지할 수는 있는) 존재들이 이름 모를 힘을 발휘할 것을 예상하고 서툴더라도 이들과 상호 작용을 했으리라. 마스토돈이나 매머드, 말을 발효시킴으로써 먹어도 죽지 않는 식용 가능한 상태를 유지하는 일은 불을 피우거나 요리를 하는 것보다는 쉬웠을 것으로 보인다. 피셔는 조금 운이 좋아서 발효에 관한 세부적인 정보들을 얻을 수 있었다. 클로비스 수렵인들 가운데에도 운이 좋은 자들이 있었을 것이다. 그러면 이들은 효과가 있었던 방법을 다시 되풀이할 수 있었다. 선호하는 맛과 향, 질감이 나오도록 마스토돈을 발효시키려면 더 많은 기술이 필요했을 것이다. 보이지 않는 조력자, 즉 미생물의 반응을 예상하는 기술 말이다. 그런데 이런 기술을 발전시킬 시간은 차고도 넘쳤다. 피셔에게는 물속에 고기를 저장하는 가장 좋은 방법을 알아낼 실험 기회가 단 한 번뿐이었다(그의 친구에게 죽은 말이 더는 없었기 때문이다). 반면에 구석기인들에게는 수십만 년에 걸쳐서 수천 번은 시도할 기회가 있었을 것이다. 선사시대 사람들과 그후에 등장한 수렵-채집인들은 농사를 시작하기 훨씬 전부터 주변의 미생물들과 협동해서 고기를 발효시킬 수 있었다. 만약 피셔의 생각이 맞다면, 부패를 늦추기 위해서만이 아니라 특정 미생물의 활동을 촉진하기 위해서도 발효를 이용한 것이다. 여기에서 특정 미생물이란 고기를 시큼하게 만드는 미생물, 즉 발효된 열매에서 발견되는 락토바실러스를 말한다. 피셔는 고기가 정말로 부패하기 시작하자 고기를 먹어도 안전할지를 먼저 향으로 판단했다. 자신이 신맛과 연관 지었던 향이 나는지부터 살핀 것이다. 그런 다음에는 실제로 신맛이 나는 것을 확인했다. 아주 오래되었으나 충분히 현대적인 코와 혀를 가졌던 고인류 역시 피셔와 똑같이 했을 것이다.[9]

피셔가 탐구한 발효 방식은 겨울이 유독 춥고 여름이 유독 더운 지역인 현재의 미시간 주 지역에서 덩치 큰 동물의 고기를 발효시키는 방식으로 사용되었을 것이다. 이와 유사한 환경에 사는 많은 수렵-채집인들도 겨울 대비용으로 고기를 저장하기 위해서 발효에 의존했거나 현재도 의존한다. 인류는 고기를 발효시키기 시작하면서, 고기의 종류와 기후 여건에 따라서 다양한 방식으로 발효를 했다. 특히 다양한 향미를 누리는 데에 한계가 있었던 지역에서 발효를 활용했을 가능성이 높다.

기후가 건조하고, 사냥으로 잡히는 동물의 크기도 비교적 작고, 많이 잡히지도 않았던 곳에서는 고기를 건조시켜서 저장했을 수 있다. 물론 당연한 말이지만 기후가 건조해야 건조시킬 수 있다. 남아프리카공화국 해변에 서식하는 하이에나는 먹이를 구한 후에 일부를 말린다. 표범은 동물을 사냥해오면 땅보다는 마른 나무에 걸어둔다. 고인류 역시 더운 사바나 환경에서 건기가 되면 이와 똑같이 했을 수 있다. 심지어 불을 사용하기 전부터 이렇게 했을지도 모른다.

인류는 불을 발명하면서 고기를 훈연할 수 있게 되었다. 훈연은 일종의 고속 건조법이다. 불을 사랑했던 인류 조상들은 날씨가 완전히 건조하지 않아도 나무만 충분하면 고기를 잘게 조각내어 훈연할 수 있었다. 이렇게 훈제된 고기는 오늘날의 무염 훈연 가공육의 조상이다. 이런 가공육으로는 독일의 바우에른싱켄(bauernschinken), 즉 농부의 햄이 있다. 이 햄은 고기를 공기 중에 건조시킨 다음 향나무를 사용해서 훈연하는 전통 방식으로 만들어진다. 선사시대 사람들 역시 독특한 향을 지닌 특정한 나무를 골라서 훈연에 이용했을지도 모른다.

건조에는 건조한 기후가, 훈연에는 불과 땔감이 필요했다. 고기를 건조시키는 세 번째 방식은 염장이었다. 그런데 그러려면 당연히 소금이 무척이나 많이 필요했다. 처음에 어떤 식으로 야생 고기를 소금에 절였는지는 정확히 알려지지 않았다. 그러나 고대 로마의 현인 카토가 묘사한, 이탈리아 남부 지방에서 햄을 염장하는 방법과 비슷했을 것으로 보인다. 카토는 그의 저서 『농경에 관하여(*De agri cultura*)』(또는 문학적으로 표현하자면 "들판의 문화에 관하여")에서 다음과 같이 설명한다.

햄은 다음과 같이 염장해야 한다. 커다란 항아리나 통을 준비한다. 시장에서 산 돼지 다리의 발굽을 잘라낸다. 햄 하나당 로마산 소금을 반 모디우스[약 9리터]만큼 사용한다. 통이나 항아리 바닥에 소금을 깔고, 그 위에 고기 껍데기가 아래를 향하게 다리 고기를 놓고, 다시 그 위에 소금을 덮는다. 다음 다리도 마찬가지 방법으로 껍데기가 아래에 오도록 놓고 그 위를 소금으로 덮어준다. 이때 고기가 서로 닿지 않게 조심해야 한다.……이런 식으로 모든 다리를 쌓은 다음, 고기가 보이지 않게 소금으로 완전히 덮는다. 표면의 소금을 매끈하게 정리해준다. 이렇게 소금 속에서 5일간 절인 후에 다리를 모두 꺼낸다. 이때 다리마다 붙어 있는 소금은 건드리지 않고 그대로 둔다. 가장 위에 놓였던 다리를 이번에는 가장 아래에 놓고 앞에서와 같은 방법으로 소금으로 덮어준다. 총 12일이 지나면 다리 고기를 꺼낸다. 소금을 제거하고, 찬바람이 들어오는 곳에 2일간 걸어둔다. 3일째 되는 날에 걸어두었던 햄을 내려서 스펀지로 닦고, 식초를 섞은 올리브유를 바른 후에 고기를 보관하는 곳에 걸어둔다.[169]

카토가 설명한 식으로 염장하면 감칠맛과 향미로 가득한 맛있는 고기가 만들어진다. 이런 맛과 향미는 오랜 발효 시간 동안 마이야르 반응이 슬로모션으로 일어난 결과이다. 그런데 이 방식은 시간 집약적인 데다가 더 중요하게는 소금 집약적이다. 소금을 사용해서 고기를 저장하고 발효 속도를 늦출 수 있다는 것이 발견되자(그리고 소금을 좋아하는 양성 미생물, 이른바 호염균의 활동이 촉진된다는 것이 알려지자) 소금값이 비싸졌다. 세계 대부분의 지역에서 염장법은 최근에 발명된 것이다. 맛있는 최신의 방식이어서, 일반적이라기보다는 궁극적으로는 값비싸고 예외적인 방법이다. 그리고 『소금(Salt)』의 저자 마크 쿨란스키가 지적하듯이, 염장법은 해상 운송과 무역, 그리고 유럽의 역사에 막대한 영향을 미친 저장법이다.[170] 염장 고기들 중에는 오늘날에도 여전히 인기 있는 것들이 많다. 그중 하나가 그 유명한 스페인의 이베리코 하몽이다. 여기에도 카토가 설명한 것과 비슷한 발효법이 동원되는데, 한 가지 다른 점이 있다면 발효에 몇 달 혹은 몇 년까지 걸린다는 것이다.

다른 유형의 발효 방식들은 대니얼 피셔가 수몰된 마스토돈을 보고 상상했던 접근방식, 즉 습발효에서 파생되었을 것이다. 이런 발효에는 소금이 들어갈 수도 또는 들어가지 않을 수도 있지만, 공통점은 액체 속에서 발효가 이루어진다는 사실이다. 예를 들면 물고기가 대량으로 잡혔던 많은 해안 지역들에서 애용했던 발효법이 그렇다. 고고학자 아담 보에티우스는 스웨덴 남동부 해안에 있는 고고 유적지인 노리에 순난순드에서 수없이 많은 물고기 뼈를 발굴했다. 대략 6만 톤에 해당하는 양이었다.[171] 이것으로 보아 노리에 순난순드는 장기 정착촌이었던 것으로 짐작된다. 사람들은 경작이나 목축을 시작하기 전에도 수천 년간 이곳에 정착해 살았다. 이 정착지에서는 봄, 여름, 가을에 물고기가 잡혔다. 사람들은 잡은 물고기 일부는 당연히 물개 고기와 노루 고기, 야생 체리, 사워체리, 슬로베리와 함께 신선한 상태로 먹었을 것이다. 그러나 대부분은 전용 시설에서 발효시켰다. 이 시설물은 넓은 장방형이었다. 남아 있는 기둥구멍을 보면 지붕을 지지했던 기둥들의 위치를 알 수 있다. 다른 구멍들은 발효 중인 생선을 담은 야생 곰과 물개 가죽 주머니들을 걸어두었던 말뚝의 구멍이다. 발효 시스템은 정교했다. 그러나 아직 소금이 스칸디나비아 반도에 전파되기 전인지라 이 정교한 발효 시스템은 연못 속에 말고기를 담그는 것과 비슷한 발효법에 의존했다. 이 발효법으로는 수개월 또는 수년이 지나면 발효 중인 동물이 완전히 변형된다. 시간과 미생물이 고기가 썩을 때까지 "요리한" 음식이 만들어지는 셈이다.[10]

동물의 고기를 습발효한다는 것이 낯설 수도 있지만, 이것은 세계 전역에서 여전히 매우 흔하게 찾아볼 수 있는 방식이다. 북극 지역에 사는 많은 원주민 공동체에 발효 식물과 발효 고기, 발효 생선은 중요한 먹거리이다. 예를 들면 알래스카 주의 유피크 부족은 동물의 위장으로 만든 주머니 안에서 식물을 숙성시켜서 쿠비카크(kuviikaq)를 만든다. 북동 아시아의 축치 부족은 사슴의 피와 간, 발굽, 그리고 구운 사슴 입술을 사슴의 위장으로 만든 주머니에 달콤한 뿌리와 함께 넣어서 발효시킨다. 또한 사슴의 고기와 기름을 바다코끼리 가죽 안에 채워서 투우그타크(tuugtaq)라는 일종의 말이(롤) 요리를 만들기도 한다.[172] 한편 현대 스칸디나비아 반도의 각 문화권에는 고유한 발효 생선 요리가 있다(물론, 이런 발효 요리는 노리에 순난순드 유적지의 발효법과 같은 고대 발효법의 후예이다). 그중 하나가 오늘날 스웨덴에서 사랑받는 발효 생선 요리인 수르스트룀밍(surströmming)이다. 수르스트룀밍은 잘 삭힌 청어로 만들며, 주로 툰네브뢰드(tunnebrød, 얇은 빵)에 싸서 먹는다.[11] 수르스트룀밍은 먹을 줄 아는 사람들에게는 별미 중의 별미이다. 그러나 이 음식을 좋아하는 사람들조차도 충분히 불쾌해할 정도로 전비향이 심해서 보통 실외에서 먹는다. 이 향에는 썩은 달걀(황화수소), 부패한 버터(뷰티르산), 식초(아세트산) 냄새가 나는 화학물질들이 포함되어 있다.[12] 스칸디나비아 반도의 많은 지역에는 발효 생선(일부 지역에서는 발효 고기)에서 느끼는 오래된 즐거움이 여전히 존속한다. 그뿐만 아니라 전 세계적으로도 많은 곳에서 발효 생선으로 만든 소스를 일상 먹거리로 섭취하고 있다. 필리핀, 타이, 베트남에서만도 매년 수백만 킬로그램의 발효 생선이 소비되고 있다.[13]

　습발효된 고기와 생선에는 감칠맛과 복합적인 향미가 풍부하다(그 때문에 생선 소스, 즉 액젓의 인기가 매우 높다). 그러나 수르스트룀밍의 사례처럼 이런 먹거리에서는 보통 전비향과 후비향이 극명하게 차이가 난다. 발효한 고기나 생선에서 나는 전비향은 싫어하지만 후비향과 향미는 좋아할 수도 있다. 알래스카 주에 거주하는 아메리카 원주민 여성 메리 타이원은 그녀가 속한 부족에서 어떻게 요리를 하는지 들려주었다. "우리는 연어 머리 요리를 준비할 때, 머리를 통에 넣고 땅속에 [10일간] 묻어둔 다음에 꺼내서 먹는답니다." 그 결과, 고약한 냄새로 범벅된 생선이 만들어진다. "악취 범벅 생선, 음, 제가 정말 좋아하는 음식이죠. 냄새는 고약해도 맛이 정말 좋아요."14 중국어로 향(香)은 냄새(전비향)뿐만 아니라 (후비향을 포함한) 향미로 즐거움을 주는 요리를 뜻한다. 가열한 닭기름, 구운 고기, 튀긴 양파에는 모두 향이 있다.[173] 아무래도 경이로운 향미가 있지만 선뜻 좋아하기는 힘든 전비향이 나는 요리를 표현하려면 새로운 어휘가 필요할 듯하다.

인류는 다양한 발효 고기를 어떻게 즐기게 되었을까? 개략적으로 보면, 고기와 생선에 미생물을 키울 수 있었던 것은 인류가 신맛을 선호한 덕분이라고 설명할 수 있겠다. 이 경우, 발효 고기에 대한 선호는 미생물을 사용해서 산성이나 알코올성 열매, 뿌리를 만드는 것과 유사할 수도 있다. 그러나 만약 염장이나 훈연, 건조 과정을 거치지 않고 발효된 고기나 생선을 많이 접한다면 금세 알 수 있을 것이다. 향신료와 마찬가지로 발효 고기나 생선을 만들고 좋아하는 법을 배우기 위해서는, 다른 상황이었다면 꺼렸을 향을 좋아할 줄 아는 학습 능력이 필요하다는 것을 말이다. 인간에게 정말로 날 때부터 혐오하는 향이 있다면 발효고기와 연관된 몇몇 향이 그 후보에 오를 수 있을 것 같다.[174] 이런 식으로 발효 고기와 생선은 우리의 감각계 전체를 동원한다(실제로 필요로 한다). 장시간 발효된 무염 청어를 좋아하려면, 거의 무엇이든 좋아하는 법을 배울 줄 아는 코와 감칠맛과 신맛을 좋아하는 혀가 필요하다. 그리고 입과 코, 마음으로 모두 좋아하는 향미를 계속 생산하는 기술을 배울 능력이 우리의 의식 속에 있어야 한다.

발효 열매와 뿌리, 발효 고기와 생선 이야기를 다시 종합해보면, 고인류와 현생 인류, 그리고 발효의 역사가 새롭게 그려진다. 어느 시점에서인가 인류 조상들은 열매를 발효시키기 시작했고 뒤이어 뿌리도 발효시키기 시작했다. 시작은 단순했다. 인류 조상들은 맛과 향에 이끌려서 발효 열매와 뿌리를 더 많이 찾아나서고 만들게 되었다. 신맛이 나는 열매와 뿌리는 먹어도 될 만큼 안전했다. 발효 뿌리, 특히 발효 열매에는 새로운 즐거움을 선사할 잠재력도 있었다. 부드러운 질감과 달콤함, 시큼함, 그리고 살짝 흥이 나는 느낌에서 오는 쾌락 말이다(이런 신나는 느낌은 최소한 우리의 알코올 탈수소효소 유전자가 새롭게 강력한 형태로 진화한 이후에 느끼게 된 것이다). 어쩌면 이와 동시에, 혹은 어쩌면 이보다 먼저, 어쩌면 나중에, 인류 조상들은 고기와 생선에서도 이와 매우 유사한 것을 발견하기 시작한 듯하다. 열매와 뿌리처럼 고기와 생선도 그냥 버려져 있다가 맛이 더 풍부해지고(감칠맛이 더 많아지고), 새로운 후비향과 이에 따른 향미가 생기고, 그러면서 동시에 몇 달이나 몇 년 동안 안전하게 먹을 수 있게 되었을 것이다. 인류 조상들이 물고기나 덩치 큰 포유류를 많이 죽이기 시작하면서 한 번에 먹을 양보다 많은 고기가 생기자, 이렇게 고기와 생선을 발효시키는 일이 특히나 중요해졌을 것이다. 언제 발효되었든 간에 인류 조상들은 발효 고기의 냄새뿐만 아니라 시큼한 맛을 통해서 그 고기가 안전한지를 알아냈을 것이다. 그러니까 우리의 혀는 발효 때마다 발효 상태를 확인하는 방편이 되었다. 발효는 인류가 가꾼 최초의 정원, 즉 미생물 정원이었던 셈이다.[15]

8

치즈의 예술

> 치즈는 어른이 된 우유와 같다.⋯⋯단연, [인간에] 비유될 만한 음식이다.
> 치즈는 오래될수록 더 인간다워진다. 그러다가 마지막으로
> 노망이 드는 단계가 되면, 거의 독방이 필요해진다.
> ─에드워드 버나드, 『미식가의 밥 친구(*The Epicure's Companion*)』[1]
>
> 그들을⋯⋯미리 그들을 위해 택해두었던 땅, 젖과 꿀이 흐르는 땅으로
> 이끌어들여주겠다고 나는 그날 손을 들어 맹세하였다.
> ─「에제키엘」 20장 6절

여러 해 전에 우리 두 사람과 아이들은 우리의 친구 호세 브루노-바르세나 가족과 함께 호세의 고향인 스페인 아스투리아스 주 카레냐를 방문했다. 우리는 도착하자마자 그의 대가족을 만나기로 했다. 호세의 어머니, 형제, 사촌 그리고 육촌을 (이 소도시에 사는 나머지 사람들과 함께) 만날 예정이었다. 그리고 카브랄레스 치즈도 예정에 포함되어 있었다. 이 치즈는 호세 가문의 당당한 일원이자 큰 존경을 받는 존재이다. 2019년에는 너비 약 30센티미터 크기에 흰색과 푸른색이 조화를 이룬 완벽한 카브랄레스 치즈 덩어리 하나가 2만50유로에 팔린 바 있다. 이 치즈

는 카레냐에서 불과 5킬로미터 떨어진 언덕에서 만들어졌다.

카레냐는 우리가 차를 타고 출발한 프랑스 도르도뉴 주와 꽤 가깝다. 도르도뉴 예술 동굴에서 아스투리아스 주와 그곳에 이웃한 칸타브리아 주에 있는 동굴들로 가려면, 보르도 방향으로 가다가 남쪽으로 틀어서 비스케이 만(灣)을 따라 바스크 주와 연결된 국경으로 가면 된다. 국경을 지나면 서쪽으로 방향을 잡는다. 비스케이 만을 계속해서 오른편에 끼고 간다. 지나는 길에 빌바오 구겐하임 미술관에 잠시 들른 후, 바스크 산맥을 넘어 바스크 양젖으로 만든 치즈를 뜯어 먹으며 가다 보면, 머지않아 동굴들이 있는 곳에 도착하게 된다. 그렇게 도착하면 칸타브리아 고대 예술 동굴을 꼭 둘러보기 바란다. 이곳은 도르도뉴 동굴과 비슷하면서도 경이로우리만치 독특하다. 가능한 한 많은 동굴에 들어가 보고, 자녀들이 더는 견디지 못할 지경이 되면 그때 카레냐와 치즈를 향해 출발하면 된다.

우리는 카레냐에 도착하자마자 그 길로 호세의 가족이 대대로 사용 중인 공동 치즈 동굴로 향했다. 호세와 그의 사촌 마놀로가 마놀로의 어머니로부터 치즈 만드는 법을 배운 곳도 바로 이 동굴이다.[2] 이 치즈 동굴로 말하자면 구석기 시대부터 사용되었던 것 같다. 중세에는 광부들이 사용했고, 스페인 내전 당시에는 온 가족이 공습을 피하는 대피소로 이용했다. 그리고 지금은 카브랄레스 치즈가 탄생하는 곳들 가운데 하나이다.

이 동굴은 하나의 요리 생태계이다. 천장 여기저기에는 거미줄이 종유석에 달려 있다. 거미가 파리를 잡아먹는 덕분에 파리가 치즈에 알을 까는 것을 막을 수 있다. 페니실륨 곰팡이가 두꺼운 타래를 이루며 사방에서 자라고 있다. 이 암흑의 세계 한가운데에 주홍색 반점과 함께 흰색에서 푸른색으로 변하고 있는 다양한 상태의 치즈들이 살고 있다. 치즈가 변하는 동안 수백 가지 향이 피어오르는데, 그 향이 무척 강하다. 다른 아이들이 비디오 게임을 좋아하는 만큼 동굴을 좋아하는 우리 아들도 한번 냄새를 맡더니 동굴 밖에 남겠다고 했을 정도이다.

우리가 카레냐로 오는 길에 보았던 구석기 시대 동굴 벽화가 탄생하려면, 그 벽화를 그린 화가들의 위대한 희생이 필요했다. 벽화를 그리는 데에는 시간이 오래 걸렸다. 화가들은 일상에서 기어나와 땅속 깊이 들어가야만 했다. 고인류학자 란 바르카이가 주장했듯이, 이런 동굴 속에서는 산소가 희박해서 자칫 머리가 돌아버릴 수도 있었다. 카브랄레스 치즈도 이에 못지않게 요구 조건이 많다. 새삼스러운 일이 아니라 늘 그러했다. 이 치즈를 만드는 사람들은 학예회나 스포츠 행사, 잔치 대신에 치즈를 중심으로 삶을 꾸려야 한다. 카레냐 치즈 장인의 삶에 치즈는 고행에서 피어나는 한 줄기 쾌락이다.

카브랄레스 치즈에는 양젖과 소젖뿐만 아니라 염소젖도 필요하다. 이들 동물을 키우는 데에는 각기 다른 장비가 필요하다. 양 떼를 따라가는 데에 필요한 종(鐘), 염소 떼를 따라가는 데에 필요한 또다른 종, 젖소 떼를 위한 훨씬 더 큰 종 말이다. 그리고 이 세 종류의 가축을 모두 쫓을 개 한 마리도 있어야 한다(일반적으로 양치기 개에는 종을 달지 않는다. 그런데 시내에서 종을 만드는 장인으로 일하는 호세의 사촌은 종을 만드는 일에 푹 빠져서 개에게도 종을 달았다. 그래서 그 집 개들은 각자 자기만의 특별한 종을 달고 있고, 그가 키우는 닭들도 각자 종을 하나씩 목에 걸고 있다. 작은 마을에서 일어날 법한 일이다). 전체적인 과정이 1년에 두 번씩 바꾸어야 하기 때문에 이 모든 일은 더 어려워진다. 염소와 양, 소는 겨울에는 계곡에서 풀을 뜯고 여름에는 산악 지대에서 풀을 뜯는다. 이들이 공유지(共有地)인 산악 지대에서 풀을 뜯고, 고산 지대에서 짙은 초록 빛의 통통한 잎을 먹어야만 최상의 치즈를 생산할 수 있는 젖을 짤 수 있다.3 게다가 치즈 장인이 치즈를 만들려면 이 세 동물의 젖을 보통 하루에 두 번 모두 짜야 한다. 이 동물들이 여섯 개의 언덕에 흩어져서 종소리를 울리며 여기저기 서로 다른 곳에서 먹이를 먹어야 하는데, 젖을 반드시 같은 날에 짜야 한다. 그래서 이들 동물의 뒤를 따르다 보면 1년에 수백 킬로미터를 걷게 된다. 이렇게 걷는 과정은 외롭다. 유일하게 하는 말이 이 동물들에게 하는 말인 경우가 많다. 더군다나 카레냐는 멋진 곳인 동시에 힘든 곳이기도 해서, 이렇게 내뱉는 말이 모두 욕설일 수도 있다.

일단 각각의 젖이 모이면 한데 섞어야 한다. 젖을 한데 모은 다음에는 응고시키고 자르고 소금을 넣는다. 가염하고 난 후에는 치즈를 언덕 아래로 가져가서 치즈 동굴에 넣어야 한다(적어도 이것이 전통적인 방법이다). 치즈는 동굴 속에서 계속해서 발효와 숙성을 거친다. 이 모든 단계들을 세심하게 진행해야 한다. 동굴에 넣은 후에는 치즈에 특히 신경을 써야 한다. 치즈 하나가 상하면 다른 것들도 상할 수 있기 때문이다.

소가 무디고 커다란 이빨로 풀잎을 베어 무는 순간에 시작해서 우리가 치즈 한 조각을 입안에 집어넣는 순간에야 끝나는 이 모든 과정은 약 2개월이 걸린다. 이 기간이 성공적으로 지나면 그 결과물로 일종의 살아 있는 생태계를 얻는다. 완전히 동물이라고 할 수도 없고 그렇다고 식물이라고 할 수도 없는 이 생태계는 충분히 강력한 향미가 있어서 식사로도 손색없다. 이 결과물, 즉 살아 있으면서 늘 변화 일로에 있는 이 치즈는 카레냐를 둘러싼 계곡에 사는 사람들이 가장 사랑하는 음식이다. 이곳 주민들은 다른 전통 음식들과 함께 이 치즈를 곁들여 먹는 것을 좋아한다. 누에콩과 소시지 두 종류, 돼지비계로 맛을 낸 수프인 파바다(fabada)와 함께 먹는다. 또한 세 종류의 사과로 만든 사과주에 곁들여 먹는 것도 좋아한다. 주민들은 저민 소고기에 이번에도 당연히 카브랄레스 치즈를 넣어 말아서 튀킨 카초포(cachopo)도 즐겨 먹는다. 심지어 이 치즈를 튀김 요리에 얹어서 녹여 먹는 것도 좋아한다. 카레냐에서는 저녁 식사 시간이 되면 거의 모든 집 부엌의 열린 창문을 통해서 흘러나온 카브랄레스 치즈 냄새가 온 거리를 뒤덮는다. 이 냄새는 치즈 동굴에서도 새어나온다. 그 이유를 도무지 알 수 없지만, 강물과 개울물에서조차 치즈 냄새가 난다.

카브랄레스 치즈가 변함없이 세계 최고의 치즈로 꼽히는 이유는 그 복합적인 향미와 치즈를 생산하는 데에 필요한 힘든 작업 때문이다. 그런데 이 치즈가 존재하는 이유를 설명하기가 힘들다. 대체 스페인 북부의 작은 계곡 주민들은 애초에 왜 이런 치즈를 만들 생각을 했을까? 지난 1,000년을 돌아볼 때, 어느 모로 보나 이 계곡에서의 삶은 힘들고 초라했을 텐데 말이다. 단순히 답하자면, 치즈는 소와 양, 염소가 새끼에게 젖을 먹이지 않는 (그래서 젖을 짤 수 없는) 혹독한 몇 달간 이들의 젖을 먹기 위한 저장법이다. 이런 면에서 치즈는 발효 생선과 크게 다르지 않다. 치즈는 힘든 시기를 견디게 해주는 버팀목이자 이곳 주민들의 식단에 없어서는 안 될 필수품이었다.

카브랄레스 치즈는 세 가지 다른 동물의 젖을 사용하고 상대적으로

그림 8.1 스페인 카레냐에 있는 카브랄레스 치즈 동굴.

긴 시간 동안 발효시켜서 비교적 부드럽다. 그런데 치즈를 굳이 이렇게 어렵게 만들 필요는 없다. 아스투리아스 주에서는 이보다 훨씬 더 쉽게 치즈를 만들기도 한다. 젖이 응고되어 응유(curd)가 형성되면, 이 단계에서 응유에 소금을 첨가하고 단단히 눌러서 모양을 잡아준 후에 발효시킨다. 여기에 훈연까지 하면 더 건조시킬 수도 있다. 이렇게 하면 치즈는 경성 또는 반경성 치즈가 된다. 이런 치즈는 만들기가 훨씬 더 쉽다. 운송하기도 쉽다. 계곡 하나만 넘으면 있는 마을에서는 다들 오랫동안 이 방식으로 치즈를 만들어왔다. 아마도 카브랄레스 주민들이 굳이 이렇게 어려운 치즈를 만들기로 한 이유를 알아내기는 불가능할 것 같다. 그런데 어느 날 밤 호세의 가족과 함께 시내에서 저녁 식사를 하면서 사과주를 즐기는데, 호세가 한 가지 가설을 제기했다. "그렇게 만들면 맛있기 때문이라네. 카브랄레스 치즈는 세상에서 가장 맛있는 치즈거든." 호세의 말에 따르면, 이 지역 식탁에 오르는 다른 음식들이 워낙 소박해서 이 치즈의 뛰어난 맛이 부각되었다고 한다. "우리는 어렸을 때 밤을 주워 와서 저녁으로 먹곤 했다네. 군밤이 저녁이었던 셈이지." 다시 말해서 카레냐 사람들이 카브랄레스 치즈를 만드느라 고생하고 가끔은 배고픔을 겪으면서도 그렇게 만들어온 것은 이 치즈가 그들에게 맛있었기 때문이다. 이것이 전적인 이유는 아니더라도 최소한 어느 정도는 이유가 된다. 그들에게 이 치즈는 정말 맛있었다. 특히 그들이 구하는 다른 먹거리들과는 비교도 할 수 없을 정도였다. 어쩌면 놀랍지 않게도, 이런 호세의 생각은 우리 두 사람의 마음에 들었다. 우리가 이 책에서 내내 주장한 이야기가 바로 그 말이기 때문이다. 즉, 인간을 비롯한 동물들은 아무리 힘들더라도 때때로 향미 가득한 맛있는 먹거리를 찾거나 만들어낸다는 것 말이다. 호세는 단지 이런 발상을 농부들에게 확장한 것이다. 이런 식의 확장은 거의 무리가 없다. 과격한 생각은 분명 아니지만 검증하기는 힘들다.

이런 생각을 검증하려면, 다양한 민족들이 동시에 어떤 문화적인 변화를 겪어서 그 이전보다 맛없는 식생활을 하게 된 사례들을 살펴보는 편이 이상적이다. 이때 치즈를 실험 대상으로 삼을 수 있다면 더 좋다. 치즈는 그 향미와 향의 세기 그리고 생산 과정의 어려움 측면에서 비교적 쉽게 특징을 지을 수 있기 때문이다(게다가 이 두 가지 특성은 대개 서로 맞아떨어져서, 향미와 향이 강한 치즈는 만들기도 어렵다). 다행히도 유럽 전역에서 바로 이런 실험이 진행된 적이 있다. 실험 주체는 바로 베네딕토 수도승들이었다.

3세기부터 이집트와 시리아의 그리스도교인들 일부가 고독한 은자의 생활방식을 채택하기 시작했다. 이들은 고행을 하면 갈망의 초점이 하느님에게 맞춰져서 하느님에게 더 가까이 갈 것이라고 믿었다. 이런 은자들을 가리켜 그리스어로는 모나코스(monakhos) 혹은 모노스(monos), 영어로는 멍크스(monks)라고 불렀다(이들이 혼자 사는 모습에 빗대어 "하나[mon-]"라는 의미가 담겨 있다). 이 수도승들은 각자 혼자 생활했지만, 종교 의식을 치를 때에는 함께 모였다. 세월이 흐르면서 수도승들 일부가 함께 모여 살기 시작했고, 그런 장소를 수도원이라고 부르게 되었다. 그러나 함께 사는 일은 녹록하지 않았다. 결정을 내려야 할 현실적인 문제들도 많았고, 합의를 도출해야 하는 사안들도 많았다. 가령, 어떤 쾌락을 포기해야 할까? 정말로 얼마나 많이 기도해야 할까? 어떤 옷을 입어야 할까? 이런 것들을 정한 규칙서가 필요했다. 시간이 지나자 서로

그림 8.2 규칙서를 전수하는 누르시아의 성 베네딕토. 일반적으로 성 베네딕토는 호사를 멀리했지만, 이 그림을 보면 화가는 그가 멋들어진 의자 정도는 개의치 않으리라고 생각한 것이 분명하다.

모순되는 내용의 규칙서들이 많이 등장했다.[4] 그중에서 인정받은 규칙서가 534년에 성 베네딕토가 쓴 규칙서이다. 이 규칙서에 담긴 내용은 (처음에는) 아주 독실한 신자들도 충분히 만족할 만큼 엄격했다가, 나중에는 대중화될 정도로 충분히 관대해졌다.

성 베네딕토는 현재의 이탈리아 노르차 지방 출신이다. 이곳은 맛있는 햄과 향이 풍부한 올리브유, (블랙올리브와 적포도주를 발라서 구운) 비둘기 구이, 증류주로 유명하다. 성 베네딕토는 제아무리 독실한 수도 승이더라도 음식이나 음료가 주는 즐거움이 전혀 허락되지 않는 생활을

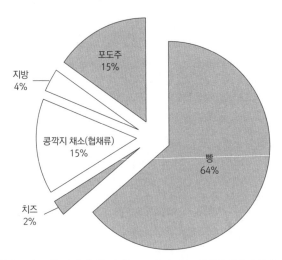

그림 8.3 베네딕토 수도원 식단의 한 사례. 829년 프랑스 생제르맹데프레 수도원에서 하루에 섭취한 음식과 음료(무게별 비중). 회색 부분은 발효된 음식을 나타낸다. 수도원 식단에는 제철 음식이 많이 오르지 않았다. 대부분은 발효된 음식을 먹었고, 발효한 덕분에 1년 내내 저장해서 먹을 수 있었다.

지속할 수는 없다는 사실을 잘 알았다. 그래서 합리적으로 금욕적이면서도 쾌락이 완전히 배제되지는 않은 식생활을 정했다. 식사는 하루에 두 번 할 수 있고, 끼니마다 다른 종류의 따뜻한 음식 두 가지를 먹을 수 있다. 또한 그는 하루에 포도주 1헤미나, 즉 대략 2분의 1파인트를 마실수 있게 규정했다. 단, 날이 덥거나 수도승의 몸 상태가 나쁘거나 밭일이 정말로 고된 경우라면 예외를 두었다(이 경우에는 더 많이 마실 수 있었다). 수도승들은 네 발 달린 동물의 고기는 먹을 수 없었지만, 그 동물의 젖은 섭취할 수 있었다. 또한 치즈를 만들어 먹을 수도 있었다. 이와 같은 규칙들로 인해서 수도승들은 카레냐의 소박한 치즈 장인들이 직면한 상황과 크게 다르지 않은 상황을 스스로 만들었다. 이 수도승들이 밥상에서 즐기는 향미는 그들보다 더 금욕적인 생활을 하는 수도승들이 누리는 향미보다는 큰 만족감을 주었지만, 그들이 원하는 것보다는 부족했다. 그들이 더 나은 먹거리를 만드는 일에 이용할 수 있었던 것은 주로 동물의 젖이었다.

호세의 가설에 따른다면, 수도승들이 상대적으로 향미가 결핍된 상황에 놓였을 때 특징적인 향미와 향이 있는 치즈를 만들었느냐가 핵심이다. 이런 식으로 생각하면 수도원은 일종의 요리 실험실과 같았다. 아니, 더 나아가 복제 실험실이었던 셈이다. 다양한 지역의 수도원들에서는 현지의 서로 다른 문화와 언어, 기후에 따라 어떤 음식을 만들지를 비교적 독립적으로 선택했다. 그러니까 각각의 수도원들은 부분적으로 독립된 호세의 가설 검증 기관이었던 셈이다. 수도승들은 향미 가득한 치즈 만들기에 집중하기 좋은 유리한 조건을 갖추고 있었다. 카레냐 지역의 문화와 마찬가지로, 수도원 문화에서는 힘든 일을 인내하며 열심히 하는 것을 고귀하게 여겼다. 베네딕토 수도원의 좌우명은 "노동이 곧 기도"이다. 역으로 말한다면, 나태함은 "영혼의 적"이었다. 따라서 둥근 치즈 덩어리와 치즈 조각들 사이를 누비며 노동함으로써 나태함을 멀리하는 것은 그 자체가 경건한 일이었다. 게다가 수도원은 이미 넓은 땅을 소유한 데다가 (주로 사후 세계에서 좋은 자리를 확보하는 데에 관심이 많았던 사람들로부터) 더 많은 땅을 기부받은 덕분에 이런 작업을 대규모로 실행할 수 있었다. 이렇듯 독실한 신앙심에서 우러나온 인내와 풍요로운 땅을 바탕으로 수도승들은 농경법을 혁신하고 새로운 음식을 창조했다. 또한 수도원은 오랫동안 전해져온 음식, 혹은 최소한 그들이 먹기 적절한 오래된 먹거리를 만드는 데에 필요한 기술과 재료를 보존하는 역할도 했다. 이런 측면에서 고대 음식과 이들의 관계는 고대 문헌과의 관계와 비슷했다. 수도승들은 고대 그리스 로마의 고전 문학과 과학 중에 그들이 가장 중요하다고 생각한 것들을 손으로 필사하고 번역했다. 이와 마찬가지로, 수도승들은 그들이 살던 곳에 존재하는 오래된 먹거리들을 그들 손으로 직접 삶에 가장 적합한 형태로 바꾸어 미래 세대에 대물림했다.

카레냐의 치즈 장인들처럼 수도승들은 어떤 종류의 치즈를 바꾸거나 혁신할지 선택할 수 있었다. 이들에게 주어진 선택지는 세 가지였다. 즉, 신선 치즈, 숙성 경성 치즈, 숙성 연성 치즈, 이렇게 세 가지 기본 유형 중에 하나를 고를 수 있었다. 성 베네딕토 이전의 고대 로마에서는 신선 치즈와 숙성 경성 치즈가 대세였던 것으로 보인다. 이 두 유형의 치즈 제조 과정을 보면 시작은 동일하다. 가장 먼저, 치즈를 "응고시켜야" 한다. 다시 말해서 우유 속 응유(고체)와 유청(액체)을 분리해야 한다. 신선 치즈의 경우 이 과정만 거치면 거의 완성이다. 주로 응고 방식으로 만드는 신선 치즈로는 현대의 크림 치즈와 염소젖 치즈가 있다. 이런 치즈를 먹어보면 젖을 만든 동물의 먹이가 맛에 영향을 준다는 것을 느낄 수 있다. 건초 사료를 먹은 동물의 젖으로 만든 신선 치즈는 맛이 순하다. 양치기와 함께 언덕을 오르내리는 동물에게서 짠 젖으로 만든 신선 치즈는 그 치즈를 만든 장소마다 각기 맛이 다르다. 방목한 동물에게서 얻은 신선 치즈를 맛보면 특정한 풀의 향미가 포착된다. 우유로 만든 치즈와 염소젖으로 만든 치즈의 향미에도 차이가 느껴진다. 염소젖과 염소젖 치즈에는 우유에는 없는 지방산(가령, 4-메틸-옥탄산)이 있다. 버팔로젖으로 만든 치즈에는 또다른 지방산이 함유되어 있는데, 일부에서는 버섯 향이 나기도 한다. 신선 치즈는 치즈를 만들어 먹는 곳이라면 거의 어디에서든 만들지만, 저장이 쉽지 않기 때문에 만든 당일 먹어야 하는 일용할 치즈이다. 따뜻한 기온 탓에 신선 치즈가 아주 빨리 상하는 유럽 남부에서는 특히 그렇다. 그래서 치즈의 운송과 저장 문제를 해결하기 위해서 탄생한 고대의 해결책이 바로 숙성 경성 치즈이다.

숙성 경성 치즈를 만들려면 신선 치즈보다 몇 단계를 더 거쳐야 한다. 일단, 응고 과정으로 응유가 만들어지면 모양을 잡아야 한다. 대개 여러 개의 덩어리로 나눈 다음, 손으로[5] 떠서 모양을 만든다. 그런 후에 응유를 압착해서 물을 빼내는데, 때에 따라서 소금을 첨가하기도 한다(소금을 넣으면 물이 더 많이 빠져나온다). 그러면 안에 어느 정도 수분이 남은 단단한 치즈가 만들어진다. 이때 치즈 속에는 예측 가능한 범위의 건조에 강한 박테리아와 곰팡이가 서식하기에 충분할 정도의 수분을 남겨야 하되, 치즈가 상할 정도로 과하게 남겨서는 안 된다. 치즈 속에 사는 건조에 강한 미생물들은 대사 작용을 통해서 먹기 쉬운 단백질과 지방을 완전히 소비함으로써 다른 종들의 먹이로는 아무것도 남기지 않는다. 이런 대사 과정에서 이들 박테리아와 곰팡이가 치즈에 새로운 향과 이에 따른 향미를 입힌다. 이와 동시에, 더 문제가 될 수 있는 미생물들이 치즈를 차지하지 못하도록 방지하는 역할도 한다. 향미 가득한 이런 경성 치즈 중에서 가장 오래된 것으로는 파르미지아노-레지아노 치즈(일명 파마산 치즈), 만체고(스페인 라만차 지방에서 양젖으로 만든 치즈/옮긴이), 아지아고(이탈리아 베네토 지방이 원산지인 치즈/옮긴이), 고다(네덜란드 치즈/옮긴이)가 꼽힌다. 이들 치즈는 결과물은 서로 무척 다르지만,[6] 같은 공정으로 생산되고 오래 두고 먹을 수 있으며 단단하다는 공통점이 있다. 이탈리아 남부(현재의 나폴리 일대)에서 기원전 700년경에 제작된 금속 치즈 강판이 발견되었는데, 이는 이런 치즈를 만들어 먹었다는 최초의 증거이다. 따라서 이탈리아 남부 사람들은 적어도 2,700년 이상 파마산 치즈와 같은 치즈를 갈아서 먹고 있다고 볼 수 있다.

의심의 여지 없이 고대의 치즈 장인들은 이 두 종류의 치즈를 만드는 과정에서 우연히 세 번째 유형의 치즈, 즉 숙성 연성 치즈도 만들게 된 것 같다. 그런데 역사 기록을 보면 이렇게 우연히 만들어진 숙성 연성 치즈는 일부 지역에만 또는 단기간만 존속했던 것으로 보인다. 고대 로마의 역사가들은 이들 치즈에 주목하지 않았다. 따라서 이런 치즈가 어딘가에서 만들어졌다면, 고대 로마인들이 논평하지 않기로 한 곳에서 만들어졌을 것이다. 이 치즈가 회피의 대상이 된 데에는 이유가 있다. 파마산 치즈 같은 숙성 경성 치즈에 비해서 숙성 연성 치즈는 까다롭고 위험하기 때문이다. 경성 치즈는 숙성 저장한 고기와 비슷하다.[7] 핵심은 특정 미생물에게 유리한 환경을 조성해서 이들의 증식을 도모하는 것이다. 그런데 숙성 연성 치즈를 제조하는 작업은, 눈에 보이지는 않으나 냄새가 점점 강해지는 댄스 파트너와 살짝 통제 범위를 벗어난 왈츠를 추는 것과 같다. 원하는 결과물이 나오기를 바라면서 연습한 대로 스텝을 밟지만, 음악이 멈추기 전에는(치즈를 잘라보기 전에는) 결과물의 품질을 결코 완전히 확신할 수가 없다. 게다가 숙성 연성 치즈와 추는 왈츠는 위험할 수도 있다. 치즈가 상하는 것뿐만 아니라 병원체에 점령당할 수도 있기 때문이다. 유럽 남부에서는 이런 치즈를 성공적으로 만들기가 특히나 어려웠을 것이다. 치즈 역사가 폴 킨드스테트의 표현처럼, 이곳에서는 기온와 공기 중의 습기 때문에 며칠 만에 "치즈가 미생물에 의해서 변질되어 먹을 수 없는 상태가 되었기" 때문이다. 그러나 킨드스테트가 이어서 언급했듯이, "유럽 북서부에서는 더 선선하고 축축한 기후 덕분에 적절한 조건만 충족되면 남부와는 매우 다른 결과물이 나올 수 있었다."[175] 그렇지만 유럽 북서부에서도 이런 조건을 충족시키는 작업은 만만하지 않았다. 그리고 언제 어디에서든지 숙성 경성 치즈를 만들 수 있다면, 굳이 이런 까다로운 작업을 할 필요가 없었다.

그런데 숙성 연성 치즈에는 한 가지 장점이 있었다. 바로 향미가 비범하다는 사실이다. 이 치즈는 식감이 고기와 매우 비슷하고, 감칠맛을 촉발하는 화합물을 초고농도로 함유하고 있다. 그리고 체취와 흡사한 향을 풍기는데, 여기에는 이유가 있다. 체내와 비슷한 습도를 유지하는 이들 치즈가 인체를 포함한 동물의 몸체에서 흔히 발견되는 미생물의 활동을 장려하기 때문이다. 작가 에드워드 버냐드의 글을 달리 표현하자면, 숙성 연성 치즈는 오래될수록 점점 더 인간다워진다.

만약 수도승들이 만들기 가장 쉽거나 최적인 것을 따지지 않고 더 강한 향미, 특히 고기를 많이 연상시키는 향미를 추구하는 경향이 있었다면, 그들이 만들었을 것으로 예상할 만한 치즈가 바로 이런 숙성 연성 치즈이다. 반대로 저장이나 운송에 적합하거나 식습관에 만족스럽게 기여하는 치즈를 만드는 일에만 관심이 있었다면 절대로 반연성 치즈는 만들지 않았을 것이다. 굳이 그럴 필요가 없기 때문이다. 부드럽고 신선한 치즈 덩어리와 단단하고 오래된 치즈만으로도 수도승과 치즈 이야기는 충분했을지도 모른다. 어떤 치즈가 세상에서 가장 향기로운지, 또는 가장 고기 같은 치즈는 무엇인지에 관한 공식적인 기록은 없다. 수도원 치즈에서 나는 향의 화학적인 구성이나 요리법을 다른 치즈와 통계적으로 비교한 연구 역시 그 누구도 하지 않았다. 이런 연구는 가능하기는 하지만 시간이 많이 소요된다. 대학원에서 수도원의 역사를 전공하는 학생과 미생물학을 전공하는 학생이 유럽 전역을 즐겁게 여행하면서 치즈도 먹고 고대 문헌도 읽으며 함께 연구하기에 딱 좋은 주제이다(이렇게 말하면 우리 두 사람 모두가 아직 라틴어를 배우지 않은 것을 후회하는 듯이 들리는가? 맞다. 제대로 들은 것이다). 한편, 프랑스를 비롯한 유럽 각지의 많은 수도원들에서 가장 만들기 힘들고 가장 냄새가 강한 숙성 연성 치즈를 전문적으로 만들게 된 것은 분명하다. 이런 치즈는 수도승들에게 그 보상으로 일생일대의 신비를 선사했다. 물론 농부들이 만들던 치즈를 따라서 만든 경우도 있었지만, 수도승들은 많은 치즈들을 새로 발명했다.

수도원에서 만든 숙성 연성 치즈 중에는 (응유효소[포유류의 위장에 들어 있는 젖을 소화시키는 효소/옮긴이]를 대량 사용한 덕분에) 신속하게 만든 것들도 있었다.[8] 이런 치즈를 서늘하고 건조한(혹은 최소한 습하지 않은) 환경에서 발효시키면, 페니실륨 곰팡이 중에 흰색과 회색 종, 가령 페니실륨 카멤베르티(*Penicillium camemberti*)가 잘 자라게 된다. 곰팡이가 잘 자라면 치즈에는 곰팡이 "꽃"이 피는데, 그래서 이런 치즈를 "곰팡이 꽃 외피" 치즈라고 부른다. 브리 드 모(프랑스 브리 지방의 모라는 도시에서 유래한 치즈/옮긴이)와 카망베르(여기에서 곰팡이의 이름을 따왔다)가 이런 종류의 치즈이다. 곰팡이 꽃 외피 치즈는 "표면 숙성" 치즈라고도 불린다. 대부분의 치즈는 숙성되면서 딱딱해지지만, 이들 곰팡이 꽃 외피 치즈 혹은 표면 숙성 치즈는 점점 부드러워진다. 페니실륨 곰팡이는 외피에서부터 자라면서 치즈를 숙성시킨다(외피는 흰색을 띠고, 흰

그림 8.4 치즈. 좌측(A)은 곰팡이 꽃 외피 치즈에 페니실륨 곰팡이가 두꺼운 생명막을 생성한 모습이다. 중앙(B)에 보이는 것과 같은 외피는 파마산 치즈 표면에서 발견된다. 우측(C)은 세척 외피 치즈 표면에 있는 복잡한 지형을 지닌 브레비박테륨 외피이다. 세 경우 모두 응유(아랫부분)와 그 위에서 성장하는 생물막(윗부분)이 보인다.

히 "버섯 같은" 향이 난다). 그러는 동안에 치즈 내부는 서서히 액화되어 크림처럼 변한다.

반대로 이와 매우 비슷한 치즈를 카레냐의 치즈 동굴처럼 습한 곳에서 발효시키면 또다른 페니실륨 종(보통은 페니실륨 로퀘포르티[*Penicillium roqueforti*])이 자라서 그 결과 카브랄레스, 로크포르(프랑스 루에르그 지방 로크포르 석회암 동굴에서 양젖으로 만드는 대표적인 블루 치즈/옮긴이), 스틸턴 같은 블루 치즈(혹은 블뢰[bleu] 치즈)가 만들어진다.[9] 이런 치즈에 스테인리스강으로 만든 바늘로 찔러서 일부러 구멍을 내기도 하는데, 그 구멍에서 페니실륨 곰팡이가 자라면서 로크포르나 스틸턴의 가장 큰 특징인 푸른색 구멍이 만들어진다. 그런데 카브랄레스는 다르다. 마치 곰팡이 꽃 외피 치즈처럼 페니실륨이 카브랄레스 치즈의 표면에서부터 안으로 자란다. 이런 여러 방식들 중에서 어느 것이 더 좋은가 하는 문제는 카레냐를 비롯해서 아스투리아스 주 어디에서든, 특히 사과주 몇 잔을 걸치며 갑론을박을 벌이기에 딱 좋은 주제이다.

그러나 수도승들이 따라 하거나 발명한 치즈들 중에서 가장 독특한 치즈는 곰팡이 꽃 외피 치즈도, 블루 치즈도 아니다. 세척 외피 치즈와 외피를 닦아서 만드는 치즈가 그 주인공들이다. 세척 외피 치즈부터 살펴보자. 이런 종류의 치즈는 곰팡이 꽃 외피 치즈나 블루 치즈보다 만들기도 더 어렵다. 세척 외피 치즈는 블루 치즈처럼 비교적 습한 동굴이나 지하에 저장하지만, 블루 치즈와는 달리 숙성되는 동안 매우 짠 소금물로 세척된다. 소금은 건조한 환경을 좋아하는 박테리아의 증식을 도모한다. 이렇게 소금물 세척으로 증식되는 박테리아 중에는 브레비박테륨 리넨스(*Brevibacterium linens*)와 그 동족이 있다. 브레비박테륨 리넨스는 치즈뿐만 아니라 인간의 발이라는 소금기 있고 건조한 서식지에서도 사는 생물이다. 이 박테리아는 치즈 표면의 오렌지빛 얼룩과 반점 안에서 자란다. 세척 외피 치즈에 사는 박테리아 중에는 바다에서 온 할로모나스(*Halomonas*)와 프세우도알테르모나스(*Pseudoaltermonas*) 같은 종도 있다. 이들은 바다 소금을 통해서 치즈에 전파되는 듯하다.[176] 외피를 세척하는 방식에 필요한 박테리아들은 무척 까다롭다. 산소가 필요해서 치즈 표면에서만 자라는데, 산성 환경에서는 자라지 않기 때문에 오래된 치즈 위의 곰팡이가 유산균이 만든 산을 대부분 섭취한 이후에야 자란다.

『천연 치즈 제조의 예술(*The Art of Natural Cheesemaking*)』의 저자이자 치즈 장인인 데이비드 애셔는 수도원에서 세척 외피 치즈를 만들기 시작한 이후에야 비로소 이 치즈가 흔해지기 시작했을 것으로 추정한다.[177] 우선, 이런 치즈를 만들려면 한 마리가 하루에 생산할 수 있는 양보다 훨씬 더 많은 젖이 필요하기 때문이다. 가난한 농부보다는 수도원이 대량의 젖을 더 쉽게 구할 수 있었을 것이다. 게다가 이런 치즈를 만들려면 하루도 빠짐없이, 심지어 축일에도 한결같이 소금물로 치즈를 세척해야 했다(지금도 그래야 한다). 이런 노력을 들여서 얻는 주된 혜택이 치즈의 맛과 향, 식감 등 감각적인 경험이었을 뿐인데도 그렇게 해야 했다.[10] 즉, 이런 치즈를 얻으려면 성 베네딕토가 대단히 중요하다고 강조했던 노동과 보살핌을 쏟아야 했다. 또한 고된 일을 해서 얻는 식도락을 좋아해야만 했다. 외피를 세척하고 가염한 치즈는 고기 맛이 나고 향미가 풍부하고 부드러우며 맛있다. 이 치즈는 입에 넣는 순간 우리에게 반격해온다.[11] 반격의 무기는 그 옛날 수도승들이 마치 고기라도 먹는 듯 치즈를 즐기며 느꼈을 바로 그 즐거움이다. 수도승들은 고기를 먹을 수 없었음에도, 어쩌면 육식이 금지되었기 때문에 이런 쾌락을 즐겼으리라.

그런데 세척 외피 치즈도 마지막이 아니었다. 수도승들은 미생물을 다루는 방법을 더 알아냈다. 그들은 천이나 다른 직물을 사용해서 오렌지빛 반점(당시 그들은 몰랐지만, 이런 반점은 브레비박테륨 리넨스가 군락을 이룬 것이었다)을 치즈 겉면 전체로 혹은 한 치즈에서 다른 치즈로 퍼뜨릴 수 있다는 사실을 발견했다. 그 과정에서 탄생한 것이 바로 외피를 직물로 닦아서 만드는 치즈이다. 오렌지빛 반점이 퍼지면, 브레비박테륨이 자라서 치즈 전체를 감쌌다. 그러면서 새로운 향이 생겨났다. 단백질이 분해되면서 발생하는 이 향은 치즈가 있는 곳에서부터 몇 킬로미터 떨어진 곳에서도 맡을 수 있고, 치즈를 잘라서 접시에 담아 먹는 곳이라면 어디에서든 느낄 수 있다.

수도승에게 근면은 경건한 것이었다. 반면에 이렇게 헌신하는 동안 새로운 향미를 발견하고 상상하는 일은 인간적인 것이었다. 그리고 여러 향미들 가운데 어느 한 유형의 향미를 만드는 요인을 통제하는 일은 과학적인 것이었다. 이렇듯 수도승들의 헌신과 인간성, 과학, 그리고 특정한 수도원 문화가 섞이면서, 다양한 수도원에서 다양한 방식으로 향미를 만드는 요인을 통제하게 되었다. 헌신과 인간성, 과학이 가장 온전히 합쳐진 것이 바로 세척 외피 치즈였다.

세척 외피 치즈는 유럽 전역에 있는 각 수도원에서 독립적으로 발견되어 정교하게 제조되었다. 이 치즈는 수도원마다 조금씩 다른 방식으로 만들어졌고, 한 가지 이상의 방식이 적용되기도 했다. 치즈가 다소 건조하고, 일부 숙성 과정에서만 치즈를 닦으면 그뤼예르 치즈가 만들어졌다. 스위스의 그뤼예르 수도원의 수도승들은 이 치즈 제조의 전문가가 되었다(그리고 이 치즈에서 즐거움을 찾게 되었다). 한편, 프랑스의 마루아유 수도원의 수도승들은 조금 다른 접근방식을 터득했다. 마루아유 치즈는 소젖을 사용하고 그뤼예르보다 습한 환경에서 발효해서 만든다. 네모난 모양에 오렌지빛을 띠며, 썩은 내와 고기 향, 과일 향이 동시에 느껴진다. 프랑스 보주 산맥에 자리한 알자스 지방의 수도원에서도 무엇인가 다른 시도를 했다. 치즈를 소금물로 수차례 씻어서 묑스테르 치즈를 제조한 것이다.[12] 이외에도 에푸아스 수도원에서 만든 에푸아스 치즈도 있다. 에푸아스 치즈는 세척 외피 치즈 중에서도 밀도가 낮고 촉촉한 치즈이다. 특유의 향은 일정 부분 치즈 세척에 사용하는 브랜디(이 브랜디도 수도원에서 만든다)에서 나온다. 그러나 나머지 마법은 미생물, 강력한 미생물의 작용으로 완성된다. 스테판 에노와 제니 미첼은 두 사람이 함께 쓴 『한 입 크기의 프랑스 역사(*A Bite-Sized History of France*)』에서 에푸아스 치즈 향이 화목한 부부관계를 위협한다고 주장했다(물론, 수도승에게는 아무래도 상관없었다).[13] 다른 수도원에서는 소금물 대신 맥주로 세척하는 방법을 발견했다. 이런 방법은 시메이에 있는 수도원을 비롯한 여러 다른 수도원들에서 오늘날에도 이어지고 있다.

요약하자면, 수도승들은 향미를 추구할 경우에 만들 법한 치즈를 만들어냈다. 그들이 이런 치즈를 수도원 밖의 치즈 장인들보다 훨씬 더 자주 만들었는지 아닌지에 관해서는 연구가 더 필요하다(그래도 수도승들이 더 자주 만들었던 것으로 보인다). 그런데 이런 치즈 이야기를 구성하는 요소에는 두 가지가 더 있다. 첫째 요소는 수도승들이 그들이 만든 치즈 일부를 판매했다는 사실이다(어떤 경우에는 일부가 아니라 많이 팔았다). 이 경우에는 자신들이 좋아하는 향미뿐만 아니라 부유한 도시민들(말하자면, 중세 유행의 최첨단을 걷는 미식가들)이 좋아하는 향미에 맞는 치즈를 만들었다. 현대의 미술계나 요식업계와 마찬가지로, 이들 고객은 때때로 치즈를 만드는 과정에 영향력을 행사하기도 했다. 그런가 하면 수도승들의 치즈 제조 방식에 큰 영향을 미치지는 않고 단지 치즈 제조가 경제적으로 성장할 수 있도록 도움을 주기도 했다. 그러나 숙성 경성 치즈는 숙성 연성 치즈보다 고객의 영향력이 더 컸을 것이다. 폴 킨드스테트가 『치즈 책(*Cheese and Culture*)』에서 지적하듯이 숙성 연성 치즈, 특히 세척 외피 치즈는 손상 없이 온전하게 시장까지 운송하기가 힘들었을 것이다.

둘째 요소는 단순히 어떤 치즈가 수도승들에게 가장 호소력 있게 다가왔느냐가 아니라, 좀더 구체적으로 말해서 어떻게 수도승들이 후각

계의 작용을 통해서 복합적인 향미를 지닌 치즈를 좋아할 줄 알게 되었느냐와 관련된다. 고든 셰퍼드가 『신경양조학』에서 서술했듯이, 사람들은 개별 향을 구별하는 훈련을 받으면 대체로 그 향들을 썩 잘 학습한다.[178] 한 연구는 실험 대상자들이 일곱 가지 향을 82퍼센트의 정확도로 구별할 수 있게 학습시킨 후에 여러 향들을 섞어서 맡게 하면 어떤 결과가 나오는지를 살펴보았다. 향을 두 가지씩 짝을 지어 섞자, 똑같은 실험 대상자들이 하나 혹은 두 가지 향 모두를 알아맞히는 능력이 현저히 떨어졌다(계산 방법에 따라서 다소 차이가 있지만, 대략 35퍼센트 감소했다). 일곱 가지 향 가운데 세 가지 향을 동시에 제공하자 단 14퍼센트만이 정확히 맞추었고, 한 번에 네 가지 향을 맡게 하자 모두 정확히 구별해낸 사람은 4퍼센트에 불과했다.[179] 먼 옛날, 신입 수도승들이 치즈의 향과 향미를 식별하려고 했을 때도 아마 이와 비슷한 일이 벌어졌을 것이다. 그런데 서로 다른 향을 식별하는 데에 더 많은 시간을 들여서 노력할수록(혹은 이런 향에 더 오래 노출되기만 해도) 이들 향을 식별하는 능력이 좋아진다고 알려져 있다. 이런 경우 뇌에서는 어느 정도의 향들을 묶어서 고유한 이름과 정체성을 부여한다. 그뿐만 아니라, 개별 향과 그 향과 관련된 기억이 마음속에서 더 뚜렷해져서 다시 기억해내기 쉬워진다. 그 결과, 사람들이 매우 복합적인 향을 지닌 어떤 음식을 많이 먹으면 먹을수록, 그 음식에서 나는 식별 가능한 향과 향미가 많아진다. 게다가 치즈, 포도주, 고기, 과일 같은 음식은 워낙 복합적이어서(이들 음식에는 단 네 가지가 아니라 수백 가지 향이 있다) 지배적인 향이 무엇인지 식별하기 시작하더라도 새로운 향들이 등장하기 때문에, 또다시 학습할 수 있게 된다. 셰퍼드의 표현을 빌리면, "두 가지 포도주를 식별하는 법을 터득한 후각 피질은 그후에 새로 포도주를 접할 때 이들을 구별하는 고도의 작업을 수행할 수 있게 된다." 치즈도 이와 마찬가지이다. 수도승들도 좋은 치즈와 나쁜 치즈, 고기 맛이 강한 치즈와 약한 치즈를 식별하는 법을 배움으로써 나중에 다른 치즈를 접할 때 이것들을 "식별하는 능력을 키웠다." 그들은 이러한 능력을 다듬으면서 그들이 식별해낸 차이를 평가하고 즐기는 능력도 키웠다. 이런 측면에서 보면 수도승들은 고독한 은자가 아니었다.

수도승들과 치즈 이야기는 낯설고 독특하게 들릴 수 있다. 그러나 많은 문화권과 환경에서, 특히 구할 수 있는 향미가 제한되어 있다면 복합적인 향미와 향이 사랑받게 되는 것은 어디까지나 일반적인 일이다. 일부 침팬지 무리가 (다른 무리들과 달리) 막대기를 사용해서 개미를 찾는 이유 중의 하나는 향미 가득한 먹이가 귀하기 때문인지도 모른다. 클로비스 수렵인들이 다른 먹이는 놔두고 일부 먹이를 사냥하기로 한 이유도 마찬가지일 수 있다. 또한 고대 메소포타미아인들이 향신료로 스튜에 맛을 낸 이유도 이 때문일 수 있다. 최근 롭의 일본 오키나와 여행을 계기로 우리 두 사람은 향미의 이야기에서 끊임없이 반복되는 본질을 다시 떠올렸다. 롭의 여행 목적은 동료 학자들과 만나서 전 세계의 개미 지형도를 그리고 개미가 무엇을 먹는지 또 왜 먹는지를 기록하는 것이었다(그 당시에 롭은 음식, 영장류, 개미에 거의 같은 비중을 두고 연구 중이었다). 회의 마지막 날, 그는 옛 제자인 브누아 게나르와 함께 저녁 식사를 했다. 브누아는 현재는 홍콩에서 교수로 일하지만, 그 전에 오키나와에서 몇 년간 살면서 그곳에서 아내를 만났다. 그러니까 브누아의 가족은 프랑스-일본 다문화 가족이다(물론, 이렇게 말하면 브누아는 곧바로 자신은 프랑스 출신이 아니라 브르타뉴 출신이라고 할 것이다. 그만큼 브르타뉴는 프랑스에서도 독립 정신이 강한 지역이다). 브누아의 가족은 프랑스 음식과 일본 음식 모두를 아주 좋아한다. 롭은 브누아와 함께 오키나와 전통 식당을 찾게 되어 무척 기뻤다. 두 사람은 다양한 절임과 그 지역의 특산물인 해초, 땅콩 두부, 오징어먹물 국수를 먹었다. 그리고 마지막으로 롭이 두부유를 주문했다.

두부유는 (베네딕토 수도원의 수도승들과 비슷하게도) 일본 승려들에게 채식이 권장되던 시기에 승려들을 포함해서 요리사들이 오래된 중국 전통 요리법을 바탕으로 두부를 쇄신해서 만든 음식이다. 먼저, 콩으로 두부(여러 측면에서 치즈의 응유와 비슷하다)를 만들어서 건조시킨다. 이 과정에서 두부가 천천히 발효된다. 그다음, 발효된 두부를 쌀로 만든 오키나와 특산 증류주인 아와모리로 세척한다(시메이 치즈를 맥주로 세척하는 것과 매우 비슷하다). 두부를 아와모리로 세척하면 알코올과 건조한 환경으로 인해서 많은 미생물 종이 죽으면서 이들의 증식이 억제된다. 반면에 알코올과 건조한 환경에 잘 견디는 종은 활발히 증식한다(소금물 세척 치즈를 만들 때와 유사하게 소금물로 세척 과정을 거치는 발효 두부도 있다). 이 모든 과정 끝에 마침내 두부유가 숙성된다. 혹은 치즈 장인의 표현을 빌리면 마무리된다.[180] 피상적으로 보았을 때 발효 두부와 잘 숙성된 반연성 치즈는 유사점이 많다. 둘 다 응유에서 출발하고 발효 단계를 거친다. 마지막으로 둘 다 특정 균종의 증식을 촉진하기 위해서 소금이나 알코올을 사용한다. 그런데 두부유를 입에 넣고 나서야 롭이 알게 된 사실이 있다. 바로 두부유의 향과 향미가 숙성 치즈와 비슷하다는 것이다. 두부유의 부드러운 질감은 가령, 브리 치즈의 질감과 유사했다. 그리고 처음에는 여러 풍부한 향미들이 느껴지다가 마지막에는 입 안쪽에서 느껴지는 향과 함께 카브랄레스 블루 치즈의 향미가 났다.[14]

인간사(人間事)는 그 범위가 무한하다. 문화와 학습은 서로 다른 민족이 서로 무척이나 다른 음식을 좋아하게 만들기도 한다. 그러나 맛있음이 라는 주제 아래에서만큼은 이야기가 돌고 돈다.

9

식사가 우리를 인간으로 만든다

음식과 언어는 그저 가까운 이웃사촌이 아니다.……
한 지붕 아래에 사는 사이이다.
—고든 셰퍼드

피레네 산맥의 프랑스 쪽 언덕에 자리한 작은 마을 부리에주에 아이들과 함께 머무는 동안 우리는 마을 축제에 초대를 받았다.[1] 우리만 특별히 초대받은 것은 아니었다. 당시 마을에 있던 사람은 누구든지 초대되었기 때문이다. 마을 주민이든 방문객이든 계층이나 상황에 상관없이 모두가 시장의 초대를 받았다. 어린아이들도 왔고 노부부들도 왔다. 못된 사람, 착한 사람, 재미난 사람, 지루한 사람 할 것 없이 모두가 참석했다. 먼저, 편안한 음료와 대화를 나누는 것으로 저녁의 막이 올랐다. 우리는 약 500년 전에 이 지역의 수도승들이 처음으로 만든 발효 포도주 블랑케트를 한 잔씩 마셨다. 포도주를 마시고 나니 해가 뉘엿뉘엿 지고 있었다. 굽이굽이 흐르는 냇물 위의 절벽에는 긴 식탁 두 개가 차려져 있었다. 우리는 그중 한 식탁에 자리를 잡고 앉았다. 한쪽 옆에는 누

265

드 댄서의 신체 이모저모를 담은 사진을 전문적으로 찍는 영국 예술가 앨빈 부스가, 다른 쪽 옆에는 여전히 양 냄새를 아련히 풍기는 양치기가 앉았다(이 책을 집필하는 동안 숱한 자료들을 읽다 보니, 이런 향이 나는 이유가 카프르산 냄새 때문이라고 이야기할 수 있게 되었다).

대화를 나누는 동안 포도주가 더 나왔고 뒤이어 샐러드가 나왔다. 그 다음으로 나온 돼지갈비는 이 요리를 만든 웃통 벗은 남성이 들고 다니며 돌렸다. 감자는 베레모를 쓴 배불뚝이 요리사가 손수레를 밀고 다니면서 던져주었다. 그런 다음, 어린 소녀들이 과일 디저트를 나눠주었다. 마침내 서로의 얼굴을 보려면 흔들리는 촛불에 의존해야 할 정도로 밤이 깊어지자, 치즈들이 등장했다. 네모, 세모, 사다리꼴 등으로 자른 치즈에서는 고대 기하학을 발견할 수 있었다. 그러나 치즈의 모양보다는 냄새로 차이를 더 쉽게 확인할 수 있었다. 그런 다음, 음악과 춤이 시작되었다. 3명의 음악가가 클라리넷과 바이올린, 아코디언을 연주하며 식탁 사이를 이리저리 다녔다. 그리고 포도주가 더 제공되었다.[2]

포도주와 치즈의 향미 그리고 음악 소리에 흠뻑 젖은 우리는 이런저런 이야기를 나누었다. 예술, 역사, 수도승, 양, 낚시하기 가장 좋은 영국 어딘가의 장소, 부리에주의 차기 시장이 되어야 할 사람과 되면 안 되는 사람 등이 대화 주제였다. 앨빈 부스와 그의 아내 나이키 래닝이 최근에 완료한 프로젝트 이야기도 했다. 이들은 프랑스의 문화 방송 라디오 프로그램을 24시간 녹음한 후에 라디오 진행자와 출연자들이 내는 비언어적인 소리—우, 아, 풋 같은 소리—만 따로 모았다. 그 결과물(나중에 우리에게 들려주었다)은 이해할 수는 없으나 마음을 가라앉히는 음악처럼 들렸다. 그러다가 치즈와 음악 사이의 어느 시점부터 대화 주제가 침팬지들의 식사 이야기로 옮겨갔다.

이 주제는 보기보다 다루기 명백한 주제였다. 마침 우리는 독일에서 여름 내내 긴 시간을 보내고 온 참이었다. 그곳에 있는 동안 침팬지와 침팬지의 식습관은 대화의 단골 주제였다. 낮에는 롭이 침팬지 연구자들과 함께 연구를 진행했고, 저녁에는 우리 두 사람이 같이 그들과 만나서 술을 한잔 하거나 식사를 했다. 라이프치히를 떠날 즈음이 되자 우리는 만찬, 나눔, 언어, 인간을 특별한 존재로 만드는 것과 그렇지 않은 것에 대해서 놀랄 정도로 많은 것을 깨달은 경지에 올랐다.

그런데 우연한 만남이 이런 깨달음의 기폭제가 되었다. 우리가 로만 비티히와 마주친 것은 어느 집 뒷마당에서 열린 파티에서였다.[3] 그는 라이프치히에서 지낼 때에는 예쁜 뒷마당에서 돼지고기를 굽고 만찬을 여는 사람들과 어울리고, 코트디부아르의 타이 숲에서 지낼 때에는 침팬지들과 어울린다. 로만 비티히는 침팬지가 먹이를 먹고 나누는 방법을 연구하는 세계적인 전문가이다.

타이 숲에서 지내면서 비티히는 제자, 동료 연구자들과 함께 수십만 시간 동안 침팬지를 관찰했다. 비티히, 다른 동료 연구자들과 함께 연구하던 제자 리란 사무니는 최근에 진행한 연구에서 침팬지 두 집단을 각각 약 2,000시간씩 관찰했다. 2,000시간 동안 현장에서 관찰하고 기록하고 자료를 만든 것이다. 이 시간 동안 사무니와 연구진은 침팬지가 콜로부스원숭이든 열매나 씨앗이든 간에 먹이를 나눠 먹는 개별 사례를 312건 기록했다. 이는 대략 이틀에 한 번꼴로, 관찰 대상 침팬지 40마리 가운데 적어도 1마리가 먹이를 나눠 먹은 셈이다. 이런 모습을 관찰하면서 사무니와 비티히, 그리고 동료 연구자들은 타이 숲에 사는 침팬지들

그림 9.1 코트디부아르의 타이 숲에 사는 침팬지들이 콜로부스원숭이를 나눠 먹으며 단출한 만찬을 즐기고 있다.

이 먹이를 나누는 데에 세 가지 규칙이 있다는 것을 발견했다.

첫째, 침팬지들은 먹이를 구할 때 함께했던 개체들과 먹이를 나눈다. 콜로부스원숭이처럼 구하기 힘든 먹이라면 특히 더 그렇다.

둘째, 같이 먹이를 구했던 동료들 외에 장기간 사회적인 유대관계를 맺었거나 장차 이런 관계를 맺고 싶은 개체들과 먹이를 나눈다. 달리 말하면, 친구와 먹이를 나누고 앞으로 친구가 될 가능성이 있는 잠재적인 침팬지와도 나눠 먹는다.[4][181]

셋째, 친구와 먹이를 나눌 때에는 대체로 사회적인 계층에 따라서 계층화가 일어난다. 타이 숲에서 주변부에 속하는 침팬지들은 힘 있고 지배적인 위치에 있는 침팬지들과는 나누지 않고, 주변부에 속하는 다른 개체들과 나눠 먹는다. 반대로 힘 있는 개체들은 다른 힘 있는 개체들과 먹이를 나눈다.

비티히는 또다른 연구진과 함께, 침팬지가 먹이를 나눠 먹으면 침팬지의 소변 속 옥시토신의 수치가 영향을 받는지를 연구했다. 우리의 신경과학자 친구 헤더 파티솔의 표현을 빌리면, "옥시토신은 신뢰와 유대관계를 증진한다. 대체로 불안감을 감소시킴으로써 그런 결과를 가져온다. 암컷은(그리고 몇몇 종은 수컷도) 부모가 되면 옥시토신이 급증한다." 그런데 이런 반응을 가져오는 것은 도파민이다. 옥시토신 생성은 도파민 생성을 촉발해서 "아기를 돌보면 기분이 좋아지고, 일부일처제 사회를 이루는 종들은 자신의 짝을 보면 기분이 좋아진다."

한동안 침팬지가 털 손질을 하거나 다른 침팬지가 털 손질을 해주면 옥시토신이 추가로 생성된다고 알려진 적이 있다. 비티히와 동료 연구자들은 먹이, 특히나 구하기 힘든 먹이를 나누거나 받는 행동이 옥시토신을 그보다 훨씬 더 많이 분비하게 만든다는 사실을 증명할 수 있었다(최소한 소변 속 옥시토신의 농도를 측정한 결과가 그러했다).[182] 침팬지가 친구들과 먹이를 나눌 때 실제로 그러했다. 침팬지가 친구로 삼고 싶은 동물과 먹이를 나눌 때도 마찬가지였다. 비티히와 사무니, 그리고 동료 연구자들의 연구를 종합한 결과, 침팬지는 먹이를 나눌 때 옥시토신의 작용으로 도파민이 급증하는 것으로 추정된다. 이렇게 쾌락이 급증하면 기존의 사회적인 유대가 강화될 뿐만 아니라, 새로운 유대관계를 맺는 데에도 도움이 된다.[5] 이 모두가 쾌락을 통해서 이루어진다. 침팬지는 즐거움을 주는 향미가 있는 먹이를 선택하고 이 먹이를 다른 침팬지와 나눠 먹는다. 그렇게 하면 더욱더 쾌락이 증가하기 때문이다.

다시 프랑스로 돌아가보자. 우리는 만찬에서 처음 보는 사람들과 대화하고 음식을 나눠 먹고 이야기를 나누었다. 그러면서 우리도 즐거움을 느꼈다. 우리 주변에 있던 사람들도 즐거운 것 같았다. 우리는 다 함께 서로의 옥시토신, 옥시토신과 포도주에 푹 빠져 있었다. 우리가 나누는 상호 작용의 밑바탕에 침팬지와 우리의 공통 조상이 공유했던 태고의 규칙과 생화학 작용이 깔려 있음을 쉽게 상상할 수 있었다. 그러면서도 인간의 만찬이 침팬지들 사이의 먹이 나눔보다 얼마나 더 복합적인지도 깨달을 수 있었다. 이런 복합성은 사람들 간에 일대일로, 그리고 말로 이루어진 대화를 통해서 엮이며 만들어진다.

우리는 말하는 능력 덕분에 상대적으로 낯선 사람들도 식탁으로 초대할 수 있을 뿐만 아니라, 낯선 사람들 중에 누구를 초대할지도 선택할 수 있다. 말은 우리를 사회적으로 하나로 묶어준다. 바로 말과 이야기를 통해서 우리는 서로 관계를 맺는다. 모든 문화권에서 음식, 대화, 협상은 연결되어 있다. 침팬지는 손으로 서로 먹이를 주고받고 이(lice)를 잡아주고 털을 손질해주면서 유대를 맺는다. 인간 역시 물리적으로 손으로 음식을 주고받으며 유대를 맺지만, 말로도 이런 유대관계를 다듬는다. 인간에게는 가장 흔한 사회적인 연결 도구가 손가락에서 말로 대체된 것이다.

그렇다고 침팬지가 소리로 의사소통하지 않는 것은 아니다. 침팬지도 소리로 소통하지만 침팬지가 내는 소리는 총체적이다. 소리 하나하나가 하나의 감정 전체를 완전히 표현한다. 또한 침팬지가 내는 소리에는 항상 그 소리를 듣는 상대를 움직이게 하려는 목적이 있다. 침팬지는 다른 동물이 무엇인가를 하도록 설득하려는 목적으로 소리를 낸다. 예를 들어 침팬지의 의사소통을 중점적으로 연구하는 영장류학자 애미 캘런에 따르면, 침팬지는 맛 좋은 과일이 잔뜩 열린 나무가 보이면 "어서 이리 와서 맛난 과일 좀 먹어"라는 의미를 담아 다른 침팬지들을 부른다고 한다. 적어도 과일이 나눠 먹을 만큼 충분하고 친구 한둘이 뒤에 남겨졌다는 것을 알 때에는 그렇게 한다. 애미는 이런 메시지들을 알아들을 수 있다.[183] 그녀는 침팬지들이 내는 소리를 듣고 맛있는 음식이 있는지, 심지어 얼마나 많은지도 알 수 있다.[184]

침팬지는 서로의 소리를 듣고 누가 부르는지도 알아챈다. 그래서 어떤 소리에는 "닉이 이리 와서 맛있는 먹이를 먹으라고 하네"처럼 실제로 더 많은 의미가 담길 수도 있다. 침팬지의 소리에는 부가 형용사까지 포함되는 만큼, 울음소리로 양이나 질까지 전달할 수 있다. 가령 침팬지는 "닉이 이리 와서 **진짜 맛있는** 먹이를 먹으라고 하네"라고 표현할 때에는 음조와 음색, 음량을 조합해서 강조한다. 먹이의 양과 질에 관한 내용이 또다른 방식으로도 전달될 수 있는데, 이는 함께 있는 침팬지들의 수에 비례한다. 맛있는 먹이가 많을수록 더 많은 침팬지들이 소리를 낼 테니 소리가 더 커질 테고, 그러면 그 울음소리를 들은 침팬지들은 더 많이 흥분하게 될 것이다. 다시 말해서 침팬지의 문법에서는 집단 소음이 느낌표인 셈이다. 집단 소음은 먹이에서 영감을 받은 집단이 내는 모음 비슷한 소리에서 나온다. 피상적으로 들으면 이 소음은 프랑스 사람들이 대화 중간이나 말하기 전후에 내는 소리와 비슷하다. 앞에서 부스와 래닝이 따로 녹음해서 모았던 바로 그 비언어적인 소리 말이다. 다만, 이 소리는 잔치의 규모에 따라서 증폭된다. 우리가 부리에주 축제 장소로 향하면서 우연히 들었던 이 소리는 말하자면 입과 입술, 모음을 이용해서 부르는 노래, 즉 열렬한 즐거움을 표현하는 음악이었다.

그러나 야생 침팬지가 소리로 더 복잡한 감정을 표현한다거나 눈앞에 없는 대상(가령, 열매)을 언급한다는 증거는 없다. 또한 이들은 다른 침팬지의 생각을 이해하지도 못할 뿐만 아니라 다른 침팬지를 속이려고 하지도 않는다. 게다가 새로운 울음소리를 발명하지도 않는다. 서로 다른 침팬지 무리는 요리 전통과 도구, 먹이가 서로 달라서 대화 주제가 다르지만, 모두 같은 말을 한다. 의사소통을 수반하는 침팬지들의 식사는 열매나 고기가 있는지와 이들이 얼마나 맛있는지를 끝없이 이야기하는 자리이다. 그러니 식사에 초대받은 침팬지는 같은 이야기만 반복할 줄 아는 참 재미없는 손님인 셈이다.

다시 부리에주 축제로 돌아가보자. 우리 옆자리에서 함께 먹던 친구들이 프랑스어와 영어로, 다시 프랑스어로 언어를 편하게 넘나들며 물고기와 양, 음식, 이웃사촌 이야기를 했기 때문에 우리는 우리 앞에 있는 것들을 즐겼다. 그러면서 복잡하기 그지없는 인간의 말하는 능력이 어떻게 진화했을지 궁금해졌다. 우리가 이 문제를 논하는 동안, 롭은 공용 접시에서 치즈 한 조각을 더 집어들고, 다 함께 나눠 먹는 빵 덩어리에서 빵을 조금 뜯어내고, 처음 보는 사람에게 포도주를 달라고 했다. 어쩌면 새로운 말과 소리를 발명하는 고인류의 능력은 식사 시간에 생겨난 것일지도 모른다. 식사하는 동안에는 타이 숲의 침팬지나 인류 조상들이 만든 규칙들보다 더 복잡한 규칙이 필요했기 때문에, 고인류는 음식을 나누는 규칙을 두고 협상할 필요가 있었을 것이다. 비록 언어가 음식을 배경으로 생겨나지는 않았더라도, 식사를 배경으로 더 복잡해진 것만큼은 분명해 보인다. 브리야-사바랭의 표현을 빌리면, 언어 덕분에 우정, 사랑, "사업, 투기, 권력, 간청, 후원, 야망, 음모" 등 모든 사회적인 소통이 식사와 함께 이루어진다. 그 결과 문화권에 따라 식사 규칙이 상이하더라도, 함께 먹는 것이 중요하다는 사실만큼은 인류 문화와 시간을 초월해서 언제나 유효하다. 그리고 이렇게 함께 먹으면 음식의 맛도 더 좋아진다. 함께 먹는 동료가 있다는 즐거움과 함께 나누는 이야기가 주는 즐거움 때문에 맛이 향상되는 것이다.

인류 조상들은 수천 년간 모닥불 앞에 모여 앉아서 이야기를 나누었다. 모닥불을 가운데에 두고 손에는 음식을 든 채 자신이 아는 것과 이해하고 있는 것을 서로 주고받았다. 이런 모임은 진실과 거짓을 분류하는 장이 되기도 했다. 모닥불 근처에서 나누는 대화는 오랫동안 동료를 평가하고 합의를 도출하는 역할을 담당했다. 말하자면, 최초의 대학교, 과학 학회, 부엌, 식탁 노릇을 한 번에 한 것이다.

인류 조상들은 불가에 모여 앉아 주변의 동식물을 분류하고 이용하는 방법에 대해서 각자가 알고 있는 바를 공유했다. 그들은 생물학적인 사건이 언제 일어나는지(그리고 특정 식물이나 동물이 언제 가장 맛있는지, 그리고 왜 그런지)를 연구했다. 그렇게 한 이유는 생존 때문이기도 했지만, 더 즐겁게 살기 위해서이기도 했다. 음식과 발견 사이의 이런 관계는 전 세계의 밥상머리와 부엌에서 지금도 여전히 이어지고 있다. 이것은 서양 과학 전통의 핵심이기도 하다. 고대 그리스 학자들이 모여 의견을 나누었던 심포지엄은 원래 함께(sym) 마신다(posium)는 향연의 의미를 담고 있다. 과학계의 모임은 이런 전통을 계승한다. 과학자들은 함께 모여 술이나 음식을 나누면서 아이디어를 교류한다. 게다가 과학계에서 일어나는 획기적인 발전들은 각각 특정한 식사나 일련의 식사와 관련된 경우가 많다. 찰스 다윈 역시 자연선택설을 뒷받침할 많은 자료와 관찰 결과들을 비글 호를 타고 항해하는 중에 모았다. 비글 호가 남아메리카 해안을 따라서 천천히 항해하는 동안, 다윈은 종이 진화한다는 것과 진화에 적자생존의 역할이 무엇인지를 파악하기 시작했다. 그런데 다윈은 사실 과학자로서 비글 호에 탑승한 것이 아니었다. 다윈은 그 배의 선장 로버트 피츠로이가 오랜 항해 중에 흔히 겪는 외로움과 절망에 빠지지 않도록 그와 함께 식사할 친구로 초대를 받아서 배에 올랐다. 이 일(보수는 없었다)을 하기에 다윈은 두 가지 면에서 자격이 출중했다. 첫째, 그는 피츠로이와 같은 사회적, 지적 계층에 속했다(침팬지들이 비슷한 사회적인 지위에 있는 침팬지들과 먹이를 나누는 듯이). 둘째, 영국에서 여러 식사 자리에 초대받던 다윈은 함께 식사하기 좋은 사람으로 정평이 나 있었다. 그에게는 식사하면서 풀어낼 이야기보따리가 많았기 때문이다. 달리 표현하면, 그가 생물학계의 역할을 예전보다 더 명확하게 만들어준 위대한 발견을 할 수 있었던 이유는 마틴 존스가 그의 저서 『축제(Feast)』에서 표현했듯이, "다윈이 식탁의 즐거움을 즐겼기 때문이다."[185]

우리 두 사람은 인류를 가장 먼저 공동의 나눔, 언어, 언어의 정제, 궁극적으로는 과학으로까지(그리고 향미와 음식을 연구하는 능력으로까지) 인도한 것이 향미와 맛있음이라는 주장을 펼 수도 있다. 그러나 이런 주장은 너무 멀리 나가는 것임을 잘 알고 있다. 롭의 친구 닉 고텔리는 그의 러시아 출신 할머니(어쩌면 폴란드 출신일지도 모른다. 닉이 이야기할 때마다 말이 달라지는 것 같다)가 하신 말씀을 종종 인용한다. "새 망치가 생기면 반짝이는 것은 모두 못으로 보이는 법." 이 말을 우리에게 대입

해보면, 우리에게 향미라는 새 망치가 생겨서 어쩌면 반짝이지만 못이 아닌 것들을 우리가 세게 내려치고 있는지도 모른다. 그래도 우리가 아는 사실이 있다. 진리를 찾는 과학적 탐구가 처음 시작되었을 때 향미와 음식이 얼마나 그 탐구의 중심에 있었든지 간에 이제는 그렇지 않다는 것이다. 음식과 향미에 관한 연구들은 존재감이 미미해졌고 세분화되었다. 이제는 양치기와 예술가가 한자리에 모여 대화하는 장면을 보기 힘들다. 신경과학자와 식품과학자도 마찬가지이다. 식품과학자는 특정 먹거리를 더 많이 만드는 방법이나 특정 향미를 개선하는 방법을 연구한다(그렇게 해서 대개 한 가지를 대량으로 생산한다). 식품 안전 전문가는 식품 매개성 병원체를 제어하는 방법을 연구한다. 생태학자는 먹거리 속 유기체들 사이의 상호 작용이나 먹거리와 그 먹거리가 유래한 환경 사이의 관계를 연구한다. 진화생물학자는 먹거리의 역사와 우리가 먹거리를 평가할 때에 사용하는 감각을 연구한다. 신경과학자는 개별 화학물질에 대한 뇌의 반응을 연구한다. 고인류학자는 땅에 묻힌 치아를 발굴해서 고인류의 치아 상태를 알아낸다. 가정에서는 집밥 요리사가 대대로 내려오는 전통 요리법을 잇는다. 이들 학자와 시민은 각자 큰 그림의 부분부분을 보지만, 한 걸음 물러서서 모든 관찰 결과와 아이디어들을 하나로 통합하려는 사람은 아무도 없다.

이 책을 핑계로 우리 두 사람은 달리 서로 대화할 일이 없는 사람들을 한자리에 모을 기회를 많이 만들었다. 이 책 덕분에 우리는 불가에 둘러앉아서 노변정담을 나누는 자리를 자주 마련할 수 있었다. 말 그대로 모닥불을 앞에 두기도 했고, 스페인 카탈루냐 전통 가옥의 낡은 난로나 프랑스 서부의 식탁에 둘러앉거나, 독일 막스 플랑크 연구소의 카페테리아에서 담화를 나누기도 했다. 그러면서 우리는 이런 기회가 아니었다면 보기 힘들었을 큰 그림을 더 많이 볼 수 있었다. 이 책에서 우리가 공유한 이야기들이 바로 그 결과물이다. 많은 사람들의 통찰력이 없었더라면, 그리고 좀처럼 서로 대화할 일이 없는 사람들(가령 굴 전공 생물학자와 굴 전공 역사학자, 또는 침팬지 연구자와 벌꿀 전문가)이 서로 연결되지 않았더라면, 우리는 이 책에 담겨 있는 이야기들을 배워서 전달할 수 없었을 것이다. 그리고 우리가 미처 쓰지 못한 이야기가 대부분이라는 것 역시 사실이다.[6] 우리는 아직도 제대로 된 만찬, 제대로 된 모임을 가지지 못했다. 전체 그림을 다 보려면 여전히 조각들을 모아야 한다. 그런데 이것은 한편으로는 좋은 소식이기도 하다. 흥미진진한 발견을 이미 다 해버렸다면, 또 재미있는 대화를 이미 다 해버렸다면, 앞으로가 얼마나 지루하겠는가.

향미와 진화에 관해서는 앞으로도 몇 세기 동안, 어쩌면 더 오랫동안 사람들이 눈코 뜰 새 없이 바쁠 정도로 연구하고 대화할 거리가 충분히 많이 남아 있다. 훌륭한 향미가 선사하는 즐거움을 음미하는 것뿐만 아니라, 그런 향미의 원인을 헤아리며 얻는 즐거움을 음미하는 것 역시 인간의 본성이다. 이런 탐구 정신은 심지어 우리 종의 명칭에도 깊이 새겨져 있다. 인간 종을 일컫는 호모 사피엔스는 흔히 "지혜가 있는(sapiens)" "사람(Homo)"을 의미한다고 알려져 있다. 그러나 사피엔스는 원래 "맛보다"라는 뜻이었다가 나중에 "식견이 있다"라는 뜻이 된 동사에서 유래한 단어이다. 그러니 우리 종의 명칭을 맛이나 향미를 통해서 식별하는 사람이라고 해석할 수도 있을 것이다. 우리는 향미를 통해서 식별하고 선택한다. 또한 맛을 보는 행동을 통해서 탐구하고 연구하고 학습하기도 한다. 그리고 독특하게도 인간만이 이런 활동을 모닥불이든 식탁이든 우리와 같은 종 사람들과 함께하도록 최적화되어 있다. 그렇게 우리는 다 함께 모여 앉아서 한 번에 한 입만큼씩 세상을 이해해간다.[7]

주

프롤로그 생태-진화론적 미식학

1 모넬 화학감각 연구소의 미각 전문가 마이클 토도프가 이 문단을 읽은 후에 음식섭취 행동학회("식사학회"를 멋지게 표현한 것이다) 모임에서 있었던 일을 들려주었다. 그날 학회에서는 회원들에게 각자의 관심사를 나타내는 단어 3–10개를 제출하라고 요청했다. 마이클에 따르면, "뇌 메커니즘", "콜레키스토키닌(십이지장에서 분비되는 소화 호르몬/옮긴이)", "식사 습관" 등 수많은 특수 전문용어들이 등장했다. 그런데 학회에 참석한 300명의 과학자들 가운데 딱 1명만이 "쾌락"을 꼽았다고 한다. 다른 사람들이 제시한 단어들과 비교했을 때 그의 단어가 워낙 눈에 띄어서, 토도프는 20년이 지난 지금까지도 그의 이름을 기억한다고 했다.

2 제목치고는 조금 길 수 있으니 부제로 달면 좋을 것 같다. 실제로 브리야-사바랭이 직접 붙인 부제 역시 다음과 같이 꽤 길고 복잡했다. "선험적인 미식에 관한 명상. 다수의 문학회에 회원으로 소속된 어느 교수가 파리의 미식계에 바치는 이론적, 역사적, 항목별 작품."

3 "맛있다(delicious)"의 어원은 즐겁거나 감각적이거나 심지어 관능적인 것을 묘사하는 라틴어 단어 deliciosus이다.

제1장 혀에 숨은 비밀

1 혹은 루크레티우스의 표현을 직접 빌리면, "관찰 가능한 더 큰 물체―해와 달―도 인간이나 물가에 사는 날벌레, 모래 알갱이처럼 원자로 이루어져 있다."

2 역사가들에 따르면 원고가 발견된 곳은 풀다 수도원이다. 풀다 수도원에서는 많은

수도승들이 원고 모사 작업을 했다. (수도원 도서관의 규모를 키우기 위해서) 외부의 원고를 빌려와서 모사했을 뿐만 아니라, 이미 소장한 원고도 분실에 대비해서 모사했다. 결과적으로 이 수도원은 2,000점 이상의 고대 문헌들을 소장하게 되었다.

3   옥스퍼드 대학교 문학과 명예교수 데이비드 노브룩이 들려준 바에 따르면, 루크레티우스는 동물 종과 그들이 경험하는 쾌락에는 위계가 없다고 생각했다. 인간, 쥐, 물고기는 다른 무엇보다도 모두 아니만티움(animantium), 즉 생명체, 다시 말해서 쾌락에 따라 이끌리는 생명체로 보았다. 다만, 루크레티우스는 인간이 쾌락의 대상을 선택하고 다듬을 수 있다고 믿었다. 인간은 다른 동물들처럼 감각과 그 감각이 우리 마음속에 발현되는 것에 따라서 유도되지만, 그러는 동시에 새로운 것을 좋아하거나 오래된 것을 새로운 방식으로 좋아하는 법도 배울 수 있다. 이에 대해서는 제3장에서 더 자세히 다룬다.

4   이런 정서는 음식을 먹기 전에 "이타다키마스(戴きます)"라고 말하면서 감사를 표하는 일본의 관습에서 볼 수 있다. 이때의 감사는 음식을 만든 요리사에게 전하는 것이 아니라, 음식을 먹는 사람의 몸속으로 자신의 몸을 이루던 요소를 전달하는 생물에게 전하는 것이다. 다시 말해서 "너의 생명을 주어서 고마워"라는 뜻이다.

5   여기에 한 가지 과제가 더 추가된다. 동물은 이들 원소를 정확한 비율로 찾아야 할 뿐만 아니라 스스로 만들어낼 수 없는 화합물도 찾아야 한다. 가령, 사람과 일부 동물들은 몸에 비타민 C를 만드는 데에 필요한 성분이 정확히 다 있어도 비타민 C를 직접 만들 수가 없다. 그래서 비타민 C를 함유한 생물을 찾아서 먹어야 한다.

6   대체로 그렇다. 먹이사슬에서 상위 단계로 올라갈수록(초식동물에서 육식동물로, 육식동물에서 최상위 육식동물로) 동물의 체내에서 인과 질소의 상대 농도가 높아진다. 그 결과, 고양이 한 마리가 쥐 한 마리를 먹어도 쥐의 몸에 함유된 것보다 고양이 몸에 필요한 인 농도가 더 높기 때문에, 고양이는 모자란 만큼을 더 채워야 한다.

Angélica L. González, Régis Céréghino, Olivier Dézerald, Vinicius F. Farjalla, Céline Leroy, Barbara A. Richardson, Michael J. Richardson, Gustavo Q. Romero, and Diane S. Srivastava, "Ecological mechanisms and phylogeny shape invertebrate stoichiometry : A test using detritus-based communities across Central and South America," *Functional Ecology* 32, no. 10 (2018) : 2448–63.

7   미각 수용 세포는 위장관, 부비강, 심지어 폐에서도 발견된다. 이 유리된 미각 수용체들도 세상의 작은 조각들을 좋은 것과 나쁜 것으로 분류하도록 도와준다. 다만, 혀에 있는 미각 수용체와는 다른 방식으로 작용한다. 즉, 의식적인 미각을 촉발하지는 않는다는 뜻이다. 이들 미각 수용 세포는 음식을 소화할지 말지를 알려주기보다는 인체가 특정한 화합물을 어떻게 처리할지 알려주는 데에 일조하는 것으로 보인다.

Paul A. S. Breslin, *Chemical Senses in Feeding, Belonging, and Surviving : Or, Are You Going to Eat That?* (Cambridge University Press, 2019).

8   고등학교 생물 시간에 아마도 배웠을 내용과는 달리, 우리의 혀는 다른 부위에서 서로 다른 맛을 느끼지 않는다. 미뢰 하나하나마다 그 안에 있는 꽃봉오리 속 꽃잎처럼 생긴 미각 세포 속에 각종 미각 수용체를 지니고 있다.

9 가다랑어포를 만들려면 주로 가다랑어(*Katsuwonus pelamis*) 또는 보니토(bonito) 혹은 일본어로는 가쓰오[鰹]라고 하는 생선의 살을 소금물에 넣어 한 시간 동안 은근한 불에서 끓여야 한다. 이렇게 삶은 생선 살을 단단한 나무를 태운 불 위에서 스무 낮과 밤에 걸쳐 훈연한다. 그다음, 훈연한 생선 조각에 곰팡이 포자를 심는다. 주로 누룩곰팡이(*Aspergillus*), 금화균(*Eurotium*), 푸른곰팡이(*Penicillium*) 등 여러 종의 포자가 사용된다. 곰팡이를 심은 생선을 상자에 넣어 밀봉한 후에 발효시킨다. 며칠이 지난 다음, 발효된 훈제 생선에 핀 곰팡이를 걷어낸다. 이 생선을 다시 한번 발효시킨다. 이렇게 발효시키고 곰팡이를 걷어내는 과정을 한 달 동안 다섯 차례 반복한다. 다섯 번째 곰팡이를 긁어내면 완성이다. 이 훈제 발효 생선을 얇게 포로 뜬 것이 가쓰오부시이고, 바로 이 가다랑어포가 다시 국물의 가장 중요한 첫 번째 재료이다.

10 그러나 단맛 수용체의 작동을 촉발하는 단당류 농도는 일관되게 정해져 있지 않고 동물의 체격에 따라 달라진다. 크기가 작을수록 신진대사 속도가 빨라서 신체에 필요한 연료를 공급하려면 고농도의 당이 필요하다. 그래서 지구에서 가장 작은 원숭이처럼 체구가 작은 포유류는 지극히 단맛이 강한 과즙이나 과일만을 달다고 지각한다. 덩치가 큰 포유류는 비교적 저농도의 당분이어도 충분하다. 작은 포유류보다 체질량 단위당 에너지 필요량이 더 적기 때문이다(그래서 먹이 한 입당 함유된 당분 필요량도 더 적다). 게다가 큰 동물은 장의 길이도 길어서 다당류에 더 많이 의존할 수 있다. 장과 장내 미생물이 다당류를 분해해서 에너지로 전환하려면 시간이 오래 걸리기 때문에 다당류를 섭취하는 데에는 장의 길이가 긴 것이 유리하다. 그래서 코끼리는 풀잎도 달게 느낄 수 있다. 인간은 이런 스펙트럼의 중간쯤에 위치한다. 가령, 우리가 달다고 하는 음식 가운데에는 크기가 작은 마모셋원숭이에게는 달지 않은 것도 있다. 반면, 단맛을 미끼로 덩치 작은 포유류를 사로잡도록 진화한 것들은 우리 입에 끝내주게 달게 느껴진다.

11 다큐멘터리 제작자 애나마리아 탤러스와의 인터뷰에서 최근 이렇게 밝혔다.

12 최근 연구들은 일부 지방산이 맛을 촉발한다고 시사한다. 지방과 기름은 글리세롤 분자에 의해서 서로 연결된 지방산 3개로 구성된 트라이글리세라이드이다. 가령, 분해 과정 중에 지방이 잘게 부서지기 시작하면, 이들 지방산은 글리세롤과 서로에게서 떨어져 나온다. 몇몇 아주 짧은 지방산은 신맛 수용체를 작동시키면서 신맛이 난다(아세트산이 이런 아주 짧은 지방산이다). 반면, 중간 길이의 지방산에는 고유한 맛이 있다. 정확히 설명하기 어려운 이런 중간 길이 지방산의 맛은 불쾌감을 준다. 릭 매츠와 연구진은 이 맛을 가리켜 "올레오거스터스(oleogustus), 즉 지방 맛 또는 느끼한 맛"이라고 명명했다(라틴어로 oleo는 기름이나 지방을 뜻하며 gustus는 맛을 뜻한다). Cordelia A. Running, Bruce A. Craig, and Richard D. Mattes, "Oleogustus : The unique taste of fat," *Chemical Senses* 40, no. 7 (2015) : 507–16.

13 정부는 사람들의 안전을 도모하기 위해서 이런 경고를 활용했다. 예를 들면 지금까지 발견된 세상에서 가장 쓴 화합물인 데나토늄 벤조에이트는 가정용 청소 용품과 살충제에 자주 첨가된다. 혹시나 잘못해서 이런 제품을 섭취한 사람에게 위험을 알리기 위해서이다.

14 회초리는 아이에게 더 강력한 효과가 있다. 그리고 아이는 커피나 초콜릿, 홉이 함유된 맥주처럼 쓴맛에 성인보다 더 민감하게 반응한다. 뇌에서 어떻게 이런 일이 발생하는지, 나이가 들면서 미각이 어떻게 바뀌는지는 아직 알려지지 않았지만 이는 사실이다. 어린 연령층에서 쓴맛과 잠재적인 독성이 있는 음식을 더 싫어하는 이유는 잘 알지 못한 상태로 새로운 음식을 접하고 섭취할 가능성이 좀더 높은 어린 사람들을 보호하는 데에 적합하도록 진화가 이루어졌기 때문일 수도 있다. 또한 어린 연령층은 고농도의 당분과 염분에 더 끌린다. 일반적으로, 어린 혀는 마치 훈계하듯이 더 큰 소리로 외친다. "여기야 여기. 아니. 아니. 거기 말고 여기." 다음에 소개된 사례를 참조하기 바란다. J. A. Mennella, M. Y. Pepino, and D. R. Reed, "Genetic and environmental determinants of bitter perception and sweet preferences," *Pediatrics* 115, no. 2 (2005) : e216–e222.

15 여기에서 루크레티우스는 인간과 나머지 다른 동물들을 구별하지 않았다.

16 그런데 여기에서 알아야 할 내용이 좀더 있다. 판다는 감칠맛 수용체가 결핍되었음에도 어쩐 일인지 단백질 함유율이 가장 높은 대나무 또는 대나무의 부위를 잘 찾아낸다. 판다는 1년 대부분은 그들이 주로 먹는 대나무의 잎을 먹는다. 그러나 죽순이 먹을 수 있을 정도로 올라오면 단백질이 더 많이 함유된 죽순을 먹는다. 그러다가 그들이 주로 먹는 대나무의 잎과 죽순의 단백질 함유량이 줄어들면, 고지대로 이동해서 1년 중 그 시기에 질소를 더 많이 함유하는 다른 대나무의 죽순을 먹는다. 다시 말해서 판다는 본질적으로 이 키다리 식물인 대나무가 고기에 가장 가까울 때 섭취하는 셈이다. 대나무가 고기에 가장 가까운 상태라는 것을 판다가 어떻게 아는지는 아직 알려지지 않았다. 한 가지 가능성은 판다의 미각 수용체 중에 하나가 대나무에 흔한 아미노산을 감지할 수 있도록, 그래서 단백질이 있다는 것을 알려줄 수 있도록 진화했다는 것이다. 이런 가능성이 아직 검증되지는 않았다. Yonggang Nie, Fuwen Wei, Wenliang Zhou, Yibo Hu, Alistair M. Senior, Qi Wu, Li Yan, and David Raubenheimer, "Giant pandas are macronutritional carnivores," *Current Biology* 29, no. 10 (2019) : 1677–82.

17 이 장의 핵심을 이루는 통찰 가운데에는 믹 드미와 브래드 테일러, 벤 리딩과 끊임없이 계속된 지극히 유익한 협력 과정에서 발전한 것이 많다. 마이클 토도프, 스탠 하폴, 존 시크, 매슈 부커, 채드 루딩턴, 릭 매츠, 카를로스 마르티네즈 델 리오, 푸원웨이, 애나마리아 탤러스, 캐런 크리거, 대니 리드, 리 프라탄투오노, 데이비드 노브룩, 닐 슈빈은 이 장을 읽고 소중한 통찰을 제공해주었다. 킴 베옌도르프와 조쉬 에반스는 요리의 관점에서 미각을 살펴볼 수 있도록 도움을 주었다.

제2장 향미 사냥꾼

1 그뿐만 아니라, 이제는 사라지고 없는 침팬지들이 사용했던 4,000년 된 돌과 망치 여러 개가 같은 장소에서 땅속 깊이 묻힌 상태로 최근에 발견되었다. 이를 근거로, 침팬

지 무리마다 독특한 요리 전통을 보유했을 뿐만 아니라 이들의 전통과 도구가 수천 년의 역사를 지니는 경우도 있다고 볼 수 있다.

2 짐작하건대 막대기 시대는 인간과 침팬지의 마지막 공통 조상과 함께 시작되어 인류의 조상이 날카로운 석기를 사용하기 시작하면서 끝났을 것이다.

3 침팬지가 너클보행(앞발바닥을 바닥에 닿지 않게 주먹을 가볍게 쥔 모양으로 땅을 짚고 상체를 세워서 걷는 방식/옮긴이)으로 이동할 때 쓰는 에너지는 우리가 걸어서 이동할 때 쓰는 에너지보다 4배 더 많다. Daneil Lieberman, *The Story of the Human Body : Evolution, Health, and Disease* (Vintage, 2014), 김명주(역), 『우리 몸 연대기』(웅진지식하우스, 2018)에는 이런 진화적인 변이가 진행되는 동안 인류 조상들의 뼈에 일어난 변화가 우아하게 묘사되어 있다.

4 여기에서 몇 가지 용어들을 추가로 정의해야겠다. 모든 뿌리가 실제로 "뿌리"인 것은 아니기 때문이다. 식물학자 크리스 마틴이 이메일에서 표현했듯이 "가장 기본적인 의미의 식물도를 보면 지상계와 뿌리계, 단 두 가지로만 되어 있다. 지상계는 보통 땅 위로 나와 있는 부분으로서 줄기, 잎, 꽃으로 이루어진다. 뿌리는 보통 땅속에 있는 부분으로서 닻처럼 땅에 정박하는 역할과 물질을 식물의 안과 밖으로 이동시키는 역할, 그리고 저장고 역할을 한다. 많은 식물들이 뿌리에 에너지를 저장한다. 그런데 때로는 지상계의 일부를 땅속 저장고로 사용하기도 한다. 실제로는 줄기이지만 양분이 모이고 부풀어서 덩어리가 된 덩이줄기가 그런 경우이다. 덩이줄기가 줄기라는 사실은 싹이 없는 저장고 뿌리(가령 눈이 없는 고구마)와는 달리 싹이 돋는다는 점(가령 감자의 눈)으로 알 수 있다. 또다른 경우가 양분이 저장되어 부풀어오른 잎(또는 최소한 엽저)의 집합체인 알뿌리이다." 그래서 어떤 요리사가 그냥 "뿌리채소"라고 해도 실제로는 다 다른 부분이다. 이렇듯 식물학적으로는 차이가 있지만, 이들 부분(뿌리, 덩이줄기, 알뿌리)이 요리에서는 비슷한 역할을 한다. 그러므로 이 책에서는 "뿌리"를 대체로 광범위한 요리 용어로 통칭해서 사용할 것이다(식물학자 입장에서는 이보다는 "지하 저장 기관"이라는 용어를 더 선호하겠지만). 다만, 덩이줄기나 알뿌리를 구별해서 주목해야 하는 경우라면 예외적으로 구별할 것이다. 이런 용례가 불만스러운 식물학자들이 분명 있을 것이다. 죄송할 뿐이다. 우리 두 사람은 어디까지나 식물학자들을 좋아한다는 사실을 이 자리에서 다시 한번 밝혀두고자 한다.

5 진화 과정에서 인류의 조상과 침팬지의 조상이 분리된 이 시기는 여전히 수수께끼로 남아 있다. 산림 지대와 산림의 경계 지역에서 분리가 많이 일어났는데, 이 지역들은 화석이 보존되기 어려운 곳이기도 하다. 대니얼 리버먼의 말처럼, 이 시기의 호미닌 화석을 다 모아도 장바구니 하나를 겨우 채울 정도이다.

6 전문가마다 이들에게 붙인 명칭이 다르다. 가령, 오스트랄로 로부스투스(*Australopithecus robustus*)는 때때로 파란트로푸스 로부스투스(*Paranthropus robustus*)라고도 불린다. 명칭이야 어떻든 이 종은 다른 오스트랄로피테쿠스들과 밀접하게 연결되어 있다(그러면서도 구별된다).

7 네덜란드 레이던 대학교의 교수 아만다 헨리는 최근 발표한 오스트랄로피테쿠스 세디바(*Australopithecus sediba*)에 속하는 두 개체의 식습관에 관한 연구를 통해서, 오

스트랄로피테쿠스에게 산림 지대가 필요했다는 사실을 강조했다. 이 두 개체가 발견된 지역은 풀을 뜯고 사는 덩치 큰 포유류와 초원 지대 식물들의 서식지였다. 그러나 오스트랄로피테쿠스의 치아에 붙어 있던 식물 조각을 현미경으로 관찰한 결과, 견과류와 조개, 잎, 나무껍질 조각으로 보였다. 게다가 치아에 남아 있는 탄소 형태는 임산물을 먹었을 때 나올 법한 것이었다. 이 두 개체가 초원 지대에 둘러싸인 지역에 살았지만 숲에서 나는 먹거리에 의지해서 살았다는 뜻이다. Amanda G. Henry, Peter S. Ungar, Benjamin H. Passey, Matt Sponheimer, Lloyd Rossouw, Marion Bamford, Paul Sandberg, Darryl J. de Ruiter, and Lee Berger, "The diet of Australopithecus sediba," *Nature* 487, no. 7405 (2012) : 90.

8   고인류학에서 큰 부분을 차지하는 것이 바로 치아 연구이다. 치아들에 미묘한 차이만 있어도 치아의 화학적인 구성이나 크기, 형태, 마모 정도에 대해서 알 수 있다. 그러나 우리 두 사람도 잘 알고 있듯이 아주 오래된 치아에 모두가 흥분하는 것은 아니다. 우리 아이들만 해도 그렇다. 최근에 우리 두 사람은 아이들에게 스페인 과딕스에 있는 한 박물관에 보존된 치아를 보여주게 되어 무척 신이 났다. 그 치아가 고인류의 것으로 보였기 때문이다. 이 치아는 100만 년 이상 되었는데, 일각에서는 200만 년에 육박할 정도로 오래되었다고 주장하기도 한다. 이 숭고한 과거의 징표는 참으로 놀랍다. 사실 이 말들은 이 치아 말고 무엇이든지 다른 것을 보려고 이리저리 어슬렁거리던 아이들에게 우리가 계속해서 했던 말이다.

9   벌의 더듬이에 있는 후각 수용체를 차단하는 방법이 어느 정도 이런 효과를 낸다. 후각 수용체가 막힌 벌은 꿀을 따러 오는 사람의 냄새를 맡지 못한다. 그뿐만 아니라, 꿀 채집자를 가장 먼저 보거나 느끼거나 냄새 맡은 벌들이 분비하는 경고 페로몬도 맡지 못하게 된다. P. Kirk Visscher, Richard S. Vetter, and Gene E. Robinson, "Alarm pheromone perception in honey bees is decreased by smoke (Hymenoptera : Apidae)," *Journal of Insect Behavior* 8, no. 1 (1995) : 11–18.

10 이런 식으로 보면 상점에서 사는, 가공하지 않은 날것 상태의 식품에 붙은 열량 표시는 거짓말인 셈이다. 거기에는 그 먹거리를 온전히 다 소화했을 때 얻는 열량이 표시되어 있다. 그러나 소화되는 정도는 이 식품을 어떻게 조리하는지, 장내 미생물 종이 구체적으로 어떻게 구성되어 있는지에 따라서 달라진다.

11 랭엄은 바로 브리야-사바랭이 자신과 비슷한 가설을 주장했던 사람이라고 기꺼이 인정한다. 브리야-사바랭은 "인간이 자연을 길들인 도구는 바로 불"이라고 했다. 그러면서 고기는 요리되었을 때 더 먹음직스럽고 가치가 높아진다고 주장했다.

12 게다가 인류학자 얼리사 크리텐든이 롭에게 지적했듯이 먹이를 찾는 현생 인류의 불 사용법 가운데에는 고고학 기록에 등장할 일이 결코 없을 방법들이 많다. 얼리사의 표현을 빌리면 "하드자 부족처럼 현재에 먹이를 찾아다니는 사람들은 단시간만 불을 피운다. 우리는 난로(하드자 부족이 사용하는 것처럼 돌 3개와 불로 이루어진 난로)에 고고학적인 특징이 남아 있는지를 장담할 수 없다." Carolina Mallol, Frank W. Marlowe, Brian M. Wood, and Claire C. Porter, "Earth, wind, and fire : Ethnoarchaeological signals of Hadza fires," *Journal of Archaeological Science* 34, no. 12 (2007) : 2035–52.

13 마할레 침팬지는 주변에 있는 식물의 약 3분의 1을 먹는 것으로 드러났다. 이는 곰베 침팬지가 먹는 식물 비율과 비슷하다. 첫 번째 주식은 열매이지만 꽃과 잎, 충영(곤충의 기생으로 인해서 식물에 생긴 이상발육한 부분/옮긴이), 나무껍질, 중과피(열매 껍질 안쪽의 속껍질/옮긴이), 수지도 먹었다. 그러나 마할레 침팬지와 곰베 침팬지의 요리 전통이 달라서 이들이 섭취한 종들이 다르다. 양쪽 지역에 서식하는 식물들이 서로 매우 유사함에도, 곰베 침팬지가 먹는 식물 종 가운데 단 60퍼센트만 마할레 침팬지가 먹는다.

14 예를 들면 침팬지는 조류를 유인하도록 진화한 것 같은 육두구과의 나무 피크난투스 앙골렌시스(*Pycnanthus angolensis*)의 붉은 열매를 먹었다. 니시다가 먹어보니 이 열매는 쓰고 나무 맛이 나고 이상했다. 리처드 랭엄의 표현을 빌리면 어처구니없을 정도로 불쾌한 맛이었다. 니시다는 열매를 맛보자마자 즉시 뱉었다. 이와 같은 열매는 니시다의 입맛에는 써도 침팬지에게는 그렇지 않을 수도 있다. 혹은 침팬지가 쓴맛에도 불구하고 열매의 어떤 부분을 좋아하는지도 모른다. 인간이 홉을 사용해서 맥주에 풍미를 더하거나(그러면서 결국 홉의 풍미를 즐기게 되거나) 커피를 마시는 것처럼 말이다. 니시다가 먹어본 열매는 다른 침팬지 무리에서도 인기가 많다. 그 가운데에는 호르디 사바테르 피가 연구 활동을 했던 적도 기니의 리오 무니 지역도 있다. Sabater Pi, "Feeding behaviour and diet of chimpanzees (*Pan troglodytes troglodytes*) in the Okorobiko Mountains of Rio Muni (West Africa)," *Zeitschrift für Tierpsychologie* 50, no. 3 (1979) : 265–81.

15 그렇다고 침팬지가 먹는 열매를 인간이 먹지 않는다는 뜻은 아니다. 니시다가 연구했던 현장에서 침팬지가 흔히 먹었던 열매는 사바(*Saba*) 속에 속하며 붕고라고 불리는 열매였다. 이 과일은 아프리카 전역에서 사람들이 주스로 만들어 먹는다. 붕고 주스는 망고 주스와도 조금 비슷하고, 오렌지 주스, 파인애플 주스와도 조금 비슷한 향미를 지닌다고 한다. 침팬지의 또다른 주식 중의 하나는 프세우도스폰디아스 미크로카르파(*Pseudospondias microcarpa*) 나무 열매였다. 이 열매도 현지 주민들이 자주 먹는다(다만, 리처드 랭엄에 따르면 이 열매는 소량으로 먹을 때 가장 맛있다고 한다). 마할레 침팬지는 사람들도 간식으로 먹는 하룽가나 마다가스카리엔시스(*Harungana madagascariensis*), 즉 하룽가도 먹었다. 그리고 앞에서도 언급했듯이 침팬지는 무화과도 많이 먹었다. 6종의 무화과를 먹었는데, 그중 일부는 인간도 아주 맛있다고 느낀다. 침팬지만 그런 것도 아니다. 우간다에서는 산 고릴라와 인간 모두 옴비파 열매를 매우 좋아해서, 이 과일이 제철일 때면 사람과 고릴라가 같은 곳을 다니면서 열매를 채집하고 즐겨 먹는다. J. Sabater Pi, "Contribution to the study of alimentation of lowland gorillas in the natural state, in Río Muni, Republic of Equatorial Guinea (West Africa)," *Primates* 18 (1977) : 183–204.

16 고릴라도 사정은 비슷해 보인다. 스페인 카탈루냐 출신의 영장류학자 호르디 사바테르 피는 1950년대와 1960년대에 적도 기니의 리오 무니 지역에서 저지대에 사는 고릴라들을 600시간 이상 관찰했다. 그러면서 니시다와 마찬가지로 그도 고릴라가 먹는 것을 따라 먹어보았다. 그는 고릴라가 단맛이 나거나, 또는 단맛과 신맛이 동시에 나

는 열매를 선호한다는 것을 발견했다. 그러나 고릴라들은 좋아하는 과일을 하나도 구할 수가 없어서 보통은 무미한 열매를 먹어야만 했다. 사바테르 피가 관찰한 바에 따르면, 리오 무니 고릴라는 도구를 사용하지는 않지만 크고 뚱뚱하고 나이가 들어 나무에 오르기 힘들어지면 때때로 젊은 고릴라에게 나무에 올라가서 그들이 원하는 과일이 달린 가지를 꺾어 밑으로 던져달라고 한단다.

17 게바라는 돌연변이가 나타나지 않은 암컷 고릴라보다는 돌연변이가 나타난 암컷 이 영양분을 다소 잘 공급받았다고 추측한다. 돌연변이 암컷은 이 영양가 없는 열매 를 먹느라 시간을 허비하는 대신에 진짜 당분이 든 열매를 먹는 데에 더 많은 시간 을 쏟았다. 야생 포유류 암컷의 생식 능력은 정력과 밀접히 관련되어 있다. 그래서 이런 영양 측면의 우위가 생식 능력의 우위로 이어졌고 더 많은 새끼들을 낳았으며 결국에는 여러 세대를 거치면서 고릴라 무리 안에 돌연변이가 고착되었을 수 있다. Elaine E. Guevara, Carrie C. Veilleux, Kristin Saltonstall, Adalgisa Caccone, Nicholas I. Mundy, and Brenda J. Bradley, "Potential arms race in the coevolution of primates and angiosperms : Brazzein sweet proteins and gorilla taste receptors," *American Journal of Physical Anthropology* 161, no. 1 (2016) : 181–85.

18 가봉의 로앙고라는 특정한 현장에서 꿀을 채집하는 침팬지를 연구해온 비토리아 에 스티엔의 사례를 보자. 거의 모든 침팬지 무리와 마찬가지로, 그곳에서도 침팬지들 은 벌집에서 꿀을 채집할 때에 막대기를 사용한다. 나무에 사는 부봉침 벌이나 땅속 깊이 사는 또다른 부봉침 벌의 벌집에서 꿀을 채집할 때에도 막대기를 사용한다. 땅 속의 벌집에서 꿀을 따는 침팬지를 관찰하던 에스티엔은 침팬지들이 땅을 파기 시작 하더니 조금 있다가 포기하는 것을 발견했다. 침팬지가 식사 한 끼에 투자하려던 것 보다 시간이 더 많이 걸렸기 때문이다. 또한 에스티엔의 주장에 따르면, 그러는 동 안 침팬지의 정신이 다른 데로 분산된다고 한다. 다른 먹이, 소리, 섹시한 침팬지에 게 정신이 팔리는 것이다(에스티엔의 연구 현장에서 촬영된 동영상에는 수컷 침팬지 가 땅속 벌집을 파는 장면이 나온다. 침팬지는 땅을 파고 파고 또 파는데, 그때 발정 기의 암컷 침팬지가 옆으로 지나간다. 그 순간 수컷은 꿀 따위는 까맣게 잊고 암컷을 따라 사라진다). 그러나 나중에 침팬지는 미완의 과제를 완성하러 다시 돌아온다. 때 로는 그 침팬지가, 또 때로는 다른 침팬지가 같은 벌집을 판다. 이 과제가 성공하기 까지 최대 5년간 수십 시간이 소요되기도 한다. 여기에는 땅이 얼마나 딱딱한지, 벌 이 얼마나 깊이 들어가 있는지 등 여러 요인이 작용한다. 그렇게 해서 과제를 완수하 면 침팬지들은 벌집에서 유충과 꿀을 채집해서는 곁에 있는 아무 침팬지와 나눠 먹 는다. 이 모든 작업이 끝나면 그 성과물을 함께 나누며 즐기는 것이다. 에스티엔이 이 성과물을 맛보지는 않았지만, 매우 달콤하고(꿀 때문에) 기름지고(유충 때문에) 살짝 감칠맛도 느껴질 것이 분명하다. 이렇게 땅벌을 채집하는 데에 정확히 얼마만 큼의 노동이 필요한지 계산된 바는 없지만, 열량 측면에서 보면 보상보다 몇십 배나 더 비싼 대가를 치러야 한다. 따라서 여기에서 도출할 수 있는 결론은 하나이다. 침 팬지가 벌을 채집하는 일을 계속하는 이유는 벌과 꿀을 같이 먹으면 맛있기 때문이 다. Vittoria Estienne, Colleen Stephens, and Christophe Boesch, "Extraction of honey from

underground bee nests by central African chimpanzees (*Pan troglodytes troglodytes*) in Loango National Park, Gabon : Techniques and individual differences," *American Journal of Primatology* 79, no. 8 (2017) : e22672.

19 개인적인 의사소통, 모린 매커시.

20 침팬지들은 향미와 전통, 사회의 역동성 때문에 그들의 건강에는 이롭지 않은 다른 식습관도 선택할 수 있다. 가령, 콜로부스원숭이 등의 포유류를 포식하는 침팬지의 행위에 대한 초창기 연구에서는 포유류 사냥으로 얻는 영양학적인 이득을 강조했지만, 최근의 연구에서는 이런 이득이 불분명한 것으로 나타난다. 최근에 버밍엄 대학교의 클라우디오 테니와 동료 연구자들은 한참을 주저하고 고민하고 계산한 끝에 논문을 발표했는데, 침팬지가 고기를 먹어서 얻는 영양학적인 이득을 뚜렷이 발견하지 못했다는 내용이었다. 그렇다고 이로울 것이 하나도 없다는 뜻은 아니다(연구진은 더 많은 자료와 분석들이 뒷받침되면 이득이 드러날 것이라고 추측했다). 다만, 이런 이득이 생각보다 훨씬 더 불명확하며 현장과 사건 전개에 따라 달라져서 어떤 경우에는 사냥해서 먹는 것이 순전히 에너지 낭비가 될 수도 있다는 말이다. Claudio Tennie, Robert C. O'Malley, and Ian C. Gilby, "Why do chimpanzees hunt? Considering the benefits and costs of acquiring and consuming vertebrate versus invertebrate prey," *Journal of Human Evolution* 71 (2014) : 38–45.

21 대니얼 리버먼은 이메일에서 밑드리개미가 특히 맛있다며 "맛이 아주 뛰어나다"라고 했다.

22 어쩌면 좀더 놀랍게도, 하드자 부족은 그들이 섭취하는 (그리고 남녀가 함께 채집하는) 5대 베리가 향미 측면에서 서로 똑같은 순위에 있다고 했다. 그래서 이들에게는 한 베리가 다른 베리로 대체될 수 있다. 한편 덩이줄기는 베리보다는 순위가 낮지만, 맛없는 음식에 들지는 않는다. 맛없는 음식에는 하드자 부족이 대체로 좋아하지 않는 여러 먹거리들이 포함되는데, 이들은 이런 음식들을 "뱀 맛 같다"라고 표현한다. 마찬가지로, 브리야-사바랭에 따르면, 프랑스인들도 싫어하는 동물성 먹거리 몇몇을 "구린내 나는 짐승" 같다고 표현한다. 브리야-사바랭에 따르면, 프랑스인들이 싫어하는 구린내 나는 짐승에는 여우, 까마귀, 까치, 살쾡이가 있다.

23 포유류의 날고기가 들어가는 소수의 요리들 중에 하나가 스테이크 타르타르이다. 그런데 이 맛있는 음식을 만들려면 결합조직이 거의 없는 부위를 특별히 골라서(인류 조상들은 누리지 못했을 호사이다) 갈아야 한다(식감을 더 좋게 하기 위해서이다). 여기에 달걀, 양파, 소스를 곁들여 풍미를 더한다.

24 물론 모든 일에는 절제가 따라야 하는 법. 브리야-사바랭은 "아무 생각 없이 빨리 먹는 사람들은 맛이 주는 [연속된] 느낌을 인지하지 못한다. 이런 느낌은 소수의 선택받은 자들만이 누리는 특권이다. 미식가들이 그들의 인정을 받기 위해서 기다리는 다양한 물질들을 탁월함의 순서대로 분류할 수 있는 것도 바로 이런 느낌 덕분이다"라고 했다. 브리야-사바랭의 말이 맞았다. 최근의 연구에 따르면, 음식의 향미를 온전히 느끼고 경험하려면 천천히 씹어야 한다. 그러나 "천천히"는 상대적인 것이다. 마법을 발휘하는 최적의 씹기 속도를 맞추려면, 대부분 사람들이 씹는 것보다는 좀더

느리게, 그러나 침팬지보다는 훨씬 빠르게 씹어야 한다.

25 이 대목에서 잠시 주의사항을 짚어보자. 날고기는 대부분의 현대인에게 그다지 매력적이지 않다. 그래서 인류 조상들에게도 그러했을 것이라고 짐작된다. 그러나 현장에서 침팬지를 연구하는 힐마어 쾰과 미미 아란젤로비치의 의견은 다르다. 두 사람에 따르면, 침팬지들이 원숭이를 잡아 죽여서 찢어 먹을 때의 열정은 쾌락처럼 보인다고 한다. 더도 말고 덜도 말고 딱 쾌감처럼 보인다고. 힐마어와 미미는 침팬지에게는 우리에게 없는 미각이나 식감이 있는 것 같다고 각각 독립적으로 상정했다. 그럴 가능성을 배제할 수는 없다. 그러나 우리가 아는 한, 침팬지가 인간보다 날고기를 더 좋아한다고 하더라도 침팬지 역시 날고기보다는 요리한 고기를 더 좋아한다.

26 주로 화석 치아와 뼈로부터 고대 DNA와 단백질을 복구할 수 있게 된 덕분에 지난 100만여 년간 살았던 호모 종들 사이의 관계를 예전보다 더 명확히 이해할 수 있게 되었다. 그러나 190만 년 전부터 80만 년 전 사이에 살았던 다양한 호모 종들 사이의 관계에 대해서는 여전히 이론의 여지가 많다. 호미닌의 고대 단백질과 이 단백질을 통해서 드러난 호미닌들 사이의 관계를 탐구하는 가장 최신 연구에 대해서 더 깊이 알고 싶다면, 프리도 벨케르와 연구진이 최근에 발표한 멋진 논문을 참고하기 바란다. 이 연구진은 스페인에서 발견된 약 80만 년 전의 호모 종의 치아에서 단백질을 추출하여 연구를 진행했다(연구진은 이 인간 종을 가리켜 호모 안테세소르[*Homo antecessor*]라고 부르는데, 이 종은 호모 에렉투스로 묶인다). 이 고인류와 현생 인류의 차이는 현생 침팬지(*Pan troglodytes*)와 현생 보노보(*Pan paniscus*) 사이의 차이와 비슷하다. 다시 말하자면 다르기는 하되 완전히 다르지는 않다. Frido Welker, Jazmín Ramos-Madrigal, Petra Gutenbrunner, Meaghan Mackie, Shivani Tiwary, Rosa Rakownikow Jersie-Christensen, Cristina Chiva, et al., "The dental proteome of Homo antecessor," *Nature* 580, no 7802 (2020) : 1–4.

27 이는 호모 사피엔스들 사이에 또는 인간 종들 사이에 수용체 차이가 없다는 뜻이 아니다. 다만 유사점에 비해 이런 차이점이 크지 않다는 의미이다. 게다가 호모 사피엔스들 사이에서 발견된 몇 가지 미각 수용체 차이는 다른 인간 종들 사이에서도 발견되었다. 예를 들면 오랫동안 인간은 PTC, 즉 페닐티오카바마이드의 맛을 느끼는지 혹은 못 느끼는지에 따라서 미각 수용체가 다르다고 알려져왔다(보통 미맹 검사를 하는 방식인데, 이 특정 물질에만 한하는 것이다/옮긴이). 어떤 사람들은 이 화합물에서 쓴맛을 느끼지만 어떤 사람들은 아무 맛도 느끼지 못한다. 그런데 이런 차이는 인간들 사이에만 존재하지 않는다. 최근의 연구 결과에 따르면, 일부 네안데르탈인은 이 화합물의 맛을 안 반면, 다른 일부는 맛을 느끼지 못한 것으로 밝혀졌다. 달리 말하면 미각 수용체에 관해서는 사람들 사이의 차이가 아주 오래 전부터 있었으며, 이런 차이는 다른 인간 종들과도 공유되었다는 의미이다. Carles Lalueza-Fox, Elena Gigli, Marco de la Rasilla, Javier Fortea, and Antonio Rosas, "Bitter taste perception in Neanderthals through the analysis of the TAS2R38 gene," *Biology Letters* 5, no. 6 (2009) : 809–11.

28 대니얼 리버먼, 얼리사 크리텐든, 콜레트 버비스크, 데이비드 타피, 베키 어윈, 토머스

크래프트, 아웅 시, 할마어 퀼, 비토리아 에스티엔, 크리스토프 뵈슈, 케이티 아마토, 매슈 부커, 채드 루딩턴, 란 바르카이, 잭 레스터, 모린 매카시, 카를레스 랄레사 폭스, 미미 아란젤로비치, 어맨다 헨리, 로만 비티히, 애미 캘런, 마이클 토도프, 매슈 맥레넌, 조애나 램버트, 찰리 넌은 이 긴 분량의 장을 다 읽어보고 논평을 하고 우리와 이야기를 나누었다. 리처드 랭엄은 아이디어를 명확히하는 데에 도움을 주었다. 킴 베옌도르프, 조쉬 에반스, 올레 모우리트센, 미카엘 봄 프뢰스트도 이 장을 읽고 요리의 관점에서 내용을 살펴보도록 도와주었다.

제3장 향미를 위한 코

1 흑색 송로버섯(*Tuber melanosporum*)은 대체로 프랑스 남서부에 있는 도르도뉴 주에서 발견된다. 반면, 흰색 송로버섯(*Tuber magnatum*)은 이탈리아 북부와 중부 지방에서 주로 발견된다.

2 물고기 제브라피시는 푸트레신과 카다베린을 각각 알아채는 특별한 후각 수용체가 있다. 이들 수용체가 자극받으면 제브라피시는 선천적으로 회피 반응을 보인다. 관련 논문의 수석 저자인 지그룬 코르싱은 인간에게도 이런 수용체가 있다고 보는 것이 타당하다고 생각한다. 어디까지나 타당한 생각이지만 실험으로 검증되지는 않았다. Ashiq Hussain, Luis R. Saraiva, David M. Ferrero, Gaurav Ahuja, Venkatesh S. Krishna, Stephen D. Liberles, and Sigrun I. Korsching, "High-affinity olfactory receptor for the death-associated odor cadaverine," *Proceedings of the National Academy of Sciences* 110, no. 48 (2013) : 19579–84.

3 흥미롭게도, 많은 나비와 나방들 역시 이 화합물을 기초로 다른 화합물과 섞어서 자신만의 유혹물질을 만들고 사용한다. 이런 유사성에 따라서 두 가지 의견이 나올 수 있다. 첫째, 다른 화합물보다 페로몬으로서 더 효과적인 화합물들이 있다. 이런 화합물들이 더 먼 거리를 이동하거나 환경에 더 오래 잔류하거나 코와 더듬이로 감지하기가 더 쉽기 때문이다. 둘째, 수컷 아시아 코끼리는 몇몇 나방을 섹시하다고 생각할 수도 있다(물질 배출량 때문에 이와 반대되는 경우가 더 가능성이 높다. 즉, 나방 일부가 수컷 코끼리에 끌릴 수 있다). David R. Kelly, "When is a butterfly like an elephant?" *Chemistry and Biology* 3, no. 8 (1996) : 595–602.

4 대부분의 경우 화학물질의 구조만을 토대로 어떤 냄새가 날지 예측하기는 어렵다. 그러나 이황화 결합(disulfide bonds)인 경우라면 그렇지 않다. 이황화 결합은 두 개의 분자(대개 단백질 두 개)가 황 원자 두 개의 결합에 의해서 서로 연결될 때 일어난다. 이런 화합물에서는 예외 없이 마늘이나 썩은 양배추 또는 곰팡이 냄새가 난다. Andreas Keller and Leslie B. Vosshall, "Olfactory perception of chemically diverse molecules," *BMC Neuroscience* 17, no. 1 (2016) : 55.

5 이렇게 오래 전부터 맺어진 개와 부엌의 관계는 변화를 거듭하며 이어진다. 예전에는 송로버섯이든 마스토돈이든 인간이 가장 좋아하고 맛있어하는 먹거리를 사냥할 때

개가 도왔다. 지금은 우리가 먹다가 남은 음식을 개가 먹는다. 요리하다가 남은 찌꺼기이기도, 식탁에 올랐다가 남은 음식이기도 하다. 혹은 인간이 그다지 즐기지 않는 생선이나 육류 부위를 비료처럼 갈거나 통조림으로 만들어서 주기도 한다.

6 우리와 대화했던 한 주방장의 말처럼 "노벨상은 누구나 받을 수 있다. 그러나 요리한 음식에서 느낄 수 있는 맛있는 맛에 자기 이름을 붙인 사람은 세상에 단 1명뿐이다."

7 조리 중인 음식의 피에이치(pH)가 증가하면(즉, 알칼리가 더 많이 만들어지면) 더 빠른 속도로 갈변이 일어난다. 그래서 독일의 프레첼(라우겐프레첼)을 만들 때에는 짙은 색을 내기 위해서 굽기 전에 가성소다에 담그는 과정을 거친다.

8 우유를 가열할 때에도 이와 같은 반응이 일어난다. 가령, 고온에서는 우유에 함유된 락토스가 단백질과 상호반응하여 버터 스카치 캔디 향을 만든다. 페이스트리(바삭하게 구운 무발효 과자/옮긴이) 표면에 우유를 바른 다음에 구우면 이런 향이 난다.

9 린샹쥐와 린수이핑의 표현처럼 "호기심 많은 잡식성 요리사는 익히지 않은 과일이 아주 맛있고 이를 능가하는 맛은 없다는 사실을 잘 안다."

10 인간의 후각이 "퇴화했다"는 설이 종종 제기된다. 어떤 측면에서는 맞는 주장이다. 우리는 이른바 우리의 원생 영장류 조상보다 후각 수용체의 종류도 적고 개수도 적다. 개와 비교하면 훨씬 더 적다. 일반적으로 우리의 눈과 뇌가 커지면서 후각 수용체의 종류와 양이 대체로 줄었다(인간보다 침팬지가 더 많고, 원숭이가 더 많고, 여우원숭이가 그보다 더 많다). 그러나 후각 수용체가 감지한 것을 이해하는 뇌 부위는 우리가 더 크다.

11 최초의 후각 지도는 체다 치즈 냄새로 만들어졌다. 『신경미식학』의 저자 고든 셰퍼드는 상점에 가서 체다 치즈 한 덩이를 사 왔다. 그는 이 치즈를 쥐에게 먹인 다음에 쥐를 죽이고 쥐의 뇌를 들여다보았다. 그 과정에서 최초로 "체다" 별자리를 보았다.

12 우리 두 사람만 이렇게 비유를 들어서 이야기하는 것이 아니다. 후각 수용체를 연구하는 과학자들도 개별 화합물이 작동시킨 조합부호를 실제로 "후각 수용체 코드"라고 부른다. Ji Hyun Bak, Seogjoo Jang, and Changbong Hyeon, "Modular structure of human olfactory receptor codes reflects the bases of odor perception," *BioRxiv* (2019) : 525287.

13 음식의 향과 향미 묘사에 사용되는 형용사도 개인마다 천차만별이다. 세계 4대 소믈리에가 포도주를 설명하는 데에 사용한 단어를 비교한 연구를 보자. 우선, 이들은 향을 직접적으로 설명하지 않았다. 가령, 포도주의 향이 "붉다", "대단하다", "정직하다"라고 표현했다. 게다가 특정 포도주에 대해서 각자 사용하는 용어에는 일관성이 있었지만(그 포도주를 반복해서 맛보더라도 비슷하게 묘사했다), 서로 비교해보면 완전히 다른 용어를 사용했다. 이들은 모두 총 4,000가지의 다양한 단어를 써서 포도주를 설명했으며, 그중 네 사람이 공통적으로 사용한 단어는 "블랙커런트(베리의 왕으로 불리는 까막까치밥나무의 열매/옮긴이)"와 "짙다", 단 두 단어였다. Shepherd, *Neuroenology : How the Brain Creates the Taste of Wine* (Columbia University Press, 2016).

14 비록 대단한 정도는 아니지만 한 가지 예외로 보이는 것이 있다. 지금까지 연구한 대부분의 언어에서는 "땀과 체취", "강력한 동물 냄새(즉, 다른 종의 땀과 체취)", "썩은

내"를 향의 범주에 포함시킨다. C. Boisson, "La dénomination des odeurs : Variations et régularités linguistiques," *Intellectica* 24, no. 1 (1997) : 29–49.

15 더 남쪽으로 가면 지브롤터의 고르함 동굴이 있다. 이곳에서 발견된 숨겨진 향미는 더욱 다양하다. 새까맣게 타서 숯이 된 도토리, 피스타치오, 콩, 채소와 함께 아이벡스, 토끼, 붉은사슴, 삿갓조개, 새조개, 홍합, 거북이, 몽크바다표범, 돌고래, 비둘기가 발견되었다. Kimberly Brown, Darren A. Fa, Geraldine Finlayson, and Clive Finlayson, "Small game and marine resource exploitation by Neanderthals : The evidence from Gibraltar," in *Trekking the Shore* (Springer, 2011), 247–72.

16 대니얼 리버먼, 고든 셰퍼드, 실비 아이산슈, 브누아 샤알, 미미 아란젤로비치, 지그룬 코르싱, 나타샤 올비, 롤랜드 케이스, 메리 제인 엡스, 란 바르카이, 수잔 예니히, 존 마이첸은 이 장의 내용을 읽고 도움을 주었다. 조쉬 에반스와 킴 베옌도르프는 이번에도 해럴드 맥기와 마찬가지로 요리의 관점에서 본 통찰을 더해주었다.

제4장 요리가 불러온 멸종

1 해리슨은 파타고니아에서 펜을 쥐고 책상에 앉은 채로 세상을 떠났다. 그는 그곳을 산책하고, 그곳에 대한 글을 쓰고, 그곳에서 난 음식을 먹으며 살았다. 해리슨은 그의 파타고니아 집 주변에 있는 많은 동물들을 공부하고 사냥하고 음미했다. 우리도 해리슨과 함께 파타고니아 주변의 언덕을 산책하면서 야생 매머드 향미에 관한 이야기를 나누었다면 좋았을 텐데. 우리는 너무 늦었다. 우리가 도착했을 때 그는 이미 이 세상 사람이 아니었다. 우리는 너무 늦어서 해리슨이 세상을 떠난 후 그의 삶을 기리기 위해서 마련된 연회도 놓쳤다. 그 자리에는 해리슨과 가장 가까운 친구들을 포함해서 72명이 참석했다. 잔칫상에는 사람 수만큼이나 많은 오리가 올랐다. 음식을 보면, 애피타이저로 오리 파테가 오르며 만찬이 시작되었다. 그다음 음식은 8일간 준비한 카술레였다. 오리고기와 돼지고기 소시지, 흰콩이 들어간 스튜의 표면이 오리의 근육과 껍질 사이에 있는 특수한 오리 지방으로 덮여 있었다. 이렇게 먹고도 더 먹을 수 있는 사람들에게는 토마토를 넣고 끓인 농어, 도미, 새우 스프가 제공되었다. 해리슨의 미시간 혈통을 보여주는 월도프 샐러드와 프랑스 포도주도 빠지지 않았다. 이 음식을 다 먹은 후에는 케이크와 포도주, 퀼런이 나왔다. https://www.outsideonline.com/2291316/behind-scenes-jim-harrisons-farewell-dinner.

2 포유류의 다리뼈로 제대로 잘 만든 멋진 "스패너"도 출토되었다. 그러나 그 용도에 대해서는 아직 설득력 있는 설명이 나오지 않았다.

3 단순한 구이를 하더라도 굽는 법을 배워야 한다. 이는 북아메리카 인디언 와이언도트 부족이 불을 발견한 신화에서도 강조된 내용이다. "창조주가 불을 솟구쳐 나오게 한 후, 최초의 인간에게 고기 한 점을 막대기에 꽂아 불에 구우라고 명했다. 너무도 무지한 인간은 그냥 그대로 굽기만 해서 고기 한쪽은 타고 반대쪽은 익지도 않았다." Claude Lévi-Strauss, "The roast and the boiled" (1977), in J. Kuper, ed., *The*

Anthropologist's Cookbook (Routledge, 1997), 221–30.

4 클로비스인 혈통을 이어받은 다양한 후손들은 서로 다른 고기 요리법을 선호하게 된 것 같다. 레비-스트로스가 『날것과 익힌 것』에서 언급했듯이 아메리칸 인디언 아시니보인 부족은 삶은 고기보다 구운 고기를 선호했고, 삶거나 굽거나 살짝 익힌 것을 좋아했다. 반면, 블랙풋 부족은 고기를 구운 후에 재빨리 뜨거운 물에 데쳤다. 한편, 칸사 부족과 오사게 부족은 고기를 아주 바짝 구워 먹는 것을 좋아했다. 볼리비아의 카비네뇨 부족은 음식을 밤새 끓였고, 때로는 전날 삶던 고기에 다음 날고기를 추가해서 계속 끓이기도 했다(프랑스식 카술레와 비슷한 요리법이다). Claude Lévi-Strauss, *The Raw and the Cooked* (University of Chicago Press, 1983), 임봉길(역), 『신화학 1 : 날것과 익힌 것』(한길사, 2005).

5 작가 크레이그 차일즈에 따르면, 거대 들소가 워낙 어마어마하게 크고 무서워서 이들을 가리켜 "들소 신의 성모(聖母)"라고 표현하는 고생물학자도 있을 정도이다. Childs, *Atlas of a Lost World : Travels in Ice Age America* (Vintage, 2019).

6 사라져버려서 아쉬운 것은 클로비스 식단에 있던 먹거리들만이 아니다. 예를 들면 실피움은 고대 로마인들이 매우 좋아했던 식물이었다. 그러나 멸종해버린 것으로 보인다. 작가 애덤 고프닉의 표현처럼, 오늘날에는 "멍게와 실피움의 진미"를 맛볼 수 없다. 실피움은 현재의 리비아 북쪽에 있었던 고대 그리스 도시 키레네에서 자랐다. 이 허브는 향신료로 크게 인기가 높았고, 그래서 너무 많이 수확해버려서 멸종에 이른 것으로 보인다. 인문학자들에 따르면, 실피움은 아위 또는 아사푀티다(썩은 마늘 맛이 살짝 난다)와 조금 비슷한 맛이었다고 한다. 길르앗의 유향(성서에 등장하는 향료/옮긴이)도 사라져버린 것으로 보인다. 테즈팟(인도 계피)도 마찬가지이다.

7 가령, 애리조나 주 남부의 클로비스 유적지 주변 지역은 (폴 마틴이 보여주었듯이) 초원 지대에서 산림 지대로 바뀌었다. 이런 변화는 매머드처럼 초원 지대와 툰드라 지대를 좋아하는 종에게는 틀림없이 시련이 되었을 것이다. 그러나 마스토돈처럼 숲과 나무의 열매와 잎을 선호했던 다른 종에게는 유리했을 것이다.

8 예를 들어 최근의 한 연구 결과에 따르면, 추위를 좋아하는 털매머드(마지막으로 남은 최후의 매머드 종)는 따뜻한 기후에 크게 타격을 받았고, 이들의 서식지도 북아메리카에서 가장 추운 지역으로 제한되었다. 온난화로 인해서 매머드 개체 수가 감소하자 사냥이 미치는 파급 효과가 훨씬 커졌던 것으로 보인다. D. Nogués-Bravo, J. Rodríguez, J. Hortal, P. Batra, and M. B. Araújo, "Climate change, humans, and the extinction of the woolly mammoth," *PLoS Biology* 6, no. 4 (2008).

9 모든 동물들이 다 마찬가지라고 가정하는 것이 합리적일 듯하다. 그러나 우리가 아는 한, 인간을 제외한 동물들이 무엇을 먹을지 결정할 때 먹이의 향미가 그 결정에 영향을 주는지를 고찰한 사람은 아직 아무도 없다.

10 코스터가 면담한 사람들은 향미 말고도 그들이 육식동물을 먹지 않는 또다른 이유를 설명했다. 재규어(*Panthera once*)든 타이라(*Eira barbara* : 아메리카에 서식하는 족제빗과의 포유류/옮긴이)든 간에 육식동물은 날고기를 먹기 때문이란다. 코스터에 따르면, 고기를 먹는 동물을 먹는 것을 금하는 경우는 흔하다. 최근에는 썩은 고기

를 먹는 포유류도 육식동물의 고기는 피하는 경향이 있는 것으로 추정되었다. 이런 육식동물에는 (그들의 먹이에서 옮아온) 기생충을 비롯한 병원체가 있을 가능성이 높아서, 이들의 고기를 먹으면 해를 입을 수 있기 때문이다. Marcos Moleón, Carlos Martínez-Carrasco, Oliver C. Muellerklein, Wayne M. Getz, Carlos Muñoz-Lozano, and José A. Sánchez-Zapata, "Carnivore carcasses are avoided by carnivores," *Journal of Animal Ecology* 86, no. 5 (2017) : 1179–91.

11 파카는 예외이다. 잡아먹히는 것보다 더 빠르게 번식하는 것으로 보인다. Jeremy Koster, "The impact of hunting with dogs on wildlife harvests in the Bosawas Reserve, Nicaragua," *Environmental Conservation* 35, no. 3 (2008) : 211–20.

12 그러나 뼈와 함께 요리하면 향미가 더 풍부해질 수 있다.

13 단, 씨앗이나 종자는 중요한 예외이다. 식물의 씨앗은 크기가 작고 이동성이 있어야 한다. 씨앗은 대개 에너지를 지방으로 저장한다. 우리는 카놀라유나 참기름을 쓸 때마다 이런 성질을 이용한다.

14 코스터에 따르면, 원숭이의 근육은 우기에 지방이 많아진다. 그래서 아메리카 전역에서 수렵인들은 "우기의 고기"를 찾아다닌다. 반면, 건기에는 기름기가 적어져서 향미에도 영향을 주는 것으로 보인다. 예를 들면 페루의 피로 부족과 마치젱가 부족은 이 구동성으로 기름기 없는 건기의 영장류는 쫓아다닐 가치가 없다고 말한다.

15 게다가 일부 척추동물에는 특수한 종류의 지방이 있다. 조류학자 욘 피엘드소가 이메일에서 언급했듯이 "일부 바닷새의 고기에서는 생선 기름 맛이 난다." 그런데 그가 동료 연구자들과 함께 알아낸 바로는 "새를 잡자마자 가능한 한 빨리 모든 지방을 제거하면 이런 맛도 사라진다. 이런 조치는 가마우지를 잡을 때면 필수적이다. 가마우지의 피하지방은 녹는점이 매우 낮아서 껍질을 벗기면 금세 기름처럼 흘러버린다.……가마우지를 잡고 1분 이내에 지방을 제거하면, 제아무리 가마우지라도 맛이 아주 좋아진다." 피엘드소는 조류의 분포와 생태를 기록하기 위한 노력의 일환으로 새들을 총으로 잡았다. 그는 새를 잡아서 연구에 필요한 부위를 떼어낸 후에는, 낭비되는 것이 없도록 늘 열심히 고기를 먹었다.

16 덧붙이자면 육식동물 중에는 사향샘이 있는 경우가 많다. 그래서 조심해서 제거하지 않으면 고기에 사향이 배게 되어서 누구도 거들떠보지 않게 된다.

17 곰 중에 많은 종들이 그런데, 조상이 육식동물이었던 잡식동물의 경우가 특히 그럴 것이다. 이런 종들은 여전히 창자가 단출해서 육식동물의 창자를 지니고 있다. 그 결과, 이런 동물의 고기에는 먹이의 향미가 쉽게 배어든다. 회색곰이 이런 경우에 해당하는 것으로 보인다. 게리 헤인스는 이메일에서 회색곰 고기 맛을 이렇게 묘사했다. "고기에서 뿌리와 설치류 맛이 나요. 그러니까 맛이 없다는 말이죠. 웩, 역겨운 맛입니다." 이와는 반대로, 고인류학자 토드 서러벌은 게리가 언급한 내용을 읽더니 그가 몽골리아에서 먹었던 완전히 다른 식사 이야기를 들려주었다. 그는 그곳에서 맛있는 곰(불곰의 아종으로 "검은회색곰"이라고도 불린다)의 고기를 대접받아서 먹었는데, 함께 먹었던 친구가 "베리와 솔방울 맛이 난다"고 했단다.

18 2020년 2월 28일 자 이메일. 피엘드소는 솔양진이(*Pinocola enucleator* : 참새목 되새

과에 속하는 새/옮긴이)의 고기에서도 빼어난 향신료 맛이 난다는 것을 발견했다. 이 솔양진이는 (조류 관찰자들에게 겁을 먹은 후) 창문 안으로 날아들어와 죽고 말았다. 덴마크 국립 자연사 박물관에서 이 새를 소장하기 위해서 가져갔다. DNA 연구를 위해서 조직을 수집하고, 연구를 위해서 껍질을 수거했다. 그렇게 하고 남은 고기는, 음, 먹었다. 6명이 "이 무게 50그램짜리 새의 가슴살을 꾀꼬리버섯과 포트 와인을 곁들여" 나누어 먹었다. 모두 이구동성으로 "굉장히 맛있고, 아마 그 이유는 이 새가 다양한 베리와 매콤한 식물의 싹을 주로 먹었기 때문"일 것이라고 평했다.

19 하드자 부족을 연구하는 인류학자들의 입맛에도 맛있다고 한다. 하드자 부족이 선호하는 음식을 최초로 연구한 콜레트 버비스크는 하드자 부족이 요리한 혹멧돼지에서는 정말로 맛있는 햄 맛이 난다고 했다(이메일, 2019년 5월 16일 수신).

20 욘 피엘드소의 경험을 바탕으로 한 것이다.

21 돼지의 경우 한 가지 예외가 있는데, 많은 종류의 수컷 돼지의 고기에서 간혹 "멧돼지 냄새"가 난다는 사실이다. 이 냄새는 안드로스테론에서 나는 것이다. 안드로스테론은 멧돼지의 페로몬을 구성하는 두 가지 화학물질 중의 하나인데, "소변" 냄새와 약간 비슷한 냄새가 난다. Michael J. Lavelle, Nathan P. Snow, Justin W. Fischer, Joe M. Halseth, Eric H. VanNatta, and Kurt C. VerCauteren, "Attractants for wild pigs : Current use, availability, needs, and future potential," *European Journal of Wildlife Research* 63, no. 6 (2017) : 86.

22 조쉬 에반스는 노르딕 식품 연구소에서 식품 혁신가로 일했고 현재는 음식에 초점을 두고 연구하는 지리학자이다. 그는 이 장을 읽은 후에 곤충의 세계는 사정이 매우 다를 수 있다고 지적했다. 많은 문화권에서 초식성 곤충은 흔한 식재료이다. 그런데 조쉬의 주장에 따르면, 식재료로 선호되는 곤충들은 비교적 좁은 범위의 식물을 먹음으로써 그 식물의 독특한 향미를 농축시킨다고 한다. 야자바구미, 체리애벌레, 담배귀뚜라미 등이 그런 곤충이다. 식용 곤충에 관해서 더 알고 싶다면 다음의 멋진 책을 참고하기 바란다. Joshua David Evans, Roberto Flore, and Michael Bom Frøst, *On Eating Insects : Essays, Stories and Recipes* (Phaidon, 2017).

23 거대 동물군의 멸종을 논하기 시작한 초창기에 알래스카 대학교의 동물학자 데일 거스리는 멸종기에 비반추동물이 반추동물보다 더 많이 멸종되었을 가능성이 높다고 주장했다. 다만 그는 비반추동물이 멸종되기 쉬운 이유가 이들이 맛있었기 때문이라는 가능성은 고려하지 않았던 것 같다. R. D. Guthrie, "Mosaics, allelochemics, and nutrients : An ecological theory of late Pleistocene megafaunal extinctions," in *Quaternary Extinctions*, ed. P. S. Martin and R. G. Klein (University of Arizona Press, 1984), 289–98.

24 그러나 확실히 알 수는 없다. 일부 포유류들은 우리가 여기에서 다룬 것 이상의 세부적인 생물학적 요소들 때문에 나쁜 향미를 지닐 가능성도 있다. 포유류학자 롤랜드 케이스가 이 장을 읽고 지적해주었듯이 현존하는 나무늘보들은 대체로 끔찍한 향미를 지닌다고 여겨진다. 이들의 식습관이 그 원인일 수도 있다(이들은 주야장천 나뭇잎만 먹는다). 그래서 다양한 식습관을 지닌 땅나무늘보는 향미가 좋았을 수도 있다.

혹은 크기가 크든 작든 다른 선택지가 있다면 굳이 탐닉하고 싶지 않은 "나무늘보 향미"가 그저 따로 있었을 수도 있다. 과거의 향미는 여전히 수수께끼로 남아 있다.

25 그래도 이런 동물들 역시 어쨌거나 개체 수 감소 위기에 놓였을 것이다. 이들의 먹이가 줄었기 때문이기도 하지만, 미스키토 부족의 사례에서 알 수 있듯이 위험해 보이는 종들은 때때로 잡아먹히지 않더라도 죽임을 당했기 때문이다.

26 한 번 수축하고 난 후에 근육이 다시 불붙으려면, 산소 농도가 회복되고 유산(대사 산물)이 제거될 때까지 기다리는 수밖에 없다.

27 그러나 생태계라는 절대적인 공간에는 흔히 예외라는 영예가 있다. 어떤 주방장이 이 장을 읽더니, 특정한 맛이 있는 열매만 전문적으로 먹은 탓에 고기에서 경이롭도록 독특한 향미가 나던 장비목이 있었을지도 모른다고 했다. 그러했을 가능성은 없어 보이지만, 우리 두 사람에게는 요리에 대한 이 주방장의 꿈을 망쳐버릴 생각이 추호도 없었다.

28 그러나 과거와 마찬가지로 조심해야 할 것이 있다. 이 글을 읽은 게리 헤인스는 클로비스 시대에는 상당 기간 가뭄이 있었다고 지적했다. 가뭄에는 많은 매머드가 굶었을지도 모른다. 만약 그러했다면, 매머드 고기는 이 기간에 질겨졌을 것이라고 헤인스는 추정한다. 반면, 고인류학자 란 바르카이는 비쩍 마른 매머드라도 아마 기름기가 아주 많았을 것이라고 주장했다.

29 케냐의 와타 부족은 긴 활과 독화살로 코끼리를 죽였다. 고대 그리스의 지리학자 스트라보 역시 기원전 63년에서 기원후 24년까지 홍해 연안을 따라서 이와 비슷한 관행이 행해졌다고 기록했다. 홍해 연안에서는 이제 더는 코끼리의 울음소리를 들을 수 없다. 스트라보에 따르면, 활을 쏘려면 남성 3명이 필요했다고 한다. 2명이 거대한 활을 잡고 있으면 나머지 1명이 줄을 잡아당겼다. 이것은 1900년대 초까지 와타 부족이 코끼리를 사냥하던 것과 똑같은 방식이다. 와타 부족은 여러 식물을 섞어서 만든 독을 화살 끝에 묻혀서 사용했다. 이때 이용한 식물로는 아코칸테라(*Akocanthera*) 속에 속하는 나무들도 있다. Ian Parker, "Bows, arrows, poison and elephants," *Kenya Past and Present* 44 (2017) : 31–42.

30 레셰프와 바르카이가 말했듯이 "코끼리의 맛"이다.

31 네안데르탈인과 호모 사피엔스가 가장 오래(약 6,000년간) 함께 살았던 곳 역시 도르도뉴이다. 이 기간에 인류와 네안데르탈인은 유전자뿐만 아니라 예술, 그리고 짐작건대, 요리법도 교환했다.

32 이런 추상화와 이와 관련된 상징들에 대해서 더 자세히 알고 싶다면 다음 책을 참고하라. Genevieve von Petzinger, *The First Signs : Unlocking the Mysteries of the World's Oldest Symbols* (Simon and Schuster, 2017).

33 어떤 포유류가 북아메리카에서 흔히 볼 수 있는 동물로 남을지를 알려주는 최고의 예언자는 이제 향미가 아니다. 맛있는 포유류가 멸종되자 수렵인들은 남은 포유류들 중에서 다시 사냥감을 골랐던 것으로 보인다. 남은 동물 중에 가장 맛있는 것을 골라내고 골라내서 결국 가장 작고 가장 빨리 번식하고 가장 맛없는 종들만 남게 되었다. 이제는 전 세계 많은 곳의 상황이 정말로 이렇다. Rodolfo Dirzo, Hillary S. Young,

Mauro Galetti, Gerardo Ceballos, Nick J. B. Isaac, and Ben Collen, "Defaunation in the Anthropocene," *Science* 345, no. 6195 (2014) : 401–6.

34 해리 그린, 카를로스 마르티네즈 델 리오, 게리 그레이브스, 욘 피엘드소, 롤랜드 케이스, 조애나 램버트, 앨스턴 톰스, 네이트 샌더스, 토드 서러벌, 게리 나브한, 제네비에브 본 페칭어, 제러미 코스터, 스콧 밀스, 존 스페스, 란 바르카이, 콜레트 버비스크는 이 장을 읽고 내용을 개선하는 데에 도움을 주었다. 대니얼 피셔와의 논의도 유익했다. 조쉬 에반스와 킴 베엔도르프는 다시 한번 요리의 관점에서 의견을 보태주었다.

제5장 금단의 열매

1 특히 프랑스어에는 과일과 관련된 표현이 많다. "배를 반으로 나누다(couper la poire en deux)"는 표현은 타협한다는 의미이다. 지혜를 빌린다는 표현으로 "레몬을 짜다(presser le citron)"라고 표현하기도 한다.

2 그렇지만 열매에도 늘 예외의 경우가 있다. 그중 하나가 원숭이에 의해서 살포되는 열대 하층목(큰 나무 밑에서 자라는 관목/옮긴이)이다. 이 식물의 열매도 동물을 유인하지만, 씨는 쓴맛이 나는 데다가 독성도 있다. 그래서 원숭이들은 열매를 먹자마자 독성 있는 씨를 접하고 뱉어버린다. 그래서 이 식물의 씨앗은 한 번에 한 번 뱉어내는 거리만큼만 이동한다. Ian Kiepiel and Steven D. Johnson, "Spit it out : Monkeys disperse the unorthodox and toxic seeds of Clivia miniata (Amaryllidaceae)," *Biotropica* 51, no. 5 (2019) : 619–25.

3 움직일 수 없는 열매가 멀리 떨어진 곳에 있는 동물에게 구애를 해서 동물을 유인하는 방법은 실로 다양하다. 한자리에 고정되어 사는 생명체가 지닌 거의 마법과 같은 이런 능력은 너무나 흥미로워서 서양 종교의 중심이 되는 이야기(에덴 동산의 선악과 이야기/옮긴이)에 등장할 정도이다. 그렇지만 이런 능력을 잘 들여다보고 여기에 마치 병명처럼 들리는 이름을 붙이는 작업은 생태학자들에게 맡기도록 하자.

4 노아 피어러와 밸러리 매켄지, 그리고 그들의 딸과 함께 앤 매든과 토빈 해머도 우리와 동행했다. 사실 우리는 내장에서 맥주를 만든다고 알려진 벌을 찾으러 그곳으로 갔다. 이 벌은 내장 안에서 알이 부화하기 때문에 새끼를 위해서 맥주를 만든다. 문제의 벌은 못 찾았지만, 그 대신 우리는 잔젠을 발견했다.

5 시험적으로 먹이를 준 결과, 말은 달지 않은 먹이보다는 단맛 나는 먹이를 선호하는 것으로 알려져 있다. 반면 신맛이나 짠맛이 나는 먹이는 좋아하지 않는다. 먹이가 많이 짜거나 시면 말은 먹이를 거부한다. R. P. Randall, W. A. Schurg, and D. C. Church, "Response of horses to sweet, salty, sour and bitter solutions," *Journal of Animal Science* 47, no. 1 (July 1978) : 51–55.

6 잔젠의 연구는 끝나지 않았다. 그는 일종의 자연 실험을 관찰하기로 마음먹었다. 멕시코 치와와 사막 일부 지역(서부 지역과 치와와까마귀가 날아가는 방향으로, 애리조나 주 파타고니아로부터 남쪽에 있는 지역)에는 많은 종류의 부채선인장이 자생한

다. 부채선인장에 열리는 거대한 열매는 지금은 미국의 멕시코 식료품점이나 큰 슈
퍼마켓에서 살 수 있다(노처럼 생긴 선인장 잎이 "노팔레스[nopales]"나 "노팔리토스
[nopalitos]"라는 이름으로 팔린다).

7 어떤 경우에 생존은 어떤 종의 매우 특별한 생물학적인 특성을 반영할 수도 있다. 포
포나무는 맛있는 거대 동물군 열매를 맺는 나무로, 북아메리카 동부 일대에서 많이
자란다. 커스터드애플과 동족 관계에 있는 이 나무의 열매는 바나나와 망고를 섞은
맛이 난다. 그러나 씨앗은 대체로 숲에서 산파되지 않는다. 이 나무가 존속할 수 있
었던 한 방법은 물을 이용한 산파이다. 강기슭 서식지가 이 나무의 성장에 이상적으
로 적합하지는 않지만, 현재 이 나무는 강을 따라서 자란다. 그런데 최근 들어서 이
나무가 더 번성하게 되었다. 이 나무의 잎이 사슴의 입맛에 맞지 않은 덕이다. 그래서
사슴이 많은 곳에서는 이제 포포나무가 때때로 빽빽하게, 빽빽하고 맛있게 자란다.

8 마르턴 판 조네벌트, 더그 레비, 오마르 네보, 렌스케 온슈타인, 일레인 게바라, 그레
고리 아네르센, 크리스토퍼 마틴, 게리 헤인스, 조애나 램버트, 로버트 워런, 리사 밀
스, 토머스 크래프트가 이 장을 읽고 통찰을 공유해준 덕분에 내용이 크게 향상되었
다. 이번 장에도 조쉬 에반스와 킴 베옌도르프가 요리사의 관점에서 조언해주었다.

제6장 향신료의 기원에 관하여

1 침팬지가 고기를 먹을 때 때때로 잎을 씹는 것이 유일한 예외가 될 수 있겠다. 이런
행동은 일종의 향신료를 사용하는 것일 수도 있지만, 침팬지는 손에 잡히는 대로 아
무 식물이나 입이라는 "그릇"에 첨가할 첨가물로 사용한다. 특정한 향신료를 이용하
여 입안에서 특정한 혼합물을 만들 줄은 모른다.

2 타임을 비롯한 몇몇 허브의 화학 작용에 영향을 주는 또 하나의 요인은 기온이다. 타
임 잎 속의 화학적 방어물질은 민트와 마찬가지로 잎 위에 있는 작은 구슬 속에 들어
있다. 이 작은 구슬들은 추운 곳에서는 가끔 얼어버린다. 그러면 그 속의 내용물이
식물 위로 새어나온다. 타임의 화학적 방어 수단 중의 일부, 특히 카바크롤과 키몰이
라는 화학물질은 식물 위로 새어나오자마자 그 식물을 죽이는 일이 비일비재할 정도
로 매우 강력하다. 그 결과, 추운 지역에서 자라는 타임은 향과 방어력이 강력한 화
합물은 거의 생성하지 않는 경우가 많다. J. Thompson, A. Charpentier, G. Bouguet,
F. Charmasson, S. Roset, B. Buatois, ······ and P. H. Gouyon, "Evolution of a genetic
polymorphism with climate change in a Mediterranean landscape," *Proceedings of the
National Academy of Sciences* 110(8) (2013) : 2893–97.

3 학명은 아키노스 수아베올렌스(*Acinos suaveolens*)이다. 이것은 타임, 즉 백리향도 아
니고 바질도 아니다. 혼동하기 쉽지만 "바질 타임"이라고 불리는 다른 식물과도 엄연
히 다른 종이다.

4 이 연구는 우려할 만한 방법으로 진행되었다. 먼저, 어미 양에게 마늘을 먹였다. 그런
다음, 양수 표본을 채취했다. "판정단"에게 새끼 양의 혈액과 어미 양의 혈액, 양수 냄

새를 맡게 했다. 모든 체내 물질에서 마늘 냄새가 났다. Dale L. Nolte, Frederick D. Provenza, Robert Callan, and Kip E. Panter, "Garlic in the ovine fetal environment," *Physiology and Behavior* 52, no. 6 (1992) : 1091–93.

5 신생아는 질문에 대답할 수는 없지만, 막 태어난 쥐와 마찬가지로 쾌감과 불쾌감을 표현할 수는 있다. 1974년, 이스라엘의 의사 야코프 슈타이너는 아기의 얼굴에 나타나는 반응을 바탕으로 다양한 맛에 대한 반응을 분간할 수 있다는 것을 발견했다. 가령 신맛을 접하면 아기들은 입을 오므린다. 쓴맛을 느끼면 쓴맛 나는 음식을 뱉어 내려고 입을 벌린다. 단맛을 느낀 아기는 슈타이너의 묘사에 따르면 편안한 표정과 함께 "열심히 윗입술을 핥으려는 행동"을 하면서 만면에 잔잔한 미소를 짓는다. 감칠맛도 마찬가지이다. 이런 결과는 수십 회 반복해서 확인되었다. 이제는 신생아의 맛 선호도를 측정할 때 신맛, 쓴맛, 단맛 표정을 척도로 활용한다. 알자스 여성들을 대상으로 했던 연구도 이런 반응을 비교한 것이다.

6 어머니 효과는 심지어 한 세대 이상을 초월하기도 한다. 최근의 한 연구에 따르면, 특정 향을 공포와 연관 짓도록 배운 조부모를 둔 생쥐들은 그와 같은 향을 맡으면 공포를 느낀다고 한다. 손주 생쥐들은 (그 향이 무엇이든) 그런 향을 부정적인 감정과 한 묶음으로 분류하는 것이다(그래서 그 향을 맡으면 걷잡을 수 없는 공황에 사로잡힌 듯이 달아난다). Brian G. Dias and Kerry J. Ressler, "Parental olfactory experience influences behavior and neural structure in subsequent generations," *Nature Neuroscience* 17, no. 1 (2014) : 89.

7 쓴잎(국화과에 속하는 작은 열대관목/옮긴이)은 침팬지들이 약으로 사용하는 식물이기도 하다. 침팬지는 몇몇 수종(이들이 구할 수 있는 수백 가지 나무들 가운데 여섯 가지)에서 쓰고 털이 많고 향이 강한 잎들을 골라서 자가 치료에 사용한다. 기생충이 골치를 썩이는 우기에 대체로 이렇게 한다. 이들은 마치 종이접기로 약알을 만들 듯이 나뭇잎을 접는다. 그리고 이렇게 접은 나뭇잎 알약을 씹지 않고 그냥 삼킨다. 이렇게 섭취한 약초는 침팬지의 내장 속에 있는 기생충을 얼마간 박멸하는 데에 도움이 된다. 침팬지들은 아프리카 전역에 있는 무리에서 이런 치료법을 스스로 배운 것으로 보인다. 일부 고릴라도 마찬가지이다. 따라서 인류와 침팬지의 마지막 공통 조상 역시 식물을(그리고 아마도 특히 쓴잎을) 약으로 사용했다는 합리적인 추정을 할 수 있다. Michael A. Huffman, Shunji Gotoh, Linda A. Turner, Miya Hamai, and Kozo Yoshida, "Seasonal trends in intestinal nematode infection and medicinal plant use among chimpanzees in the Mahale Mountains, Tanzania," *Primates* 38, no. 2 (1997) : 111–25 ; Michael A. Huffman and R. W. Wrangham, "Diversity of medicinal plant use by chimpanzees in the wild," in *Chimpanzee Cultures*, ed. R. W. Wrangham, W. C. McGrew, Frans B.M. DeWaal, and P. G. Heltne (Harvard University Press, 1994), 129–48.

8 특정한 파의 향과 향미는 얼마나 많은 알린이 알리신으로 전환되는지, 그리고 알리신을 비롯한 화합물이 얼마나 오랫동안 반응하는지(그래서 추가적인 화합물을 생성하는지)에 따라서 좌우된다. 마늘을 예로 들어보자. 마늘을 잘게 썰되 다지지 않으

면, 마늘 세포는 전부가 아닌 일부만 분쇄되어 알리신이 적은 양만 생성된다. 저민 마늘은 비교적 순하다. 그러나 마늘을 다지면 더 많은 세포가 터져서 더 많은 알리신이 만들어진다. 마늘을 갈아서 퓌레로 만들면 알리신이 가장 많이 만들어진다. 마늘을 저미거나 다지거나 갈거나 퓌레로 만들지 않고 요리하면, 알리나제 효소가 어느 정도 비활성화된다. 그러면 마늘은 알리신의 느낌이 살짝만 느껴질 정도로 순해져서 이 작은 구근이 어떤 작용을 할 수 있는지 잊어버리지 않을 정도로만 아주 살짝 힌트를 남긴다.

9   이 협업에는 노스캐롤라이나 주 롤리에 있는 브로턴 고등학교와 웨이크 스템 아카데미의 학생들과 벤 채프먼, 내털리 시모어, 테이트 폴레트가 참여했다. 벤과 내털리는 현대 식품 안전 전문가이며, 테이트는 고대 메소포타미아 전공 고고학자이다.

10 이 평판은 1933년에 다른 유물들과 함께 매입되어 예일 대학교로 옮겨졌는데 그 출처가 비교적 모호했다. 문체로 보아서는 대략 기원전 1600년에 제작된 것으로 보이며 바빌로니아 남부에서 만들어졌다고 추정된다.

11 같은 시기 다른 지역의 요리에도 향신료가 많이 들어갔다. 그렇다고 꼭 같은 향신료가 사용되지는 않았다. 가령, 인더스 문명과 관련된 하라판 고고 유적지가 있는데, 최근에 연구자들이 이곳의 주방으로 사용된 곳에서 발견된 식물 재료들을 연구했다. 약 4,000~4,500년 정도 된 이 유적지에서는 아주 복잡한 요리법이 사용되었다고 추정할 만한 식물 찌꺼기가 발견되었다. 가지, 강황, 생강, 겨자씨, 망고 가루 등 아주 훌륭한 카레 재료도 나왔다. Andrew Lawler, "The ingredients for a 4000-year-old proto-curry," *Science* 337, no. 6092 (2012) : 288.

12 고추 속의 매운맛 화합물과 시나몬 속의 매운맛 화합물 사이에는 한 가지 흥미로운 차이가 있다. 시나몬 속의 화합물인 트랜스-시나말데하이드는 가벼워서(휘발성 화합물) 공중으로 떠서 콧속으로 들어가 그곳에서도 시나몬 향을 드러낸다는 점이다.

13 고추와 조류의 관계를 바탕으로 생각해보면, 후추도 조류가 퍼뜨린다고 예측해볼 수 있겠다. 사실 아무도 모른다. 그 누구도 후추의 발원지인 인도에서 후추의 종자 산포에 관한 연구를 한 바 없다. 조류가 후추 종자 산포자라는 주장은 꽤 그럴듯하게 들린다. 캡사이신의 경우처럼 조류는 후추의 피페린에서도 매운맛을 느끼지 못하기 때문이다. 그런데 또다른 가능성도 있다. 북부나무두더지는 중국에서부터 방글라데시 북서부에 걸친 열대림에 서식한다. 나무두더지는 사실 두더지가 아니라 소박한 영장류의 먼 친척뻘로, 곤충과 과일을 즐겨 먹는다. 최근 중국의 연구진이 나무두더지에게 고추를 먹이로 줄 수 있다는 것을 발견했다. 어쩌다 연구진이 이런 시도를 하게 되었는지는 불분명하다. 다른 사람들과 마찬가지로 과학자들도 심심할 때가 있는 법이다. 고추는 나무두더지의 서식지에 살지 않는다. 그래서 야생에서는 나무두더지가 고추를 접할 일이 없다. 터무니없는 연구였지만 결과는 흥미로웠다. 연구진은 나무두더지가 고추를 먹은 것을 발견한 다음, 나무두더지의 TRPV1 유전자를 연구했다. 그런데 이 유전자가 고장 나 있었다. 그래서 나무두더지는 캡사이신도, 피페린도 맛볼 수가 없다. 연구진은 나무두더지가 TRPV1 유전자를 작동하지 않도록 진화시킨 이유가 이들이 서식하는 지역에 있는 (피페린을 함유한) 후추 종을 먹기 위해

서라고 주장했다. 그런데 연구진이 연구하지 않은(또는 논평도 하지 않은) 부분이 있다. 모든 나무두더지 종에 TRPV1 유전자 결손이 있을 수 있으며, 아시아 열대 지방 전역에서 나무두더지가 어느 정도 또는 거의 모든 야생 후추의 종자 산포자일 수 있다는 더 광범위한 가능성 말이다. Yalan Han, Bowen Li, Ting-Ting Yin, Cheng Xu, Rose Ombati, Lei Luo, Yujie Xia, et al., "Molecular mechanism of the tree shrew's insensitivity to spiciness," *PLoS Biology* 16, no. 7 (2018) : e2004921.

14 다시 말하자면, 인간을 제외한 포유류 중에 고추를 먹는 동물이 있다면 아마 사람들이 사는 집과 농장, 동물원에 틀어박혀 있을 것이다.

15 테이트 폴레트, 피아 쇠렌센, 벤 채프먼, 내털리 시모어, 로런 니콜스, 스와나타라 스트레미크, 에이프릴 존슨, 그리고 이들의 제자들이 이 장에 소개된 아이디어들을 발전시키는 데에 도움을 주었다. 시냐 쇼다, 실비 아이산슈, 페이션스 엡스, 게리 나브한, 조애나 램버트, 존 스페스, 브누아 샤알, 디에틀란트 뮐러-슈바르츠, 수전 화이트헤드, 양실용, 올리버 크레이그, 아마이아 아란즈 오테가이, 케이트 그로스먼, 테이트 폴레트, 폴 로진, 더크 허먼스, 해리 대니얼스, 더그 레비, 얀 라인하르트, 롭 라구소, 벤 리딩은 여러 방식으로 고친 이 장의 내용을 모두 읽어보고 조언해주었다. 이번에도 조쉬 에반스와 킴 베옌도르프가 요리사로서의 견해를 더해주었다.

제7장 치즈 맛 말고기와 신맛 맥주

1 과학자들이 이제는 신맛 수용체가 어떻게 작동하는지를 파악하기 시작했다. 특히, 에밀리 리먼, 투위샹과 동료 연구자들이 신맛 수용체가 OTOP1이라고 불리는 단백질이라는 사실을 발견한 것이 획기적이었다. 이들은 이 단백질이 양성자 채널을 형성한다는 사실도 발견했다. 양성자 채널은 양성자만 통과시키는 일종의 작은 문이다. 이 문은 많은 양성자가 문을 통과하면 음식에 산이 많다는 뜻임을 아는 것 같다 (그렇게 되면 "시다"라고 등록하는 것 같다). 그래도 신맛에 대한 우리의 이해도는 여전히 부분적인 수준에 머물러 있다. 양성자 채널이 유기산과 무기산에 다르게 반응하는 양상과 그 이유는 아직 알려지지 않았다. 신맛 수용체가 귀나 지방조직처럼 신체 다른 부위에서 무엇을 하는지도 여전히 파악되지 않았다. 이에 대해서 아는 사람은 아직 아무도 없다. 다만 이것을 밝혀낼 사람이 누구인지 내기를 걸어야 한다면, 리먼과 투위샹에게 걸겠다. Tu, Yu-Hsiang, Alexander J. Cooper, Bochuan Teng, Rui B. Chang, Daniel J. Artiga, Heather N. Turner, Eric M. Mulhall, Wenlei Ye, Andrew D. Smith, and Emily R. Liman, "An evolutionarily conserved gene family encodes proton-selective ion channels," *Science* 359, no. 6379 (2018) : 1047–1050.

2 맥주는 양조하기 까다로운 음료이다. 최소한 세 단계를 거쳐야 하기 때문이다. 1단계는 곡물 속의 전분을 당분으로 전환하는 것이다. 이렇게 전환하는 한 가지 방법이 몰팅(maulting), 즉 맥아 제조이다. 곡물에서 맥아가 발아하면 곡물에서 나온 효소가 곡물 속의 전분을 단당류로 바꾸어준다. 그런 다음, 보리를 가열해서 분쇄해야 한다.

이 두 가지 단계를 거친 후에야 비로소 발효가 시작된다. 물론, 발효가 시작될 수 있다면 그렇다는 말이다. 발효가 시작되려면 사워도의 발효종과 비슷한 역할을 하는 박테리아와 이스트의 원천이 되는 접종원이 필요하다. 맥주 양조와 비교해보면 꿀을 벌꿀주로 발효시키는 작업은 훨씬 쉽다. 발효를 통해서 사과를 사과주로, 또는 야자 열매나 포도를 야자주나 포도주로 만드는 것도 쉽다. 중간에 개입할 필요가 거의 없기 때문이다. 적당한 용기—동물의 창자나 속을 파낸 박, 심지어 땅에 판 구덩이—에 과일을 모으고 기다리기만 하면 되니까.

3   우리는 리즈에게 열매 맛을 보았느냐고 물었다. 그녀는 이렇게 대답했다. "이 열매를 맛보지는 않았어요. 꼬리감는원숭이의 먹이를 먹고 한번 입이 얼얼해진 다음부터는 시식하지 않아요. 아마 쐐기풀 종류에서 난 베리를 먹어본 것이 잘못된 선택이었던 모양이에요."

4   이스트는 특이한 생활방식을 지닌 곰팡이다. 대부분은 당을 먹고 살면서 대사를 한다. 그런데 (빵 곰팡이가 샌드위치에 군락을 이루는 방식처럼) 균사를 사용해서 당분 속으로 자라며 들어가는 대신, 이스트는 그저 분열한다. 세포 하나가 둘이 되고, 다시 넷이 되고 하는 식이다. 이스트가 이렇게 기하급수적으로 증가하려는 데에 첫 번째 문제가 되는 것은 실제 환경에 당분이 매우 희소하다는 점이다. 가령 이스트가 꽃 한 송이를 발견해서 꽃의 꿀에 군락을 이루어 그 안의 당분을 모두 먹어치우고 나면 더 많은 당분을 찾아야 한다. 그런데 이스트는 균사를 키우지도 않고 날개도 없다. 손쉽게 공기 중으로 이동하지도 못한다. 이스트의 세포는 뚱뚱하고 무겁기 때문이다. 공중에 떠보려고 해도 날개 없는 통통한 아기 새처럼 그저 털썩 주저앉아버릴 것이다. 그래서 이스트는 다른 동물에 올라타서 새로운 당분 공급처를 찾아나선다. 꿀벌과 말벌에 올라타서 이 꽃에서 저 꽃으로, 이 과일에서 저 과일로 이동한다. 마냥 곤충이 오기만을 기다리는 것은 위험하므로 이스트는 곤충을 유인하는 향을 생성하는 능력을 진화시켰다. 미생물학자 앤 매든은 롭의 실험실에서 연구원으로 있을 때 대부분의 벌꿀과 말벌이 시와 때를 막론하고 자신도 모르게 이스트 세포를 데리고 다닌다는 사실을 발견했다. 말벌은 승객을 한 디저트 가게에서 다른 디저트 가게로 태워서 데려다주는 택시와 같다. 그렇다고 이런 곤충이 홀딱 사기만 당하는 것은 아니다. 포유류가 식물의 종자를 옮겨주는 대가로 열매를 얻듯이, 이스트를 옮기는 곤충들도 이스트의 조력자가 된 보상을 받는다. 이스트가 분열하고 대사하면서 만들어내는 향 덕분에, 알아보지 못했을 당분 공급원을 찾을 수 있기 때문이다. 이스트가 "여기 당분 있어, 당분!"이라며 그들을 부르는 것이다. Anne A. Madden, Mary Jane Epps, Tadashi Fukami, Rebecca E. Irwin, John Sheppard, D. Magdalena Sorger, and Robert R. Dunn, "The ecology of insect-yeast relationships and its relevance to human industry," *Proceedings of the Royal Society B : Biological Sciences* 285, no. 1875 (2018) : 20172733.

5   그런 다음, 아세트알데하이드는 아세트알데하이드 탈수소효소에 의해서 아세트알데하이드 아세테이트로 전환된다.

6   여담으로 하는 말이지만, 첫 번째 발효는 유산균 때문에 대부분 신맛이 날 수 있다.

그러나 몇몇은 신맛이 덜 하기도 한다. 포도를 발효시키는 경우, 대체로 박테리아보다는 이스트의 성장이 촉진된다. 포도에는 타르타르산이 함유되어 있기 때문이다. 박테리아는 대부분 타르타르산을 대사하지 못하지만 이스트는 대사할 수 있다. 그 결과, 포도가 자연 발효되면 대개 맥아가 자연 발효될 때보다 알코올 함량은 많고 신맛이 덜한 음료가 만들어진다.

7   고고학자들은 오랫동안 재현의 과학을 반복해왔다. 직접 해보지 않으면 어떻게 된 일인지 알기 힘든 경우가 많다. 이런 일환으로, 한 고고학자는 클로비스 수렵인이 클로비스 창 촉이 달린 창으로 어떻게 마스토돈이나 매머드를 죽였을지를 재현해보았다(혹은 가능했는지를 알아보았다). 때마침 짐바브웨에서 코끼리 개체 수를 제한하기 위해서 도태시키는 작업을 벌이고 있었고 그는 이 기회를 활용했다. 그는 코끼리가 도태될 때마다 달려가서 창 발사기를 사용하여 코끼리 옆구리에 창을 날렸다. 효과가 있었다. 창은 비교적 쉽게 코끼리 가죽을 뚫었다. 이런 실험은 과거에 무슨 일이 있었는지를 보여주지는 않지만, 그래도 어떤 일이 가능했을지 보여주는 데에는 확실히 도움이 된다. Gary Haynes and Janis Klimowicz, "Recent elephant-carcass utilization as a basis for interpreting mammoth exploitation," *Quaternary International* 359 (2015) : 19–37.

8   이 주제로 피셔가 했던 마지막 실험은 일종의 관찰 실험이었다. 롭에게 보낸 이메일에서 피셔는 다음과 같이 설명했다. "매장했던 코끼리를 복원해달라는 요청을 톨레도 동물원으로부터 받았어요. 그 코끼리는 17년 전에 죽었는데, 밀도 높은 진흙 속에 묻혀서 그동안 땅속에서 발효되었죠. 마치 고기 '절임'처럼 산도가 높은 상태로, 코끼리의 부드러운 조직 대부분이 그대로 유지되어 있었어요. 냄새는 말보다 더 심하게 났지요. 이 코끼리 고기를 시식하지는 않았지만 약 사흘에 걸쳐 도축 실험을 했습니다." 그 결과, 코끼리 내장이 아주, 아주 산성으로 변했다는 사실을 알게 되었다.

9   피셔의 주장대로 고기를 발효시키는 것이 육식동물과 잡식동물에게 매우 유용하다면, 왜 늑대를 비롯한 육식동물은 고기를 저장하고 발효시켜서 유익한 미생물 증식을 촉진하고 유해한 미생물은 억제하도록 진화하지 않았을까 하는 의구심이 들 수도 있다. 그렇다. 육식동물도 그렇게 했다! 인간과 마찬가지로, 많은 육식동물들은 한 번 사냥할 때 신선한 상태로 먹을 수 있는 것보다 많은 양의 먹이를 잡는다. 자기 위장보다 훨씬 더 큰 동물을 잡을 때도 있고, 먹을 만큼 먹이를 잡았는데도 계속해서 사냥할 때도 있다. 붉은여우(*Vulpes vulpes*)는 필요한 것보다 훨씬 더 많이 죽이는 것으로 악명이 높다. 이 여우가 닭장에 침입하는 문제가 심각한 이유는 닭을 한 마리만 죽이는 것이 아니라 수십 마리를 죽이기 때문이다. 그런데 그런 다음에는 어떻게 할까? 실제로 육식동물은 고기를 저장하고 발효시킨다. 최소한 몇몇은 그렇게 한다. 붉은여우는 필요 이상의 먹이를 죽인 다음, 눈이나 흙 아래에 남은 먹이를 저장한다. 이들은 볕이 잘 드는 곳을 골라서 그곳에서 고기를 발효시킨다. 늑대도 마찬가지이다. 곰은 먹이를 땅에 묻은 다음에 그 위를 물이끼로 덮는다. 물이끼는 일부 미생물의 활동은 방지하고 일부는 촉진하는 역할을 한다. 하이에나는 먹이를 물속에 넣는다. 모든 경우에 이들 동물은 저장해둔 먹이가 발효되면 다시 돌아와서 먹는다. 발

효된 고기를 게걸스럽게 먹는 것이다. 이들이 고기를 저장하고 발효시킨 다음에 어떤 고기를 먹을지를 어떻게 고르는지는 아직 연구된 바가 없다. 우리 두 사람은 이 동물들이 아마도 산도가 높아서 신맛이 나는 고기를 선호해 우선적으로 고를 것이라고 가설을 세웠다. 그러나 안타깝게도 (어떤 육식동물이든) 육식동물의 신맛 감지 능력에 관한 연구나 육식동물에게 신맛이 태어날 때부터 매력적인지, 혐오스러운지, 아니면 신맛을 후천적으로 습득하는지에 관한 연구를 단 한 건도 발견하지 못했다. 심지어 집에서 키우는 개의 경우도 어떤지 잘 알려지지 않은 것으로 보인다. C. C. Smith and O. J. Reichman, "The evolution of food caching by birds and mammals," *Annual Review of Ecology and Systematics* 15, no. 1 (1984) : 329–51 ; D. F. Sherry, "Food storage by birds and mammals," in *Advances in the Study of Behavior* (Academic Press, 1985), vol. 15, 153–88.

10 이 부분에서 우리는 미시간 대학교의 또다른 고인류학자인 존 스페스의 탁월한 연구에 크게 의존했다. 스페스는 고기와 생선 발효에 관한 문헌을 재검토했고 문화 관련 참고 자료들을 많이 수집, 분석했다. J. D. Speth, "Putrid meat and fish in the Eurasian middle and upper Paleolithic : Are we missing a key part of Neanderthal and modern human diet?" *PaleoAnthropology* (2017) : 44–72.

11 원래는 커다란 나무통에 담아서 발효시켰지만, 통조림이 도입되면서 지금은 (다양한 용기에 담아서) 산업 규모로 생산, 운송하여 스웨덴 전역으로 유통하고 있다. 수르스트뢰밍이 탄생한 곳으로 여겨지는 회가 쿠스텐에서는 전통적으로 버터 바른 얇은 빵 두 개 사이에 수르스트뢰밍과 감자를 넣어 샌드위치를 만들어 먹는다. 추가로 슈납스(곡물이나 감자로 만든 독한 알코올 음료/옮긴이)를 이 샌드위치에 곁들인다. 이 매혹적인 음식에 대해서 더 자세히 알고 싶다면 다음 자료를 참고하기 바란다. Torstein Skåra, Lars Axelsson, Gudmundur Stefánsson, Bo Ekstrand, and Helge Hagen, "Fermented and ripened fish products in the northern European countries," *Journal of Ethnic Foods* 2, no. 1 (2015) : 18–24.

12 발효시킨 그린란드상어에도 다른 발효 음식과 비슷한 문화적 역사가 있다. 다만, 그린란드상어는 발효시키지 않으면 먹을 수 없다는 점이 조금 다르다. 그린란드상어의 고기에는 요소와 트라이메틸 옥사이드가 다량으로 함유되어 있다. 이들 성분에는 독성이 있지만 발효시키면 약해진다. 발효 과정에서 요소가 암모니아로 변하는데, 암모니아는 독성은 없지만 알다시피 암모니아 악취가 난다. 특정한 향미에 대한 애정은 피땀 어린 고행으로 생겨날 수도 있다. 그래도 기본적으로 애정이 있어야 한다.

13 액젓도 다른 발효 생선 먹거리들과 같은 방식으로 만들어졌다. 고대 로마인들은 생선을 소금에 담갔다(약 7.5리터 분량의 생선에 소금 약 950밀리리터를 썼다). 소금을 잘 섞은 후에 하룻밤 묵혔다. 그런 다음 소금과 생선을 도자기 그릇에 넣어 볕이 잘 드는 곳에 두고 수개월 혹은 거의 1년 동안 저장했다. 그다음, 생선에서 스며 나온 액젓을 리콰멘(liquamen) 또는 가룸(garum)이라고 부르며 일종의 조미료로 사용했다. 타나힐의 말처럼, 고품질 생선이나 새우로 만들면(혹은 포도주를 조금 첨가하면) 더 고급으로 만들 수도 있지만 일반 생선으로 만들어도 충분했다. 주로 청어나

멸치, 다랑어, 고등어로 만들었다. 역사학자들은 많은 기록들 덕분에 고대 로마 제국에서 가룸의 가치가 어느 정도였는지를 잘 알고 있다. 우리 두 사람이 개인적으로 좋아하는 로마 시대의 기록들 중의 하나는 230년에 쓰인 것으로 알려진 서한인데, 아리아누스라는 그리스 남성이 그의 형제 파울루스에게 보낸 편지이다. 아리아누스는 편지에 일반적인 농담과 인사말을 적었다. 그런데 편지를 쓴 진짜 이유는 다른 데에 있는 것이 확실했다. 아리아누스는 발효 생선 액젓을 원했다. "네가 생각하기에 맛있을 것 같은 생선 간 액젓 좀 보내줘……." 생선 간 액젓은 가룸을 뜻한다. 집으로 편지해서 좀 보내달라고 할 정도로 너무도 맛있는 발효 음식이었던 모양이다. 이제는 가룸을 일상 먹거리로 먹지는 않는다(그래도 우리는 코펜하겐의 어느 식당에서 가룸으로 맛을 낸 생선 요리를 먹었다. 또, 『노마 발효 가이드』에는 12가지 새로운 유형의 가룸이 소개되어 있다. 그중 하나는 메뚜기로 만든 것도 있다). René Redzepi and David Zilber, *The Noma Guide to Fermentation : Including Koji, Kombuchas, Shoyus, Misos, Vinegars, Garums, Lacto-ferments, and Black Fruits and Vegetables* (Artisan Books, 2018).

14 몇몇 식당들을 중심으로 악취 범벅 생선과 이와 비슷한 먹거리의 가치가 점점 높이 평가되고 있기는 하지만, 이런 음식으로부터 영양분을 섭취하는 공동체들은 여전히 오명을 쓰고 있다. 현대 아메리카 원주민들은 지금도 "적절한" 음식 향에 대한 식민주의적인 관점과 싸우고 있다. Sveta Yamin-Pasternak, Andrew Kliskey, Lilian Alessa, Igor Pasternak, Peter Schweitzer, Gary K. Beauchamp, Melissa L. Caldwell, et al., "The rotten renaissance in the Bering Strait : Loving, loathing, and washing the smell of foods with a (re)acquired taste." *Current Anthropology* 55, no. 5 (2014) : 619–46.

15 이 장의 내용을 개선하는 데에 조애나 램버트, 샐리 그레잉어, 류리, 마이클 캐일런티, 폴 브레슬린, 스베타 야민-파스테르나크, 아담 보에티우스, 테이트 폴레트, 제시 헨디, 대니얼 피셔, 토르스테인 스코라, 에밀리 리먼, 케이티 아마토, 매슈 부커, 세브지기 시라코바 무틀루, 채드 루딩턴, 존 스페스, 아마이아 아란즈 오테가이, 매슈 캐리건, 대니얼 피셔와 시냐 쇼다가 도움을 주었다. 이번에도 조쉬 에반스와 킴 베옌도르프가 샌더 카츠와 함께 요리사의 관점에서 조언을 보탰고, 데이비드 질버도 아주 맛있는 페이스트리, 커피와 함께 도움을 주었다.

제8장 치즈의 예술

1 버냐드는 원문에 "인간(human)" 대신 "남자(man)", "남자다운(manly)"이라고 썼다. 그러나 치즈의 성별을 강조하려는 의도가 아니라 인간다움을 강조하려고 그렇게 쓴 것이다. 그래서 우리는 원문을 변형해서 글의 정서를 보존하는 쪽을 택했다. 치즈가 시간이 흐르면서 발효됨에 따라 점점 더 인간과 가까워진다는 정서 말이다.

2 나중에 호세는 카레냐와 치즈 동굴을 떠나 미국으로 건너갔다. 그는 미국에서 치즈를 비롯한 여러 먹거리에서 발견되는 락토바실러스를 연구한다. 마놀로는 치즈와 함

께 남았다. 롭과 마찬가지로 호세도 노스캐롤라이나 주립대학교에 재직한다.

3   동물의 먹이는 많은 측면에서 치즈에 영향을 줄 수 있다. 어미가 얻을 수 있는 에너지에 영향을 주어서 젖에 함유되는 단백질량과 지방량에도 영향을 준다. 또한, 착유 동물이 먹는 식물 속 일부 화합물이 젖에 들어갈 수 있으니 젖의 향미에도 영향을 미칠 수 있다. 그런데 먹이가 주는 파급 효과가 더 복잡할 수 있다는 연구 결과가 최근에 발표되었다. 프랑스 국립농학연구소에 있는 소 실험실인 에르비폴(Herbipôle)에 따르면, 더 광범위한 먹이를 먹는 동물의 젖꼭지과 전반적인 피부에 다양한 미생물이 사는 것으로 밝혀졌다. 그 결과 젖에도 다양한 미생물이 살게 되어서 궁극적으로는 그 젖으로 만드는 치즈도 다양한 미생물과 향을 보유하게 된다. Marie Frétin, Bruno Martin, Etienne Rifa, Verdier-Metz Isabelle, Dominique Pomiès, Anne Ferlay, Marie-Christine Montel, and Céline Delbès, "Bacterial community assembly from cow teat skin to ripened cheeses is influenced by grazing systems," *Scientific Reports* 8, no.1 (2018) : 200.

4   중세 러시아 사학자 크리스털 루라모어-커사노바 역시 성 베네딕토의 규칙들과 치즈를 좋아한다. 그녀는 롭에게 이런 초창기 규칙들이 매우 엄격했을 수도 있다고 지적했다. 가령 성 카시아누스가 쓴 규칙서에는 수도승의 신발에 대한 규칙이 나온다. "수도승은 신발 착용을 금한다. 다만, '몸이 약해서' 어쩔 수 없는 경우에는 샌들로 발을 보호한다. 수도승은 샌들을 신겠다고 설명하고 주님의 허락을 받아야 한다. 그다음, 이 세상에 사는 동안에는 '육신에 대한 걱정과 불안에서 완전히 자유로울 수 없음'을 인정하고, 주님이 샌들 사용을 허락하면 '늘 복음의 평화를 설파할 각오를 해야' 한다."

5   혹은 시간과 장소, 치즈에 따라서 국자 같은 도구도 사용한다.

6   가령 고다 치즈의 독특한 향미를 초콜릿, 바나나, 땀이 섞여 있는 것 같다고 표현하기도 한다. 이 치즈에는 (초콜릿과 바나나 향미를 내는) 이소부틸알데하이드와 (땀 냄새가 나게 하는) 뷰티르산이 들어 있기 때문이다.

7   실제로 중앙아시아의 치즈 장인들은 고기 숙성 방식과 매우 비슷한 방식으로 치즈를 만든다. 치즈를 햇볕에 말리고, 건조되는 동안 소금을 첨가한다.

8   이런 치즈와 세척 외피 치즈는 아마도 수도원이 존재하기 이전에, 어쩌면 고대 로마 시절에 몇몇 농부들이 만들었을 것이다. 그러나 한 번에 적은 양만 만들었던 것 같다. 그런 탓에 기록이 거의 남아 있지 않다. 수도승들은 이런 지역 특산 치즈를 보존하는 일도 도왔고 다양한 새로운 치즈를 생산하는 일에도 일조했다. 그런데 (수도승들이 만든 먹거리이든 또는 그저 십일조로 봉헌받은 먹거리이든 간에) 나중에는 수도원과 관련된 모든 것이 명성을 얻었기 때문에, 대개는 두 가지 경우를 분간하기가 어렵다.

9   이런 치즈를 비롯한 숙성 치즈에서는 시간이 지나면 일종의 세대 교체가 일어난다. 치즈에 서식하는 최초 이주종은 유산균이다. 그러면 페니실륨 곰팡이가 대사 활동을 통해서 유산균이 생산한 유산을 소비한다. 그렇게 해서 유산이 없어지면, 유산에 약하고 인간의 피부와 더 비슷한 특징을 지닌 다른 박테리아가 이주해온다. 이런 세대 교체는 예측할 수 있다. 적어도 모든 과정이 문제 없이 진행된다면 예측이 가능하다.

10 거듭해서 소금물로 씻음으로써 치즈에 꼬이는 파리 떼를 쫓는 부차적인 이득을 얻을 수 있었다.

11 실제로 이런 치즈는 수도승들에게는 최대 단백질 30퍼센트, 지방 30퍼센트를 제공함으로써 고기의 역할을 많이 대체했다.

12 묑스테르는, 이 치즈가 생산되는 프랑스 알자스 지방에서 사용하는 독일어 방언으로 수도원이라는 뜻이다.

13 스테판과 제니는 부부이다. 스테판은 프랑스인이고 에푸아스 치즈를 너무 좋아한다. 제니는 미국인인데, 글쎄, 좋아하지 않는다. 이렇게 치즈에 대한 취향 차이가 있는 부부는 스테판과 제니 부부만이 아니다. 다수의 치즈 애호가가 이 문단을 읽고서는 그들이 좋아하는 고약한 냄새가 나는 치즈의 냄새를 배우자가 맡지 않도록 하기 위해서 그들이 취하는 특별 조치를 알려주었다(이중으로 밀폐용기에 넣기, 냉장고를 따로 쓰기, 지하 저장고에 보관하기 등). 예술은 사람의 코에 따라서 달라질 수 있는 것인가 보다.

14 벤 울프, 호세 브루노-바르세나, 매슈 부커, 세브지 시라코바 무틀루, 채드 루딩턴, 브누아 게나르, 제시카 헨디, 마이클 던, 아미나 알-아타스 브래드퍼드, 시냐 쇼다, 테이트 폴레트, 마테우스 레스트와 헤더 팩슨이 이 장을 읽고 내용을 개선하는 데에 도움을 주었다. 조쉬 에반스, 데이비드 애셔, 샌더 카츠와 킴 베옌도르프는 요리사의 시각으로 의견을 주었다.

제9장 식사가 우리를 인간으로 만든다

1 음식과 관련된 영어의 세계에는 프랑스 작가들과 프랑스어에 의해서 정의된 것들이 많다. 구르메 방케(gourmet banquet, 미식 연회)를 열면, 오르되브르(hors d'œuvre, 전채요리)부터 시작해서 콩소메(consommé, 맑은 수프)를 먹고, 앙트레(entrée, 주요리)로는 야채 소테(sauté, 볶음)를 곁들인 고기 파테(pâté, 파이)를 먹는다. 그다음, 포도주를 카라프(carafe, 음료용 유리병) 한 병에 담아놓고 잔에 따라서 마신다. 그렇기 때문에 성대한 만찬을 묘사하려면 방케(banquet, 연회)나 페트(fête, 축제) 같은 프랑스어로 부를 수밖에 없다. 그날의 마을 축제는 그야말로 페트, 축제였다.

2 이날 우리는 일생일대의 밤을 보낸 것만 같았다. 그런데 나흘 후, 이번에는 리뫼유라는 또다른 프랑스 마을에서 이와 아주 비슷한 밤을 보냈다.

3 로만은 돼지고기 바비큐와 맥주통, 주인집 쌍둥이 딸 사이 어딘가에 있었다. 이유는 기억나지 않지만 두 쌍둥이 딸은 집안 물건들 가운데 누구도 놓치지 않았으면 하는 것들을 들고나와서 경매에 부치고 있는 듯했다. 이날의 저녁 식사는 공원 끄트머리에 있는 넓은 집에서 친구들의 송별회를 하는 자리였다. 침팬지를 연구하는 로만이 우연히도 우리가 참석한 파티에 똑같이 참석했다. 이는 라이프치히라는 곳이 상대적으로 얼마나 작은 도시인지, 그리고 그곳에 사는 침팬지 연구자들의 수가 상대적으로 얼마나 많은지를 보여준다. 또한, 대부분의 도시와 마찬가지로 라이프치히에서도

사회 집단이 어느 정도 비무작위적으로 결성되는 경향이 있다는 것을 보여주는 증거이기도 하다. 파티에 참석한 손님들 대다수가 라이프치히 국제학교 학부모들이었기 때문이다.

4 이들은 때때로 이렇게 나눠 먹기 위해서 애를 많이 쓰기까지 한다. 비티히가 우간다에서 관찰한 손소 출신의 닉이라는 이름의 우두머리 수컷 침팬지가 그 좋은 사례이다. 비티히가 이메일로 설명한 바에 따르면, 닉은 "무리의 2인자 브로바에게서 압박을 받고 있어서 동맹이 필요한 상황이었다. 어느 날, 닉은 콜로부스원숭이 한 마리를 사냥해서 잡았다. 그런데 이 죽은 원숭이를 먹지 않고, 제파라는 다른 침팬지를 찾아서 울부짖으며 1킬로미터나 되는 거리를 달려왔다. 제파는 사냥에 참여하지는 않았지만, 닉이 친구로 삼고 싶어한 힘센 수컷 침팬지였다. 15분이나 지나서 제파를 찾은 후에야 닉은 먹이를 찢어 둘로 나누었다. 그런 다음 큰 덩어리를 제파에게 양보하고서 함께 맛있게 먹었다(머리는 네가 먹어, 난 손 먹을게. 뇌는 네가 먹어, 난 다리 먹을게. 그럼 이제부터 우리 친구 하는 거다)." 이보다 최근에 리란 사무니는 침팬지들이 잭프루트를 채집하는 모습을 관찰하는 중에 이와 비슷한 장면을 목격했다고 한다.

5 사무니는 수컷 침팬지들이 함께 사냥하는 동안에도 옥시토신 분비가 급증한다는 것을 발견했다. 함께 먹고 함께 먹이를 구하려고 노력하는 행동 역시 즐거움을 주는 효과가 있다. Liran Samuni, Anna Preis, Tobias Deschner, Catherine Crockford, and Roman M. Wittig, "Reward of labor coordination and hunting success in wild chimpanzees," *Communications Biology* 1, no. 1 (2018) : 1–9.

6 예를 들면 우리는 어느 덴마크 조류학자에게서 들은 이야기를 이 책에서 아직 하지 않았다. 어느 날 밤, 덴마크 오페라단이 동물원 근처에 있는 프레데릭스베르 공원에서 바그너 공연 리허설을 했다고 한다. 그런데 오페라가 오카피(아프리카에 서식하는 기린과 동물로 네 다리에 얼룩무늬가 있다/옮긴이)에게는 너무 부담스러웠던지, 오카피가 그만 공황 상태에 빠져 죽고 말았다. 과학자들은 동물이 쓸데없이 낭비되는 꼴은 보지 못한다. 그래서 오카피 가죽을 벗긴 후에 미래의 연구를 위해서 과학적으로 중요한 부분은 보존하고 나머지는 요리해서 먹어치웠다. 그런데 들리는 말에 따르면 맛있었다고 한다.……그러니까, 정확히 말하면 우리는 이 이야기를 거의 하지 않을 뻔한 것이다. 우리가 하지 않은 또다른 이야기들도 있는데……어쨌든 여러분은 무슨 뜻인지 이해했으리라고 생각한다.

7 매슈 부커, 애미 캘런, 채드 루딩턴, 모린 매카시, 로만 비티히, 리란 사무니, 아테나 악티피스, 제임스 리브스, 오거스트 산체스 던, 그리고 올리비아 산체스 던이 이 장을 읽고 논평해주었다. 이번에도 조쉬 에반스와 킴 베옌도르프가 요리사의 관점에서 의견을 더해주었다. 리사 라스케와 린 트라우트바인도 이 장을 비롯한 책 전반에 걸쳐서 통찰력을 제공해주었다.

인용 문헌

[1] Hsiang Ju Lin and Tsuifeng Lin, *The Art of Chinese Cuisine* (Tuttle Publishing, 1996).

[2] Jean Anthelme Brillat-Savarin, *La physiologie du goût* [1825], ed. Jean-François Revel (Paris : Flammarion, 1982), 19.

[3] Richard Stevenson, *The Psychology of Flavour* (Oxford University Press, 2010).

[4] Gordon M. Shepherd, *Neurogastronomy : How the Brain Creates Flavor and Why It Matters* (Columbia University Press, 2011).

[5] Charles Spence, *Gastrophysics : The New Science of Eating* (Penguin UK, 2017), 윤신영(역), 『왜 맛있을까 : 옥스퍼드 심리학자 찰스 스펜스의 세상에서 가장 놀라운 음식의 과학』(어크로스, 2018) ; Ole Mouritsen and Klavs Styrbæk, *Mouthfeel : How Texture Makes Taste*, translated by Mariela Johansen (Columbia University Press, 2017).

[6] Paul A. S. Breslin, "An evolutionary perspective on food and human taste," *Current Biology* 23, no. 9 (2013) : R409–18.

[7] Jonathan Silvertown, *Dinner with Darwin : Food, Drink, and Evolution* (University of Chicago Press, 2017), 노승영(역), 『먹고 마시는 것들의 자연사 : 맛, 음식, 요리, 사피엔스, 그리고 진화』(서해문집, 2019).

[8] Ken'ichi Ikeda, "On a new seasoning," *Journal of the Tokyo Chemical Society* 30 (1909) : 820–36. The paper appears to have been first referenced in an English-language paper in 1966.

[9] Jonathan P. Benstead, James M. Hood, Nathan V. Whelan, Michael R. Kendrick, Daniel Nelson, Amanda F. Hanninen, and Lee M. Demi, "Coupling of dietary phosphorus and growth across diverse fish taxa : A meta-analysis of experimental aquaculture studies," *Ecology* 95, no. 10 (2014) : 2768–77.

[10] Stuart A. McCaughey, Barbara K. Giza, and Michael G. Tordoff, "Taste and

acceptance of pyrophosphates by rats and mice," *American Journal of Physiology Regulatory Integrative and Comparative Physiology* 292 (2007) : R2159–67.

[11] D. J. Holcombe, David A. Roland, and Robert H. Harms, "The ability of hens to regulate phosphorus intake when offered diets containing different levels of phosphorus," *Poultry Science* 55 (1976) : 308–17 ; G. M. Siu, Mary Hadley, and Harold H. Draper, "Self-regulation of phosphate intake by growing rats," *Journal of Nutrition* 111, no. 9 (1981) : 1681–85 ; Juan J. Villalba, Frederick D. Provenza, Jeffery O. Hall, and C. Peterson, "Phosphorus appetite in sheep : Dissociating taste from postingestive effects," *Journal of Animal Science* 84, no. 8 (2006) : 2213–23.

[12] Michael G. Tordoff, "Phosphorus taste involves T1R2 and T1R3," *Chemical Senses* 42, no. 5 (2017) : 425–33 ; Michael G. Tordoff, Laura K. Alarcón, Sitaram Valmeki, and Peihua Jiang, "T1R3 : A human calcium taste receptor," *Scientific Reports* 2 (2012) : 496.

[13] Diane W. Davidson, Steven C. Cook, Roy R. Snelling, and Tock H. Chua, "Explaining the abundance of ants in lowland tropical rainforest canopies," *Science* 300, no. 5621 (2003) : 969–72.

[14] Anne Fischer, Yoav Gilad, Orna Man, and Svante Pääbo, "Evolution of bitter taste receptors in humans and apes," *Molecular Biology and Evolution* 22, no. 3 (2004) : 432–36.

[15] Xia Li, Weihua Li, Hong Wang, Douglas L. Bayley, Jie Cao, Danielle R. Reed, Alexander A. Bachmanov, Liquan Huang, Véronique Legrand-Defretin, Gary K. Beauchamp, and Joseph G. Brand, "Cats lack a sweet taste receptor," *Journal of Nutrition* 136, no. 7 (2006) : 1932S–1934S ; Peihua Jiang, Jesusa Josue, Xia Li, Dieter Glaser, Weihua Li, Joseph G. Brand, Robert F. Margolskee, Danielle R. Reed, and Gary K. Beauchamp, "Major taste loss in carnivorous mammals," *Proceedings of the National Academy of Sciences* 109, no. 13 (2012) : 4956–61.

[16] Peihua Jiang, Jesusa Josue, Xia Li, Dieter Glaser, Weihua Li, Joseph G. Brand, Robert F. Margolskee, Danielle R. Reed, and Gary K. Beauchamp, "Major taste loss in carnivorous mammals," *Proceedings of the National Academy of Sciences* 109, no. 13 (2012) : 4956–61.

[17] Zhao Huabin, Jian-Rong Yang, Huailiang Xu, and Jianzhi Zhang, "Pseudogenization of the umami taste receptor gene Tas1r1 in the giant panda coincided with its dietary switch to bamboo," *Molecular Biology and Evolution* 27, no. 12 (2010) : 2669–73.

[18] Peihua Jiang, Jesusa Josue-Almqvist, Xuelin Jin, Xia Li, Joseph G. Brand, Robert F. Margolskee, Danielle R. Reed, and Gary K. Beauchamp, "The bamboo-eating giant panda (*Ailuropoda melanoleuca*) has a sweet tooth : Behavioral and molecular responses to compounds that taste sweet to humans," *PloS One* 9, no. 3 (2014).

[19] Shancen Zhao, Pingping Zheng, Shanshan Dong, Xiangjiang Zhan, Qi Wu, Xiaosen

Guo, Yibo Hu et al., "Whole-genome sequencing of giant pandas provides insights into demographic history and local adaptation," *Nature Genetics* 45, no. 1 (2013) : 67.

[20] Maude W. Baldwin, Yasuka Toda, Tomoya Nakagita, Mary J. O'Connell, Kirk C. Klasing, Takumi Misaka, Scott V. Edwards, and Stephen D. Liberles, "Evolution of sweet taste perception in hummingbirds by transformation of the ancestral umami receptor," *Science* 345, no. 6199 (2014) : 929–33.

[21] Ricardo A. Ojeda, Carlos E. Borghi, Gabriela B. Diaz, Stella M. Giannoni, Michael A. Mares, and Janet K. Braun, "Evolutionary convergence of the highly adapted desert rodent *Tympanoctomys barrerae* (Octodontidae)," *Journal of Arid Environments* 41, no. 4 (1999) : 443–52.

[22] David R. Pilbeam and Daniel E. Lieberman, "Reconstructing the last common ancestor of chimpanzees and humans," In *Chimpanzees and Human Evolution,* ed. M. N. Muller (Harvard University Press, 2017), 22–141.

[23] Charles Darwin, *The Descent of Man, and Selection in Relation to Sex* (John Murray, 1888), 이종호(역), 「인간의 유래와 성선택」(지만지, 2019).

[24] Jane Goodall, "Tool-using and aimed throwing in a community of free-living chim-panzees," *Nature* 201, no. 4926 (1964) : 1264.

[25] Christophe Boesch, Ammie K. Kalan, Anthony Agbor, Mimi Arandjelovic, Paula Dieguez, Vincent Lapeyre, and Hjalmar S. Kühl, "Chimpanzees routinely fish for algae with tools during the dry season in Bakoun, Guinea," *American Journal of Primatology* 79, no. 3 (2017) : e22613.

[26] Hitonaru Nishie, "Natural history of *Camponotus* ant-fishing by the M group chimpanzees at the Mahale Mountains National Park, Tanzania," *Primates* 52, no. 4 (2011) : 329.

[27] Christophe Boesch, *Wild Cultures : A Comparison between Chimpanzee and Human Cultures* (Cambridge University Press, 2012).

[28] Solomon H. Katz, "An evolutionary theory of cuisine," *Human Nature* 1, no. 3 (1990) : 233–59.

[29] David R. Pilbeam and Daniel E. Lieberman, "Reconstructing the last common ancestor of chimpanzees and humans," in *Chimpanzees and Human Evolution,* ed. M. N. Muller (Harvard University Press, 2017), 22–141.

[30] T. Jonathan Davies, Barnabas H. Daru, Bezeng S. Bezeng, Tristan Charles-Dominique, Gareth P. Hempson, Ronny M. Kabongo, Olivier Maurin, A. Muthama Muasya, Michelle van der Bank, and William J. Bond, "Savanna tree evolutionary ages inform the reconstruction of the paleoenvironment of our hominin ancestors," *Scientific Reports* 10, no. 1 (2020) : 1–8.

[31] Jill D. Pruetz and Nicole M. Herzog, "Savanna chimpanzees at Fongoli, Senegal, navigate a fire landscape," *Current Anthropology* 58, no. S16 (2017) : S337–50.

[32] Thomas S. Kraft and Vivek V. Venkataraman, "Could plant extracts have enabled hominins to acquire honey before the control of fire?" *Journal of Human Evolution* 85 (2015) : 65–74 ; Lidio Cipriani, ed., *The Andaman Islanders* (Weidenfeld and Nicolson, 1966).

[33] Christophe Boesch, Ammie K. Kalan, Anthony Agbor, Mimi Arandjelovic, Paula Dieguez, Vincent Lapeyre, and Hjalmar S. Kühl, "Chimpanzees routinely fish for algae with tools during the dry season in Bakoun, Guinea," *American Journal of Primatology* 79, no. 3 (2017) : e22613.

[34] Kathelijne Koops, Richard W. Wrangham, Neil Cumberlidge, Maegan A. Fitzgerald, Kelly L. van Leeuwen, Jessica M. Rothman, and Tetsuro Matsuzawa, "Crab-fishing by chimpanzees in the Nimba Mountains, Guinea," *Journal of Human Evolution* 133 (2019) : 230–41.

[35] William H. Kimbel, Robert C. Walter, Donald C. Johanson, Kaye E. Reed, James L. Aronson, Zelalem Assefa, Curtis W. Marean, Gerald G. Eck, René Bobe, Erella Hovers, Yoel Zvi Rak, Carl Vondra, Tesfaye Yemane, D. York, Yanchao Chen, Norman M. Evensen, and Patrick E. Smith, "Late Pliocene Homo and Old-owan tools from the Hadar formation (Kada Hadar member), Ethiopia," in R. L. Chiochon and J. G. Flea gle, eds., *The Human Evolution Source Book* (Routledge, 2016).

[36] Melissa J. Remis, "Food preferences among captive western gorillas (*Gorilla gorilla gorilla*) and chimpanzees (*Pan troglodytes*)," *International Journal of Primatology* 23, no. 2 (2002) : 231–49.

[37] Victoria Wobber, Brian Hare, and Richard Wrangham. "Great apes prefer cooked food," *Journal of Human Evolution* 55, no. 2 (2008) : 340–48.

[38] Daniel Lieberman, The Story of the Human Body : Evolution, Health, and Disease (Vintage, 2014), 김명주(역), 「우리 몸 연대기 : 유인원에서 도시인까지, 몸과 문명의 진화 이야기」(웅진지식하우스, 2018).

[39] Toshisada Nishida and Mariko Hiraiwa, "Natural history of a tool-using be havior by wild chimpanzees in feeding upon wood-boring ants," *Journal of Human Evolution* 11, no. 1 (1982) : 73–99.

[40] Matthew R. McLennan, "Diet and feeding ecology of chimpanzees (*Pan troglodytes*) in Bulindi, Uganda : Foraging strategies at the forest-farm interface," *International Journal of Primatology* 34, no. 3 (2013) : 585–614.

[41] Matthew R. McLennan, Georgia A. Lorenti, Tom Sabiiti, and Massimo Bardi, "Forest fragments become farmland : Dietary response of wild chimpanzees (*Pan troglodytes*) to fast-changing anthropogenic landscapes," *American Journal of Primatology* 82, no. 4 (2020) : e23090.

[42] Julia Colette Berbesque and Frank W. Marlowe, "Sex differences in food preferences of Hadza hunter-gatherers," *Evolutionary Psychology* 7, no. 4 (2009) : 147470490900700409.

[43] Hsiang Ju Lin and Tsuifeng Lin, *The Art of Chinese Cuisine* (Tuttle, 1996).

[44] Chris Organ, Charles L. Nunn, Zarin Machanda and Richard W. Wrangham, "Phylogenetic rate shifts in feeding time during the evolution of Homo," *Proceedings of the National Academy of Sciences* 108, no. 35 (2011) : 14555–59.

[45] Victoria Wobber, Brian Hare, and Richard Wrangham, "Great apes prefer cooked food," *Journal of Human Evolution* 55, no. 2 (2008) : 340–48 ; Felix Warneken and Alexandra G. Rosati, "Cognitive capacities for cooking in chimpanzees," *Proceedings of the Royal Society B : Biological Sciences* 282, no. 1809 (2015) : 20150229.

[46] Peter S. Ungar, Frederick E. Grine, and Mark F. Teaford, "Diet in early Homo : A review of the evidence and a new model of adaptive versatility," *Annual Review of Anthropology* 35 (2006) : 209–28.

[47] Ruth Blasco, Jordi Rosell, M. Arilla, Antoni Margalida, D. Villalba, Avi Gopher, and Ran Barkai, "Bone marrow storage and delayed consumption at Middle Pleistocene Qesem Cave, Israel (420 to 200 ka)," *Science Advances* 5, no. 10 (2019) : eaav9822.

[48] Kohei Fujikura, "Multiple loss-of-function variants of taste receptors in modern humans," *Scientific Reports* 5 (2015) : 12349.

[49] Thomas D. Bruns, Robert Fogel, Thomas J. White, and Jeffrey D. Palmer, "Accelerated evolution of a false-truffle from a mushroom ancestor," *Nature* 339, no. 6220 (1989) : 140–42.

[50] Daniel S. Heckman, David M. Geiser, Brooke R. Eidell, Rebecca L. Stauffer, Natalie L. Kardos, and S. Blair Hedges, "Molecular evidence for the early colonization of land by fungi and plants," *Science* 293, no. 5532 (2001) : 1129–33.

[51] Eva Streiblová, Hana Gryndlerova, and Milan Gryndler, "Truffle brûlé : An efficient fungal life strategy," *FEMS Microbiology Ecology* 80, no. 1 (2012) : 1–8.

[52] Jeffrey B. Rosen, Arun Asok, and Trisha Chakraborty, "The smell of fear : Innate threat of 2,5-dihydro-2,4,5-trimethylthiazoline, a single molecule component of a predator odor," *Frontiers in Neuroscience* 9 (2015) : 292.

[53] Ken Murata, Shigeyuki Tamogami, Masamichi Itou, Yasutaka Ohkubo, Yoshihiro Wakabayashi, Hidenori Watanabe, Hiroaki Okamura, Yukari Takeuchi, and Yuji Mori, "Identification of an olfactory signal molecule that activates the central regulator of reproduction in goats," *Current Biology* 24, no. 6 (2014) : 681–86.

[54] David R. Kelly, "When is a butterfly like an elephant?" *Chemistry and Biology* 3, no. 8 (1996) : 595–602.

[55] Thierry Talou, Antoine Gaset, Michel Delmas, Michel Kulifaj, and Charles Montant, "Dimethyl sulphide : The secret for black truffle hunting by animals?" *Mycological Research* 94, no. 2 (1990) : 277–78.

[56] Frido Welker, Jazmín Ramos-Madrigal, Petra Gutenbrunner, Meaghan Mackie, Shivani Tiwary, Rosa Rakownikow Jersie-Christensen, Cristina Chiva, Marc R. Dickinson,

Martin Kuhlwilm, Marc de Manuel, Pere Gelabert, María Martinón-Torres, Ann Margvelashvili, Juan Luis Arsuaga, Eudald Carbonell, Tomas Marques-Bonet, Kirsty Penkman, Eduard Sabidó, Jürgen Cox, Jesper V. Olsen, David Lordkipanidze, Fernando Racimo, Carles Lalueza-Fox, José María Bermúdez de Castro, Eske Willerslev, and Enrico Cappellini, "The dental proteome of Homo antecessor," *Nature* 580 (2020) : 1–4.

[57]. Paul Mellars and Jennifer C. French, "Tenfold population increase in Western Europe at the neandertal-to-modern human transition," *Science* 333, no. 6042 (2011) : 623–27.

[58] Neil Shubin, *Your Inner Fish : A Journey into the 3.5-Billion-Year History of the Human Body* (Vintage, 2008), 김명남(역), 『내 안의 물고기 : 물고기에서 인간까지, 35억 년 진화의 비밀』(김영사, 2009).

[59] Yoshihito Niimura, "Olfactory receptor multigene family in vertebrates : From the viewpoint of evolutionary genomics," *Current Genomics* 13, no. 2 (2012) : 103–14.

[60] Gordon M. Shepherd, *Neurogastronomy : How the Brain Creates Flavor and Why It Matters* (Columbia University Press, 2011).

[61] Katherine A. Houpt and Sharon L. Smith, "Taste preferences and their relation to obesity in dogs and cats," *Canadian Veterinary Journal* 22, no. 4 (1981) : 77.

[62] Yoav Gilad, Victor Wiebe, Molly Przeworski, Doron Lancet, and Svante Pääbo, "Loss of olfactory receptor genes coincides with the acquisition of full trichromatic vision in primates," *PLoS Biology* 2, no. 1 (2004) : e5 ; Yoshihito Niimura, Atsushi Matsui and Kazushige Touhara, "Acceleration of olfactory receptor gene loss in primate evolution : Possible link to anatomical change in sensory systems and dietary transition," *Molecular Biology and Evolution* 35, no. 6 (2018) : 1437–50.

[63] David Zwicker, Rodolfo Ostilla-Mónico, Daniel E. Lieberman, and Michael P. Brenner, "Physical and geometric constraints shape the labyrinth-like nasal cavity," *Proceedings of the National Academy of Sciences* 115, no. 12 (2018) : 2936–41.

[64] Luca Pozzi, Jason A. Hodgson, Andrew S. Burrell, Kirstin N. Sterner, Ryan L. Raaum, and Todd R. Disotell, "Primate phylogenetic relationships and divergence," *Molecular Phylogenetics and Evolution* 75 (2014) : 165–83.

[65] Daniel E. Lieberman, "How the unique configuration of the human head may enhance flavor perception capabilities : An evolutionary perspective," *Frontiers in Integrative Neuroscience Conference Abstract : Science of Human Flavor Perception* (2015) : doi : 10.3389/conf. fnint.2015.03.00003.

[66] Robert D. Martin, *Primate Origins and Evolution* (Chapman and Hall, 1990).

[67] Daniel E. Lieberman, "How the unique configuration of the human head may enhance flavor perception capabilities : An evolutionary perspective," *Frontiers in Integrative Neuroscience Conference Abstract : Science of Human Flavor Perception* (2015) : doi : 10.3389/conf.fnint.2015.03.00003.

[68] Susann Jänig, Brigitte M. Weiß, and Anja Widdig, "Comparing the sniffing behavior

of great apes," *American Journal of Primatology* 80, no. 6 (2018) : e22872.

[69]　Arthur W. Proetz, "The Semon Lecture : Respiratory air currents and their clinical aspects," *Journal of Laryngology and Otology* 67, no. 1 (1953) : 1–27.

[70]　Timothy B. Rowe and Gordon M. Shepherd, "Role of ortho–retronasal olfaction in mammalian cortical evolution," *Journal of Comparative Neurology* 524, no. 3 (2016) : 471–95.

[71]　Harold McGee, *Curious Cook : More Kitchen Science and Lore* (North Point, 1990).

[72]　Andreas Keller and Leslie B. Vosshall, "Olfactory perception of chemically diverse molecules," *BMC Neuroscience* 17, no. 1 (2016) : 55.

[73]　Harold McGee, *The Curious Cook : More Kitchen Science and Lore* (Wiley, 1992).

[74]　Brian Farneti, Iuliia Khomenko, Marcella Grisenti, Matteo Ajelli, Emanuela Betta, Alberto Alarcon Algarra, Luca Cappellin, Eugenio Aprea, Flavia Gasperi, Franco Biasioli, and Lara Giongo, "Exploring blueberry aroma complexity by chromatographic and direct–injection spectrometric techniques," *Frontiers in Plant Science* 8 (2017) : 617.

[75]　Gordon M. Shepherd, *Neuroenology : How the Brain Creates the Taste of Wine* (Columbia University Press, 2016).

[76]　Yukio Takahata, Mariko Hiraiwa–Hasegawa, Hiroyuki Takasaki, and Ramadhani Nyundo, "Newly acquired feeding habits among the chimpanzees of the Mahale Mountains National Park, Tanzania," *Human Evolution* 1, no. 3 (1986) : 277–84.

[77]　Ibid.

[78]　Ciprian F. Ardelean, Lorena Becerra–Valdivia, Mikkel Winther Pedersen, Jean–Luc Schwenninger, Charles G. Oviatt, Juan I. Macías–Quintero, Joaquin Arroyo–Cabrales, Martin Sikora, et al., "Evidence of human occupation in Mexico around the Last Glacial Maximum," *Nature* 584, no. 7819 (2020) : 87–92.

[79]　M. Thomas P. Gilbert, Dennis L. Jenkins, Anders Götherstrom, Nuria Naveran, Juan J. Sanchez, Michael Hofreiter, Philip Francis Thomsen, et al., "DNA from pre–Clovis human coprolites in Oregon, North America," *Science* 320, no. 5877 (2008) : 786– 89 ; Lorena Becerra–Valdivia and Thomas Higham, "The timing and effect of the earliest human arrivals in North America," *Nature* 584 (2020) : 1–5.

[80]　Michael R. Waters, "Late Pleistocene exploration and settlement of the Americas by modern humans," *Science* 365, no. 6449 (2019) : eaat5447.

[81]　Michael R. Waters, Thomas W. Stafford, H. Gregory McDonald, Carl Gustafson, Morten Rasmussen, Enrico Cappellini, Jesper V. Olsen, et al., "Pre–Clovis mastodon hunting 13,800 years ago at the Manis site, Washington," *Science* 334, no. 6054 (2011) : 351–53.

[82]　Michael R. Waters, "Late Pleistocene exploration and settlement of the Americas by modern humans," *Science* 365, no. 6449 (2019) : eaat5447.

[83]　Gary Haynes and Jarod M. Hutson, "Clovis–era subsistence : Regional variability, continental patterning," in *Paleoamerican Odyssey,* ed. K. E. Graf, C. V. Ketron, and M.

R. Waters (Texas A&M University Press, 2014), 293–309.

[84] Joseph A. M. Gingerich, "Down to seeds and stones : A new look at the subsistence remains from Shawnee-Minisink," *American Antiquity* 76, no. 1 (2011) : 127–44.

[85] Klervia Jaouen, Michael P. Richards, Adeline Le Cabec, Frido Welker, William Rendu, Jean-Jacques Hublin, Marie Soressi, and Sahra Talamo, "Exceptionally high δ15N values in collagen single amino acids confirm Neandertals as high-trophic level carnivores," *Proceedings of the National Academy of Sciences* 116, no. 11 (2019) : 4928–33.

[86] Michael Chazan, "Toward a long prehistory of fire," *Current Anthropology* 58, no. S16 (2017) : S351–59 ; Alianda M. Cornélio, Ruben E. de Bittencourt-Navarrete, Ricardo de Bittencourt Brum, Claudio M. Queiroz, and Marcos R. Costa, "Human brain expansion during evolution is independent of fire control and cooking," *Frontiers in Neuroscience* 10 (2016) : 167.

[87] Alston V. Thoms, "Rocks of ages : Propagation of hot-rock cookery in western North America," *Journal of Archaeological Science* 36, no. 3 (2009) : 573–91.

[88] Paul S. Martin, "The Discovery of America : The first Americans may have swept the Western Hemisphere and decimated its fauna within 1000 years," *Science* 179, no. 4077 (1973) : 969–74.

[89] Lenore Newman, *Lost Feast : Culinary Extinction and the Future of Food* (ECW Press, 2019).

[90] Henry Nicholls, "Digging for dodo," *Nature* 443 (2006) : 138.

[91] Julian P. Hume and Michael Walters, *Extinct Birds* (A & C Black Poyser Imprint, 2012).

[92] Agnes Gault, Yves Meinard, and Franck Courchamp, "Consumers' taste for rarity drives sturgeons to extinction," *Conservation Letters* 1, no. 5 (2008) : 199–207.

[93] David P. Watts and Sylvia J. Amsler, "Chimpanzee–red colobus encounter rates show a red colobus population decline associated with predation by chimpanzees at Ngogo," *American Journal of Primatology* 75, no. 9 (2013) : 927–37.

[94] Jacquelyn L. Gill, John W. Williams, Stephen T. Jackson, Katherine B. Lininger, and Guy S. Robinson, "Pleistocene megafaunal collapse, novel plant communities, and enhanced fire regimes in North America," *Science* 326, no. 5956 (2009) : 1100–1103 ; Jacquelyn L. Gill, "Ecological impacts of the late Quaternary megaherbivore extinctions," *New Phytologist* 201, no. 4 (2014) : 1163–69.

[95] John D. Speth, *Paleoanthropology and Archaeology of Big-Game Hunting* (Springer, 2012).

[96] Baron Pineda, "Miskito and Misumalpan languages," in *Encyclopedia of Linguistics*, ed. Philipp Strazny (Francis & Taylor Books, 2005).

[97] Jeremy M. Koster, Jennie J. Hodgen, Maria D. Venegas, and Toni J. Copeland, "Is meat flavor a factor in hunters' prey choice decisions?" *Human Nature* 21, no. 3 (2010) : 219–42.

[98] Michael D. Cannon and David J. Meltzer, "Explaining variability in Early Paleoindian

foraging," *Quaternary International* 191, no. 1 (2008) : 5–17.

[99]   Mark Borchert, Frank W. Davis, and Jason Kreitler, "Carnivore use of an avocado orchard in southern California," *California Fish and Game* 94, no. 2 (2008) : 61–74.

[100] Tim M. Blackburn and Bradford A. Hawkins, "Bergmann's rule and the mammal fauna of northern North America," *Ecography* 27, no. 6 (2004) : 715–24.

[101] Katherine A. Houpt and Sharon L. Smith, "Taste preferences and their relation to obesity in dogs and cats," *Canadian Veterinary Journal* 22, no. 4 (1981) : 77.

[102] S. D. Shackelford, J. O. Reagan, Keith D. Haydon, and Markus F. Miller, "Effects of feeding elevated levels of monounsaturated fats to growing–finishing swine on acceptability of boneless hams," *Journal of Food Science* 55, no. 6 (1990) : 1485–87.

[103] *The Food Lover's Anthology* (The Bodleian Anthology : A Literary Compendium, compiled by Peter Hunt, Bodleian Library Publishing, 2014)에서 번역된 대로이다.

[104] Diana Noyce, "Charles Darwin, the Gourmet Traveler," *Gastronomica : The Journal of Food and Culture* 12, no. 2 (2012) : 45–52.

[105] Belarmino C. da Silva Neto, André Luiz Borba do Nascimento, Nicola Schiel, Rômulo Romeu Nóbrega Alves, Antonio Souto, and Ulysses Paulino Albuquerque, "Assessment of the hunting of mammals using local ecological knowledge : An example from the Brazilian semiarid region," *Environment, Development and Sustainability* 19, no. 5 (2017) : 1795–1813.

[106] Sophie D. Coe, *America's First Cuisines* (University of Texas Press, 2015).

[107] Gary Haynes and Jarod M. Hutson, "Clovis–era subsistence : Regional variability, continental patterning," *Paleoamerican Odyssey* (2013) : 293–309.

[108] Laura T. Buck, J. Colette Berbesque, Brian M. Wood, and Chris B. Stringer, "Tropical forager gastrophagy and its implications for extinct hominin diets," *Journal of Archaeological Science : Reports 5* (2016) : 672–79.

[109] Hagar Reshef and Ran Barkai, "A taste of an elephant : The probable role of elephant meat in Paleolithic diet preferences," *Quaternary International* 379 (2015) : 28–34.

[110] George E. Konidaris, Athanassios Athanassiou, Vangelis Tourloukis, Nicholas Thompson, Domenico Giusti, Eleni Panagopoulou, and Katerina Harvati, "The skeleton of a straight–tusked elephant (*Palaeoloxodon antiquus*) and other large mammals from the Middle Pleistocene butchering locality Marathousa 1 (Megalopolis Basin, Greece) : Preliminary results," *Quaternary International* 497 (2018) : 65–84.

[111] Biancamaria Aranguren, Stefano Grimaldi, Marco Benvenuti, Chiara Capalbo, Floriano Cavanna, Fabio Cavulli, Francesco Ciani, et al., "Poggetti Vecchi (Tuscany, Italy) : A late Middle Pleistocene case of human–elephant interaction," *Journal of Human Evolution* 133 (2019) : 32–60.

[112] Jeffrey J. Saunders and Edward B. Daeschler, "Descriptive analyses and taphonomical observations of culturally-modified mammoths excavated at 'The Gravel Pit,' near

Clovis, New Mexico in 1936," *Proceedings of the Academy of Natural Sciences of Philadelphia* (1994) : 1–28.

[113] Omer Nevo and Eckhard W. Heymann, "Led by the nose : Olfaction in primate feeding ecology," *Evolutionary Anthropology : Issues, News, and Reviews* 24, no. 4 (2015) : 137–48.

[114] H. Martin Schaefer, Alfredo Valido, and Pedro Jordano, "Birds see the true colours of fruits to live off the fat of the land," *Proceedings of the Royal Society B : Biological Sciences* 281, no. 1777 (2014) : 20132516.

[115] Kim Valenta and Omer Nevo, "The dispersal syndrome hypothesis : How animals shaped fruit traits, and how they did not," *Functional Ecology* 34, no. 6 (2020) : 1158–69.

[116] Daniel H. Janzen, "Why fruits rot, seeds mold, and meat spoils," *American Naturalist* 111, no. 980 (1977) : 691–713.

[117] Daniel H. Janzen, "Why tropical trees have rotten cores," *Biotropica* 8 (1976) : 110–12.

[118] Daniel H. Janzen, "Herbivores and the number of tree species in tropical forests," *American Naturalist* 104, no. 940 (1970) : 501–28.

[119] Daniel H. Janzen and Paul S. Martin, "Neotropical anachronisms : The fruits the gomphotheres ate," *Science* 215, no. 4528 (1982) : 19–27.

[120] Guadalupe Sanchez, Vance T. Holliday, Edmund P. Gaines, Joaquín Arroyo–Cabrales, Natalia Martínez–Tagüeña, Andrew Kowler, Todd Lange, Gregory W. L. Hodgins, Susan M. Mentzer, and Ismael Sanchez-Morales, "Human (Clovis)–gomphothere (*Cuvieronius* sp.) association∼13,390 calibrated yBP in Sonora, Mexico," *Proceedings of the National Academy of Sciences* 111, no. 30 (2014) : 10972–77.

[121] Connie Barlow, *The Ghosts of Evolution : Nonsensical Fruit, Missing Partners, and Other Ecological Anachronisms* (Basic Books, 2008).

[122] Daniel H. Janzen, "How and why horses open Crescentia alata fruits," *Biotropica* (1982) : 149–52.

[123] Guillermo Blanco, Jose Luis Tella, Fernando Hiraldo, and José Antonio Díaz-Luque, "Multiple external seed dispersers challenge the megafaunal syndrome anachronism and the surrogate ecological function of livestock," *Frontiers in Ecology and Evolution* 7 (2019) : 328.

[124] Mauro Galetti, Roger Guevara, Marina C. Côrtes, Rodrigo Fadini, Sandro Von Matter, Abraão B. Leite, Fábio Labecca, T. Ribeiro, C. S. Carvalho, R. G. Collevatti, and M. M. Pires, "Functional extinction of birds drives rapid evolutionary changes in seed size," *Science* 340, no. 6136 (2013) : 1086–90.

[125] Renske E. Onstein, William J. Baker, Thomas L. P. Couvreur, Søren Faurby, Leonel Herrera–Alsina, Jens-Christian Svenning, and W. Daniel Kissling, "To adapt or go extinct? : The fate of megafaunal palm fruits under past global change," *Proceedings of the Royal Society B : Biological Sciences* 285, no. 1880 (2018) : 20180882.

[126] David N. Zaya and Henry F. Howe, "The anomalous Kentucky coffeetree : Megafaunal fruit sinking to extinction?" *Oecologia* 161, no. 2 (2009) : 221–26.

[127] Robert J. Warren, "Ghosts of cultivation past-Native American dispersal legacy persists in tree distribution," *PloS One* 11, no. 3 (2016).

[128] Maarten Van Zonneveld, Nerea Larranaga, Benjamin Blonder, Lidio Coradin, José I. Hormaza, and Danny Hunter, "Human diets drive range expansion of megafauna-dispersed fruit species," *Proceedings of the National Academy of Sciences* 115, no. 13 (2018) : 3326–31.

[129] Allen Holmberg, "Cooking and eating among the Siriono of Bolivia," in Jessica Kuper, ed., *The Anthropologists' Cookbook* (Routledge, 1997).

[130] Napoleon A. Chagnon, *The Yanomamo* (Nelson Education, 2012), 양은주(역), 「야노마모 : 에덴의 마지막 날들」(파스칼북스, 2003)

[131] S. J. McNaughton and J. L. Tarrants, "Grass leaf silicification : Natural selection for an inducible defense against herbivores," *Proceedings of the National Academy of Sciences* 80, no. 3 (1983) : 790–91.

[132] Brian D. Farrell, David E. Dussourd, and Charles Mitter, "Escalation of plant defense : Do latex and resin canals spur plant diversification?" *American Naturalist* 138, no. 4 (1991) : 881–900.

[133] Dietland Müller-Schwarze and Vera Thoss, "Defense on the rocks : Low monoterpenoid levels in plants on pillars without mammalian herbivores," *Journal of Chemical Ecology* 34, no. 11 (2008) : 1377.

[134] Yan B. Linhart and John D. Thompson, "Thyme is of the essence : Biochemical polymorphism and multi-species deterrence," *Evolutionary Ecology Research* 1, no. 2 (1999) : 151–71.

[135] Daniel Intelmann, Claudia Batram, Christina Kuhn, Gesa Haseleu, Wolfgang Meyerhof, and Thomas Hofmann, "Three TAS2R bitter taste receptors mediate the psychophysical responses to bitter compounds of hops (Humulus lupulus L.) and beer," *Chemosensory Perception* 2, no. 3 (2009) : 118–32.

[136] Benoist Schaal, Luc Marlier, and Robert Soussignan, "Human foetuses learn odours from their pregnant mother's diet," *Chemical Senses* 25, no. 6 (2000) : 729–37.

[137] Sandra Wagner, Sylvie Issanchou, Claire Chabanet, Christine Lange, Benoist Schaal, and Sandrine Monnery-Patris, "Weanling infants prefer the odors of green vegetables, cheese, and fish when their mothers consumed these foods during pregnancy and/or lactation," *Chemical Senses* 44, no. 4 (2019) : 257–65.

[138] R. Haller, C. Rummel, S. Henneberg, Udo Pollmer, and Egon P. Köster, "The influence of early experience with vanillin on food preference later in life," *Chemical Senses* 24 (1999) : 465–67 ; Delaunay-El Allam, Maryse, Robert Soussignan, Bruno Patris, Luc Marlier, and Benoist Schaal, "Long-lasting memory for an odor acquired at

the mother's breast," *Developmental Science* 13 (2010) : 849–63.

[139] Martin Jones, "Moving north : Archaeobotanical evidence for plant diet in Middle and Upper Paleolithic Europe," in *The Evolution of Hominin Diets* (Springer, 2009), 171–80.

[140] Joshua J. Tewksbury, Karen M. Reagan, Noelle J. Machnicki, Tomás A. Carlo, David C. Haak, Alejandra Lorena Calderón Peñaloza, and Douglas J. Levey, "Evolutionary ecology of pungency in wild chilies," *Proceedings of the National Academy of Sciences* 105, no. 33 (2008) : 11808–11.

[141] Lovet T. Kigigha and Ebubechukwu Onyema, "Antibacterial activity of bitter leaf (*Vernonia amygdalina*) soup on Staphylococcus aureus and Escherichia coli," *Sky Journal of Microbiology Research* 3, no. 4 (2015) : 41–45.

[142] Jean Bottéro, "The culinary tablets at Yale," *Journal of the American Oriental Society* 107, no. 1 (1987) : 11–19.

[143] Gojko Barjamovic, Patricia Jurado Gonzalez, Chelsea Graham, Agnete W. Lassen, Nawal Nasrallah, and Pia M. Sörensen, "Food in Ancient Mesopotamia : Cooking the Yale Babylonian Culinary Recipes," in A. Lassen, E. Frahm and K. Wagensonner, eds., *Ancient Mesopotamia Speaks : Highlights from the Yale Babylonian Collection* (Yale Peabody Museum of Natural History, 2019), 108–25.

[144] Won-Jae Song, Hye-Jung Sung, Sung-Youn Kim, Kwang-Pyo Kim, Sangryeol Ryu, and Dong-Hyun Kang, "Inactivation of Escherichia coli O157 : H7 and Salmonella typhimurium in black pepper and red pepper by gamma irradiation," *International Journal of Food Microbiology* 172 (2014) : 125–29.

[145] Poul Rozin and Deborah Schiller, "The nature and acquisition of a preference for chili pepper by humans," *Motivation and Emotion* 4, no. 1 (1980) : 77–101. 이 실험은 다음에서 설명된다. Paul Rozin, Lori Ebert, and Jonathan Schull, "Some like it hot : A temporal analysis of hedonic responses to chili pepper," *Appetite* 3, no. 1 (1982) : 13–22.

[146] Paul Rozin and Keith Kennel, "Acquired preferences for piquant foods by chimpan-zees," *Appetite* 4, no. 2 (1983) : 69–77.

[147] Paul Rozin, Leslie Gruss, and Geoffrey Berk, "Reversal of innate aversions : Attempts to induce a preference for chili peppers in rats," *Journal of Comparative and Physiological Psychology* 93, no. 6 (1979) : 1001.

[148] Paul Rozin, "Getting to like the burn of chili pepper : Biological, psychological and cultural perspectives," *Chemical Senses* 2 (1990) : 231–69.

[149] Judith R. Ganchrow, Jacob E. Steiner, and Munif Daher, "Neonatal facial expressions in response to different qualities and intensities of gustatory stimuli," *Infant Behavior and Development* 6 (1983) : 189–200.

[150] Paul Breslin, "An evolutionary perspective on food and human taste," *Current Biology* 23, no. 9 (2013) : R409–418.

[151] Robert J. Braidwood, Jonathan D. Sauer, Hans Helbaek, Paul C. Mangelsdorf, Hugh

C. Cutler, Carleton S. Coon, Ralph Linton, Julian Steward, and A. Leo Oppenheim, "Symposium : Did man once live by beer alone?" *American Anthropologist* 55, no. 4 (1953) : 515–26.

[152] Li Liu, Jiajing Wang, Danny Rosenberg, Hao Zhao, György Lengyel, and Dani Nadel, "Fermented beverage and food storage in 13,000 y-old stone mortars at Raqefet Cave, Israel : Investigating Natufian ritual feasting," *Journal of Archaeological Science : Reports* 21 (2018) : 783–93.

[153] John Smalley, Michael Blake, Sergio J. Chavez, Warren R. DeBoer, Mary W. Eubanks, Kristen J. Gremillion, M. Anne Katzenberg, et al., "Sweet beginnings : Stalk sugar and the domestication of maize," *Current Anthropology* 44, no. 5 (2003) : 675–703.

[154] Katherine R. Amato, Carl J. Yeoman, Angela Kent, Nicoletta Righini, Franck Carbonero, Alejandro Estrada, H. Rex Gaskins, et al., "Habitat degradation impacts black howler monkey (*Alouatta pigra*) gastrointestinal microbiomes," *ISME Journal* 7, no. 7 (2013) : 1344–53.

[155] Paulo R. Guimarães Jr., Mauro Galetti, and Pedro Jordano, "Seed dispersal anachronisms : Rethinking the fruits extinct megafauna ate," *PLoS One* 3, no. 3 (2008).

[156] 알코올은 대부분의 신 과일에 들어 있다. Robert Dudley, "Ethanol, fruit ripening, and the historical origins of human alcoholism in primate frugivory," *Integrative and Comparative Biology* 44, no. 4 (2004) : 315–23.

[157] Elisabetta Visalberghi, Dorothy Fragaszy, E. Ottoni, P. Izar, M. Gomes de Oliveira, and Fábio Ramos Dias de Andrade, "Characteristics of hammer stones and anvils used by wild bearded capuchin monkeys (*Cebus libidinosus*) to crack open palm nuts," *American Journal of Physical Anthropology* 132, no. 3 (2007) : 426–44.

[158] Matthias Laska, "Gustatory responsiveness to food-associated sugars and acids in pigtail macaques, Macaca nemestrina," *Physiology and Behavior* 70, no. 5 (2000) : 495–504.

[159] D. Glaser and G. Hobi, "Taste responses in primates to citric and acetic acid," *International Journal of Primatology* 6, no. 4 (1985) : 395–98.

[160] Daniel H. Janzen, "Why fruits rot, seeds mold, and meat spoils," *American Naturalist* 111, no. 980 (1977) : 691–713.

[161] Matthew A. Carrigan, Oleg Uryasev, Carole B. Frye, Blair L. Eckman, Candace R. Myers, Thomas D. Hurley, and Steven A. Benner, "Hominids adapted to metabolize ethanol long before human-directed fermentation," *Proceedings of the National Academy of Sciences* 112, no. 2 (2015) : 458–63.

[162] 썩은 과일에는 곤충, 그리고 그 곤충의 몸이 제공하는 단백질이 들어 있을 수 있다. 일부 영장류는 실제로, 그냥 과일보다는 곤충이 들어 있는 과일을 선호하는 듯하다. Kent H. Redford, Gustavo A. Bouchardet da Fonseca, and Thomas E. Lacher, "The relationship between frugivory and insectivory in primates," *Primates* 25, no. 4

(1984) : 433–40.

[163] A. N. Rhodes, J. W. Urbance, H. Youga, H. Corlew-Newman, C. A. Reddy, M. J. Klug, J. M. Tiedje, and D. C. Fisher, "Identification of bacterial isolates obtained from intestinal contents associated with 12,000-year-old mastodon remains," *Applied Environmental Microbiology* 64, no. 2 (1998) : 651–58.

[164] Elizabeth Wason, "The Dead Elephant in the Room," *LSA Magazine* (2014), https://lsa.umich.edu/lsa/news-events/all-news/search-news/the-dead-elephant-in-the-room.html.

[165] Iwao Ohishi, Genji Sakaguchi, Hans Riemann, Darrel Behymer, and Bengt Hurvell, "Antibodies to Clostridium botulinum toxins in free-living birds and mammals," *Journal of Wildlife Diseases* 15, no. 1 (1979) : 3.

[166] Daniel T. Blumstein, Tiana N. Rangchi, Tiandra Briggs, Fabrine Souza De Andrade, and Barbara Natterson-Horowitz, "A systematic review of carrion eaters' adaptations to avoid sickness," *Journal of Wildlife Diseases* 53, no. 3 (2017) : 577–81.

[167] Daniel C. Fisher, "Experiments on subaqueous meat caching," *Current Research in the Pleistocene* 12 (1995) : 77–80.

[168] John D. Speth, "Putrid meat and fish in the Eurasian Middle and Upper Paleolithic : Are we missing a key part of Neanderthal and modern human diet?" *PaleoAnthropology* 2017 (2017) : 44–72.

[169] William Sitwell, *A History of Food in 100 Recipes* (Little, Brown, 2013), 안지은(역), 『역사를 만든 백가지 레시피』(에쎄, 2016).

[170] Mark Kurlansky, *Salt* (Random House, 2003), 이창식(역), 『소금 : 인류사를 만든 하얀 황금의 역사』(세종, 2003).

[171] Adam Boethius, "Something rotten in Scandinavia : The world's earliest evidence of fermentation," *Journal of Archaeological Science* 66 (2016) : 169–80.

[172] Sveta Yamin-Pasternak, Andrew Kliskey, Lilian Alessa, Igor Pasternak, Peter Schweitzer, Gary K. Beauchamp, Melissa L. Caldwell, et al., "The rotten renaissance in the Bering Strait : Loving, loathing, and washing the smell of foods with a (re) acquired taste," *Current Anthropology* 55, no. 5 (2014) : 619–46.

[173] Hsiang Ju Lin and Tsuifeng Lin, *The Art of Chinese Cuisine* (Tuttle Publishing, 1996).

[174] Cristina Izquierdo, José C. Gómez-Tamayo, Jean-Christophe Nebel, Leonardo Pardo, and Angel Gonzalez, "Identifying human diamine sensors for death related putrescine and cadaverine molecules," *PLoS Computational Biology* 14, no. 1 (2018) : e1005945.

[175] Paul Kindstedt, *Cheese and Culture : A History of Cheese and Its Place in Western Civilization* (Chelsea Green Publishing, 2012), 정향(역), 『치즈 책 : 인류의 조상에서 치즈 장인까지 치즈에 관한 모든 것』(글항아리, 2020).

[176] Benjamin E. Wolfe, Julie E. Button, Marcela Santarelli, and Rachel J. Dutton, "Cheese rind communities provide tractable systems for in situ and in vitro studies of microbial

diversity," *Cell* 158, no. 2 (2014) : 422–33.

[177] David Asher, *The Art of Natural Cheesemaking* (Chelsea Green Publishing, 2015).

[178] Gordon M. Shepherd, *Neuroenology : How the Brain Creates the Taste of Wine* (Columbia University Press, 2016).

[179] David G. Laing and G. W. Francis, "The capacity of humans to identify odors in mixtures," *Physiology and Behavior* 46, no. 5 (1989) : 809–14.

[180] Masaaki Yasuda, "Fermented tofu, tofuyo," in *Soybean : Biochemistry, Chemistry and Physiology*, ed. T. B. Ng (InTech, 2011), 299–319.

[181] 2020년 2월 8일의 이메일에서.

[182] Roman M. Wittig, Catherine Crockford, Tobias Deschner, Kevin E. Langergraber, Toni E. Ziegler, and Klaus Zuberbühler, "Food sharing is linked to urinary oxytocin levels and bonding in related and unrelated wild chimpanzees," *Proceedings of the Royal Society B : Biological Sciences* 281, no. 1778 (2014) : 20133096.

[183] Ammie K. Kalan and Christophe Boesch, "Audience effects in chimpanzee food calls and their potential for recruiting others," *Behavioral Ecology and Sociobiology* 69, no. 10 (2015) : 1701–12.

[184] Ammie K. Kalan, Roger Mundry, and Christophe Boesch, "Wild chimpanzees modify food call structure with respect to tree size for a particular fruit species," *Animal Behaviour* 101 (2015) : 1–9.

[185] Martin Jones, *Feast : Why Humans Share Food* (Oxford University Press, 2007).

그림 출처

그림 1 저자.

그림 1.1 믹 드미의 미공개 원고의 자료.

그림 1.2 푸원웨이의 사진.

그림 2.1 타이 숲 프로젝트에서, 리란 사무니의 사진.

그림 2.2 다음 문헌에 있는 유사한 그림을 바탕으로 한 그림. Robert R. Dunn, Katherine R. Amato, Elizabeth A. Archie, Mimi Arandjelovic, Alyssa N. Crittenden, and Lauren M. Nichols, "The internal, external and extended microbiomes of hominins," *Frontiers in Ecology and Evolution* 8 (2020) : 25. 원본 자료의 출처는 다음과 같다. Hjalmar S. Kühl, Christophe Boesch, Lars Kulik, Fabian Haas, Mimi Arandjelovic, Paula Dieguez, Gaëlle Bocksberger et al., "Human impact erodes chimpanzee behavioral diversity," *Science* 363, no. 6434 (2019) : 1453–55.

그림 2.3 리란 사무니의 사진.

그림 2.4 알렉스 와일드의 사진.

그림 3.1 대니얼 미첸의 사진, 자유 이용 저작물. https://commons.wikimedia.org/wiki/File:Iowa_Pig_(7341687640).jpg.

그림 4.1 고고학자 게리 헤인스의 사진.

그림 4.3 메누카 스케트본-디디의 사진.

그림 4.4 자료의 출처는 다음과 같다. Jeremy M. Koster, Jennie J. Hodgen, Maria D. Venegas, and Toni J. Copeland, "Is meat flavor a factor in hunters' prey choice decisions?" *Human Nature* 21, no. 3 (2010) : 219–42.

그림 4.5 와오라니 부족의 자료의 출처는 다음과 같다. Sarah Papworth, E. J. Milner-Gulland, and Katie Slocombe, "The natural place to begin : The ethnoprimatology of the Waorani." *American Journal of Primatology* 75, no. 11 (2013) : 1117–28.

그림 5.1 자유 이용 저작물.

그림 5.2 Robert J. Warren, "Ghosts of cultivation past-Native American dispersal legacy persists in tree distribution," *PloS One* 11, no. 3 (2016).

그림 6.1 마르틴 외게를리의 사진.

그림 6.2 자료의 출처는 다음과 같다. Paul W. Sherman and Jennifer Billing, "Darwinian gastronomy : Why we use spices : Spices taste good because they are good for us," *BioScience* 49, no. 6 (1999) : 453–63.

그림 6.3 자료의 출처는 다음과 같다. Paul W. Sherman and Jennifer Billing, "Darwinian gastronomy : Why we use spices : spices taste good because they are good for us," *BioScience* 49, no. 6 (1999) : 453–63.

그림 7.1 리즈 라쉬의 사진.

그림 8.1 호세 브루노-바르세나의 사진.

그림 8.3 자료의 출처는 다음과 같다. Maria Dembinska, "Diet : A comparison of food consumption between some eastern and western monasteries in the 4th–12th centuries," *Byzantion* 55, no. 2 (1985) : 431–62.

그림 9.1 타이 숲 프로젝트에서, 리란 사무니의 사진.

역자 후기

맛집 줄서기, '먹방', 요리 프로그램, 요리법⋯⋯. 21세기를 사는 우리 호모 사피엔스는 늘 그래왔듯이 지금도 여전히 맛있는 것에 열광하며 가능한 한 맛있는 음식을 먹기 위해서 애쓴다. 음식이 우리 현대인들에게는 생존보다는 미식이라는 이름으로 즐거움의 영역에 속하기 때문일까? 그런데 맛있음이 선사하는 즐거움은 훨씬 오래 전부터 인류, 아니 인류의 조상, 더 나아가 모든 동물 종에 작용해서 그들의 진화를 이끌어왔던 것 같다.

그러나 맛있음이라는 하나의 쾌락을 추구한다는 것을 너무도 당연하게 여겨왔기 때문인지, 의외로 향미가 진화에 어떤 역할을 했는지는 지금껏 학술적인 연구의 대상이 되지 못했던 모양이다.

우리는 어떤 맛을 맛있다고 생각할까? 또 왜 그 맛을 추구하는 것일까? 우리가 맛있게 여기는 음식은 왜 그렇게 느껴질까? 그 음식 안에 무엇이 있어서 그런 것일까?

아니, 애초에 왜 우리는 맛있는 것을 좋아할까? 바로 맛있음이 주는 즐거움 때문이다. 모든 동물들이 그렇듯이 우리 몸은 생존에 필요한 성분을 섭취하면 맛있다고 느끼는 즐거움, 즉 쾌락을 보상으로 준다. 쾌락을 미끼로 우리에게 필요한 것을 꾸준히 추구하도록 유도하는 것이다.

각기 생태학과 인류학을 전공한 이 책의 두 저자는 이런 단순한 명제에 대한 호기심에서부터 탐구를 시작한다. 이들은 생태학과 인류학뿐만 아니라 생물학, 화학, 물리학, 문학, 역사학, 미식학 등 향미와 관련된 모든 분야의 연구 결과들을 살펴보고 석학들과 대화하며 향미에 숨어 있는 비밀을 파헤친다. 또한 직접 세계 이곳저곳을 여행하며 경험하고 발견한 향미와 진화의 흔적들도 소개한다.

이들은 우리가 향미를 즐길 수 있게 진화해온 혀와 코, 뇌가 어떻게 작동하는지, 이들 감각기관의 발달이 어떤 문화적 진화를 이끌었는지, 그리고 이것이 다시 생물학적 진화의 방향을 어떻게 바꾸었는지를 설명한다. 그 과정에서 향미가 풍부한 요리를 할 줄 알게 된 인류가 유전자의 자연선택을 무력화하면서 만물의 영장으로 진화하게 된 이야기를 들려준다.

미각 수용체의 역할과 진화의 방향, 향미를 추구하면서 등장한 요리 전통이 가져온 진화, 진화 과정에서 가로판이 소실되면서 얻게 된 인류의 독특한 후각, 먹이 선택에 향미가 영향을 미치면서 야기된 멸종, 종자 산포자에게 즐거움이라는 미끼를 던지도록 진화한 열매들, 여러 향미를 혼합해서 새로운 향미를 창조하고 향신료를 즐기는 인간만의 능력, 신맛과 발효의 역할, 기능성을 떠나 향미가 주는 쾌락만을 위해 고생을 마다하지 않았던 인간의 모습, 훌륭한 향미를 즐기고 그 즐거움을 동료와 나누고 언어를 통해 공유하는 모습들이 흥미롭게 펼쳐진다.

그러면서 두 저자는 직접 송로버섯 사냥에 나섰던 경험을 생생하게 전해주기도 한다. 그 옛날 인류 조상들이 매머드와 같은 거대한 사냥감을 물속에 저장했던 대로 재현, 실험하는 모습, 수만 시간 동안 침팬지들을 관찰하고 연구하는 모습, 함께 모여 서로 의견을 교환하며 연구를 발전시키는 모습 등 과학자들의 학문하는 모습과 즐거움도 살짝 맛볼 수 있게 해준다.

덕분에 이 책을 읽는 동안 독자들은 지식을 얻을 뿐만 아니라 시종일관 저자들의 호기심과 탐구하는 즐거움을 고스란히 느끼며 그 즐거움에 함께할 수 있을 것이다. 책을 다 읽은 후에는 어쩌면 친구들과 식탁에 둘러앉아 맛있는 음식을 나누며 그 향미를 즐기고, 더 나아가 그 향미의 원인을 헤아리며 느끼는 즐거움을 함께 음미하는 자신의 모습을 발견할지도 모른다.

부디 이 책을 통해 우리가 매일 접하는 음식, 매일 즐기는 향미, 지금도 현재 진행형인 진화에 대해 새로운 통찰을 얻는 즐거움을 누리기를 바란다.

2022년 여름
김수진

찾아보기